U0351089

烤烟氮素养分管理

李志宏　张云贵　刘青丽 等　著

科学出版社
北　京

内 容 简 介

本书是国家烟草专卖局科技重点项目“我国主要植烟土壤氮素矿化特性与供氮潜力及应用研究”及“烟草精准施肥关键技术研究与示范”的最新研究成果，围绕烟叶质量存在的“上部烟叶烟碱含量偏高，化学成分不协调”等问题，以降碱为核心，针对不同土壤的氮素养分释放规律及不同生态条件下烟株需氮规律进行系统深入的研究。揭示我国主要植烟区土壤的潜在供氮能力，建立植烟土壤氮素矿化模型，实现烤烟生长期间土壤供氮量的定量化预测；明确大田期主要植烟土壤类型氮矿化动态及关键生育阶段土壤供氮量；量化烤烟氮素来源，明确土壤氮与肥料氮对烟碱的贡献及土壤供氮与烟碱合成的关系；探明烤烟、化肥、不同有机物料及不同农艺措施等对土壤氮素矿化的影响。通过精准施肥技术及精准施肥设备的研究，以及典型烟区烤烟养分吸收规律、养分推荐分级指标、土壤养分空间分布、田间养分分区管理等试验研究与示范应用，建立以数据采集为基础、以精准变量施肥为中心、以养分分区管理为途径的精准施肥技术体系，构建以推荐施肥卡、智能APP软件和精控智能施肥机为手段和工具的应用平台。

本书可供烟草农业科研、生产管理和技术推广人员阅读参考，也可作为大专院校教学参考用书。

图书在版编目（CIP）数据

烤烟氮素养分管理/李志宏等著. —北京：科学出版社，2016.3
ISBN 978-7-03-046378-4

Ⅰ.①烤… Ⅱ.①李… Ⅲ.①烤烟–土壤氮素–土壤管理–研究 Ⅳ.①S572.061

中国版本图书馆CIP数据核字（2015）第272774号

责任编辑：李秀伟 / 责任校对：郑金红
责任印制：肖 兴 / 封面设计：刘 新

科 学 出 版 社 出版
北京东黄城根北街16号
邮政编码：100717
http：//www.sciencep.com

北京通州皇家印刷厂 印刷

科学出版社发行 各地新华书店经销

*

2016年3月第 一 版 开本：787×1092 1/16
2016年3月第一次印刷 印张：13 1/2 插页：4
字数：310 000

定价：108.00元

（如有印装质量问题，我社负责调换）

《烤烟氮素养分管理》著者名单

（按姓氏拼音排列）

常乃杰	陈　曦	谷海红	焦永鸽	李天福
李志宏	刘青丽	彭　友	石　屹	石俊雄
孙　健	王　鹏	王树会	王筱滢	谢安坤
夏　昊	夏海乾	占　镇	张　恒	张云贵
朱经伟				

前　言

中国是世界上最大的烟叶和卷烟生产国，烟草行业多年来对国家财政税收的贡献一直名列前茅。我国烤烟常年种植面积在 100 万 hm^2 以上，种植区域分布在 22 个省、市和自治区的 520 余个县市，涉及 160 余万户烟农，多数位于《中国农村扶贫开发纲要（2011—2020）》中明确的连片特困区、革命老区、边远山区和民族聚居区，种烟是当地农民和地方政府财政收入的重要来源。提高烟叶种植水平，不仅可以为烟草行业提供优质的原料，也可为产区农民脱贫致富提供保障。

烟草是多年生茄科植物，烤烟种植收获的是成熟的叶片，为保证烟叶成熟并具有工业可用性，在生产过程中通过“打顶”的方式，人为改变了烟草的生长发育进程，导致烟草对养分，特别是对氮的需求有悖于植物养分吸收规律，要求烤烟在 120 天左右的大田生长期内，在 60～70 天时已吸收 80%～90%的氮素。目前，我国主要烟叶产区成熟期氮素吸收比例都超过 20%。氮是影响烤烟生长、发育及烟叶品质的关键营养元素，供氮不足会导致烟叶产量降低，叶色淡、平滑、香气不足；而供氮过量不仅会推迟烟叶成熟时期、增加烟碱含量，导致劲头和刺激性过大，而且容易感染病虫害，加大烘烤难度，影响烟叶的可用性。过量施用氮肥还容易造成氮损失，引起生态环境条件恶化。尽管我国在烤烟平衡施肥技术的研究与应用方面已取得许多成果，但烤烟生产中的氮素供应不平衡现象肥过量施用问题仍较为普遍，这也直接制约了我国烟叶质量尤其是上部烟叶质量的提高。

烤烟吸收的氮有 50%～80%来源于土壤，仅 20%～50%来源于肥料。烟株在生育前期主要吸收肥料氮，而随着烟株的生长发育，烟株体内来源于肥料的氮素比例逐渐下降，来源于土壤原有氮库的比例则有所增加。长期以来，烤烟氮素研究主要聚焦于烟草氮素需求规律以及肥料氮对烟株生长发育、产量和品质形成方面以及氮肥合理推荐和调控措施，而对烤烟氮素营养的另一个重要来源——土壤氮素矿化及其对烟叶品质影响方面的研究则基本处于空白状态。对土壤氮素矿化特性与供氮能力了解不够是造成我国烤烟过量施用氮肥的主要原因之一。通过摸清我国植烟土壤的矿化规律和供氮能力，特别是打顶以后土壤的供氮能力，阐明土壤氮素矿化对烤烟后期氮素营养的贡献、对烟叶品质的影响，明确影响我国植烟土壤供氮的主要因素，综合考虑土壤、气象、地形、海拔等因素，分区域建立我国植烟土壤氮素矿化模型，预测烤烟生长全生育期土壤氮素矿化量及其动态矿化规律，对改善烟株氮素营养，提高烟叶质量具有重要价值。

本书是作者所在研究团队 10 多年来在烟草氮素营养方面研究工作的系统总结，也是对烟草氮素养分管理理念的完善和提升，希望对烟草生产实践有所帮助和借鉴。在此特别感谢国家烟草专卖局科技项目“烟草平衡施肥技术试验与推广”、“我国主要植烟土壤氮素矿化特性与供氮潜力及应用研究”和“烟草精准施肥关键技术研究与示范”等的资助。感谢贵州省烟草科学研究院、云南省烟草农业科学研究院、贵州省烟草公司遵义市公司和毕节市公司的大力支持与合作。

由于时间仓促及受作者研究和认识水平所限，书中疏漏与不当之处在所难免，恳请读者批评指正。

李志宏

2015 年 10 月

目　录

第一章　烤烟氮素需求规律

氮是烤烟必需营养元素之一，氮素供应的数量、规律、形态及其比例对烟叶产量和品质的影响最大（左天觉，1993）。氮在烤烟体内以化合物形式构成生命活动的物质基础，如蛋白质、核酸、磷脂、酶、激素和叶绿素等。氮也是烟碱的重要成分，烟叶中氮的含量与烟碱含量呈显著的正相关，与淀粉和糖含量呈显著负相关（Elliot and Court，1978），增加氮素比率，烟叶灰分和烟碱提高，总氮、蛋白质、树脂和石油醚提取物增加，糖含量降低（McCants and Woltz，1967）。同时还影响着烟叶中致香物质形成，进而影响着烟叶的香吃味（史宏志和韩锦峰，1997）。因此研究烤烟氮素营养的吸收和转化对生产优质烟叶具有重要的意义。

第一节　烤烟氮素管理特征

一、烤烟氮含量

在所有必需营养元素中，氮是限制烟草生长和品质产量的首要因素。成熟烟叶的全氮含量为干物重的1%～2.5%，其含量因各产烟区的土壤、气候、栽培条件及品种不同而异（韩锦峰，2003）。就不同地区而言，烟叶含氮量山东（1.86%）＞云南（1.75%）＞安徽（1.69%）＞河南（1.66%）＞贵州（1.61%）＞辽宁（1.53%）＞湖北（1.39%）（表 1-1，胡国松等，1997）。

表 1-1　我国烤烟中部烟叶氮素含量　　（%）

数值	云南	贵州	河南	山东	湖北	辽宁	安徽	全国
平均值	1.75	1.61	1.66	1.86	1.39	1.53	1.69	1.63
最小值	1.02	0.82	1.04	1.33	0.89	0.95	1.12	0.82
最大值	2.98	3.35	2.58	2.37	1.61	2.09	2.58	3.35
样本数	62	94	199	36	47	137	42	617

资料来源：胡国松等，1997。

由于不同时期烤烟碳氮代谢不同，因而烤烟氮含量在不同生育阶段有显著差异。一般随生育期的推进，烤烟氮含量不断增加，旺长期氮含量达到峰值，之后开始迅速下降，至烤烟下部叶成熟前氮含量降到最低。如图 1-1 所示，红壤烤烟在移栽后烟株氮含量迅速升高，至移栽后 3 周氮含量达到最大，移栽后 4～11 周，烤烟氮含量缓慢下降；烤烟移栽 12 周至成熟期，烤烟氮含量基本稳定。水稻土烤烟在移栽后烟株氮含量也迅速升高，至移栽后 4 周氮含量达到最大；烤烟移栽后 5～12 周，烤烟氮含量缓慢下降；烤烟移栽 13 周至成熟期，烤烟氮含量基本稳定。黄壤烤烟在移栽后烟株氮含量增加较慢，至移栽后7周氮含量达到最大；烤烟移栽后8～13周，烤烟氮含量缓慢下降；烤烟移栽14周至成熟期，烤烟氮含量基本稳定。

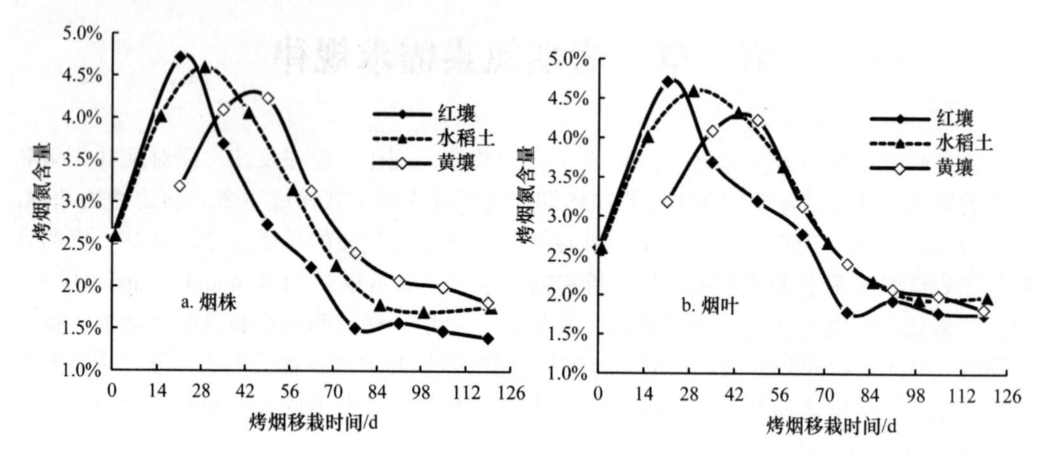

图 1-1　不同类型土壤烤烟氮含量变化动态

不同生育期不同器官的氮分布不同（表1-2）。在苗期，烤烟各部位的氮含量表现为烟叶＞烟茎＞烟根；烟叶成熟采收后，根、茎、叶中氮含量占干物质的比例均比烟叶苗期降低许多，且氮含量占干物质的比例为烟叶＞烟根＞烟茎（胡国松等，2007）。

表 1-2　氮在烟草体内的分布

项目	占干物质的含量/%			占全株总氮的含量/%		
	根氮	茎氮	叶氮	根氮	茎氮	叶氮
苗期	2.2	2.87	3.42	6.28	9.27	84.46
成熟后	1.45	1.11	2.13	19.72	27.34	52.95

资料来源：胡国松等，1997。

不同部位烟叶氮含量相差很大，从下至上烟叶氮含量逐渐增加。在一般情况下，在某一固定的土壤和生态环境下，烟叶含氮量随施氮量的增加而增加（韩锦峰，2003）。在烤烟生长发育过程中，增施磷肥增加根、茎、叶中磷、钾的含量，降低根和叶中氮的含量（李志强等，2004）。充足的钾肥作为基肥不仅能显著提高烤烟叶片中钾和氮的含量，并且有利于钾素在各部位叶片的均匀分布和 K_2O/N 值的提高，这有助于烤烟的正常落黄和烟叶品质的提高（李絮花和杨守祥，2002）。

二、烤烟氮吸收

烟草吸收养分具有阶段性，不同营养阶段各有特点。基本规律是：不同生育期养分吸收状况与植株干物质累积趋势是一致的；生长初期，干物质累积少，养分吸收数量也不多；在生长旺盛期，干物质累积量迅速增加，吸收养分的数量和吸收强度也随之提高；到生育后期，干物质累积速率减缓，吸收养分的数量也逐渐下降。理想的烤烟生长发育和养分吸收模式见图1-2。

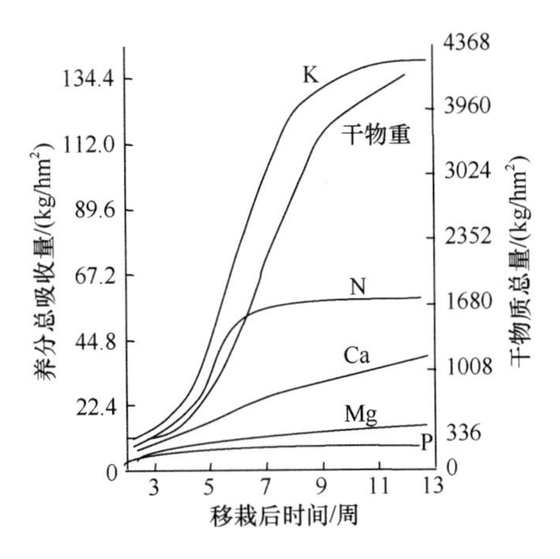

图 1-2 理想的烤烟植株生长和养分吸收曲线（Collins and Hawks，1994）

烤烟对氮素供应的要求很精确，为了正常的生长和成熟，要求前期供应足够的氮而后期烟株叶片达到最大叶面积时土壤中的氮全部消耗，氮肥过多或不足都会显著地影响烤烟的产量和质量。苏德成（1999）认为，要形成良好的烤烟产量和质量，要求烟株对氮素的吸收高峰应在烟株移栽后35～56天，烟株吸收氮素总量的95%在开始现蕾时完成，其后持续吸收的氮素一般在 5%左右，最多不能超过总氮吸收量的 10%。在烟叶成熟期，只有当氮吸收保持在一定的水平时，烟株的代谢才能适时由氮代谢（主要为硝态氮的还原代谢）转为碳代谢（主要为淀粉的积累代谢），最终才有可能获得优质烟叶（史宏志和韩锦峰，1998）。协调好烤烟碳氮平衡的关系是生产优质烟叶的关键，同时也是技术难题。

陈江华等（2008）通过对我国中南（福建）、黄淮（山东、安徽、河南）、西南（云南、贵州）三大烟区共 6 个地区烤烟的生长发育、养分吸收和供应以及烟碱浓度的变化规律，总结出我国烤烟生长发育和养分吸收的变化规律如图 1-3 所示。认为我国烤烟氮素累积的特点是，到成熟期烟株对氮素的吸收仍然呈增长趋势。我国烤烟与美国烤烟相比，美国烤烟对氮素吸收的特点是前期强烈，后期缓慢，我国烤烟前期吸收氮的速度较缓，氮吸收高峰也较晚。

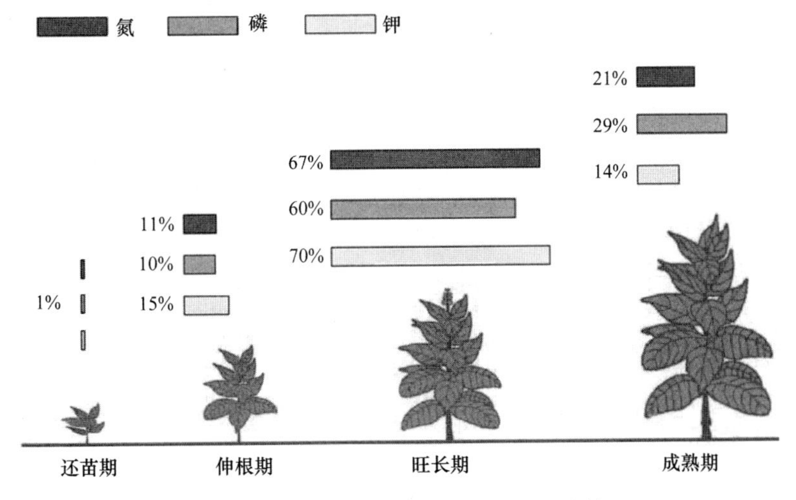

图 1-3 我国烤烟养分吸收累积模式图（陈江华等，2008）

烤烟对不同氮源的吸收曲线如图 1-4 所示。烤烟对总氮、土壤氮、肥料氮的吸收曲线呈单峰曲线。烤烟自进入旺长期开始，肥料氮和土壤氮的吸收速率开始迅速增加，肥料氮至烤烟现蕾期（8 周左右）吸收速率达到高峰；土壤氮的吸收速率高峰晚于肥料氮，至烤烟打顶期（9 周）吸收速率达到高峰。从吸收速率来看，在烤烟生长前期土壤氮吸收速率与肥料氮吸收速率相当，且随着生育期的推进，土壤氮吸收速率与肥料氮吸收速率差异增大，土壤氮的吸收速率逐渐高于肥料氮的吸收速率。

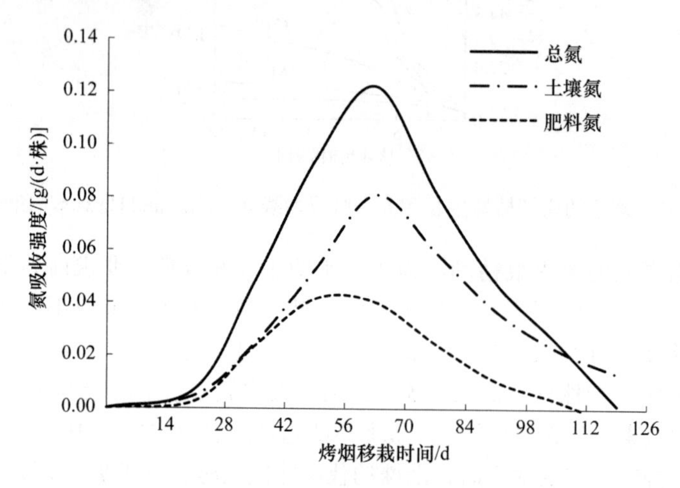

图 1-4　烤烟中不同来源氮的吸收动态

在植物生长过程中，氮素营养不能满足植物生长潜在需求时，会延缓植物的生长。刘大义和高琼玲（1984）研究结果表明，若 N、P、K 养分的吸收曲线呈单峰曲线，烟株在栽后 90 天内已经吸收了总氮量的 85%以上，叶片干物质积累已达到成株总叶重的 88%以上，表明烟株的生长发育和养分吸收状况正常，烟叶质量较好；若 N、P、K 养分的吸收曲线呈双峰曲线，烟株在栽后 90 天内仅吸收总氮量的 69%左右，烟叶干物质积累仅达到成株总叶重的 66%左右，表明烟株在旺盛生长时期的生长发育和养分吸收状况受到阻碍，烟叶质量很低。

施肥能够促进烤烟前期对氮素的吸收、烤烟生育期氮素累积量的增加。供应充足的氮肥，使烤烟在移栽 60 天内有较好的氮素营养，且能正常落黄。氮、钾肥能促进早期烟株对钾的吸收（裘宗海等，1990）。在一定范围内，随施氮量增加烤烟各生育时期各叶位和整株的干重、氮素累积量和烟碱累积量均有增加的趋势，且施氮量在超过 97.5 kg/hm^2 后基本保持稳定；施氮量对上部叶干重、氮素累积量和烟碱累积量的增加效应主要发生在烤烟生长后期，中下部叶则发生在烤烟生长前期；施氮能明显提早到达烤烟的整株干重最大累积速率、整株氮素最大累积速率和整株烟碱最大累积速率，而且这三者都随施氮量增加而增加，氮素累积高峰发生在干物质累积和烟碱累积高峰之前，且后两者的峰值均出现在打顶以后（习向银等，2008）。

三、烤烟氮来源

作物在其生长发育过程中吸收的氮素主要来自于土壤中可利用的氮和人们施用的肥

料氮，这两种可利用的氮素来源备受关注。由于生态环境影响烤烟生长发育和氮素的吸收，不同区域烤烟氮素来源略有差异，西南烟区烤烟全生育期吸收总氮中 68.3%±4.7%来自土壤、31.7%±4.4%来自肥料氮，即烤烟吸收的氮中 1/3 来自肥料、2/3 来自土壤（图 1-5）。北方烟区烤烟吸收的氮素 73.69%来自土壤、26.31%来自肥料（侯雪坤等，1994）；黄淮烟区褐土烤烟吸收的氮素 18.67%～29.32%来自肥料，70.68%～81.33%来自土壤（晁逢春，2003）；东南烟区（福建）烤烟地上部氮 56.95%来源于肥料、43.05%来源于土壤（陈江华等，2008）。

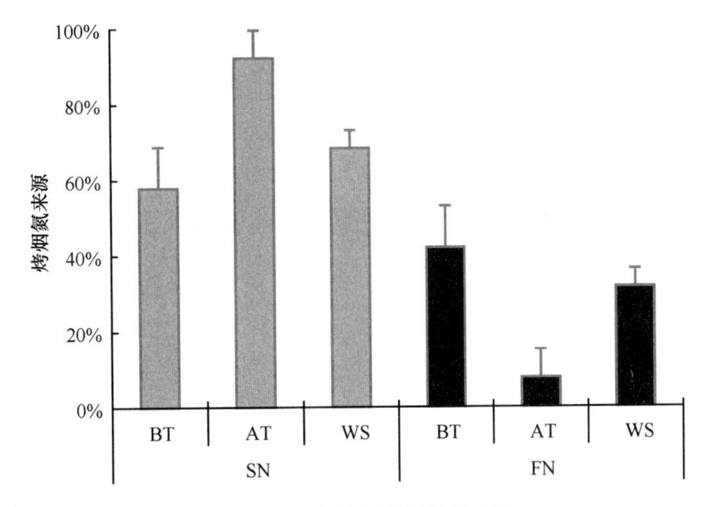

图 1-5 西南烟区烤烟氮素来源
SN. 土壤氮；FN. 肥料氮；BT. 打顶前；AT. 打顶后；WS. 整个生长季

不同土壤类型烤烟氮素来源无显著差异（表 1-3），但不同器官烤烟氮素来源差异显著（$P<0.05$），其中烤烟上部叶来源于土壤氮的比例最高达 70.9%，其次是根和茎；中部叶和下部叶的氮素来源于土壤的比例分别为 64.4%和 62.4%，显著低于上部叶。烤烟不同部位来自肥料氮的比例与来自土壤氮的比例呈相反趋势，其中下部叶来源于肥料氮的比例显著高于其他部位。

表 1-3 烤烟不同部位氮素来源

氮源	土壤类型	有机质/(g/kg)	部位/%				
			上部叶[a]	中部叶[b]	下部叶[b]	根[ab]	茎[ab]
肥料氮	红壤	14.7±5.9	31.3±5.8	34.9±6.1	39.3±5.0	33.0±5.3	34.1±5.0
	黄壤	19.6±5.8	25.4±7.6	33.2±1.8	39.7±2.7	32.6±2.6	30.7±3.0
	水稻土	25.1±3.1	20.9±2.7	31.6±2.9	34.4±1.1	27.4±0.7	34.5±3.3
土壤氮	红壤	14.7±5.9	68.7±5.8	65.1±6.1	60.7±5.0	67.0±5.3	65.9±5.0
	黄壤	19.6±5.8	74.6±7.6	66.8±1.8	60.3±2.7	67.5±2.6	69.4±3.0
	水稻土	25.1±3.1	79.1±2.7	68.4±2.9	65.6±1.1	72.6±0.7	65.5±3.3

注：同行不同字母表示差异达 0.05 显著水平，相同字母表示差异不显著。

不同时期氮素来源也不一致。一般烤烟生长前期以吸收肥料氮为主，中后期以吸收土壤氮为主。Goenaga（1989）用 ^{15}N 标记的硝酸铵肥料作为氮源，研究烤烟不同生育期的吸肥动向，结果表明，现蕾期以后烟株由主要吸收肥料氮转入以吸收土壤氮为主。在成熟和衰老阶段，土壤氮的再利用效果明显。单德鑫等（2007）认为烤烟生育前期以吸收肥料氮为主，移栽后 30 天内烟株吸收的肥料氮占总氮量的 60%，随着生育期的延后，烟株对肥料氮的吸收逐渐降低，而对土壤氮的吸收开始增加。施肥影响烤烟氮素来源，施 N 120 kg/hm^2 的烟株在打顶以后以吸收土壤氮为主，施 N 52.5 kg/hm^2 的烟株在团棵期以后以吸收土壤氮为主，该施氮量能够保证烟株从移栽至打顶（移栽后 60 天）阶段的生长需要（秦燕青等，2007）。

郭群召等（2006）研究结果表明：有机质含量高的土壤供氮能力强，烟株农艺性状和干物质重存在明显优势，烟株在生育前期以吸收积累肥料氮为主，生育后期以吸收积累土壤氮为主。而在有机质含量低的土壤上，烟株在整个生育期均以吸收积累肥料氮为主。随叶位的升高，土壤氮在烟叶积累氮量中所占的比例逐渐升高，而肥料氮所占比例逐渐下降。在有机质含量高的土壤上，来源于土壤的氮素在各部位叶中所占的比例均大于肥料氮所占的比例，而在有机质含量低的土壤上，肥料氮所占比例在各部位叶中均大于土壤氮。后期过量的氮素供应致使上部叶烟碱含量超高积累，而总糖和还原糖含量严重偏低；有机质含量低的土壤在烤烟生育期内矿化出的无机氮较少，土壤供氮能力较弱，烟株及上部叶以吸收、积累肥料氮为主。

四、烤烟氮分配

在烤烟不同器官氮素累积量存在较大差异。研究显示（图 1-6），烤烟打顶期烟叶、烟茎、烟根氮素累积量为同期烟株氮素累积量的 71.9%±6.2%、18.1%±4.7%、10.0%±2.8%。成熟期，烟茎、烟根的氮素分配比例增加，分别为同期烟株氮素累积量的 29.7%±10.4%、14.9%±2.2%，此时烟叶氮素分配比例为 55.4%±8.7%。

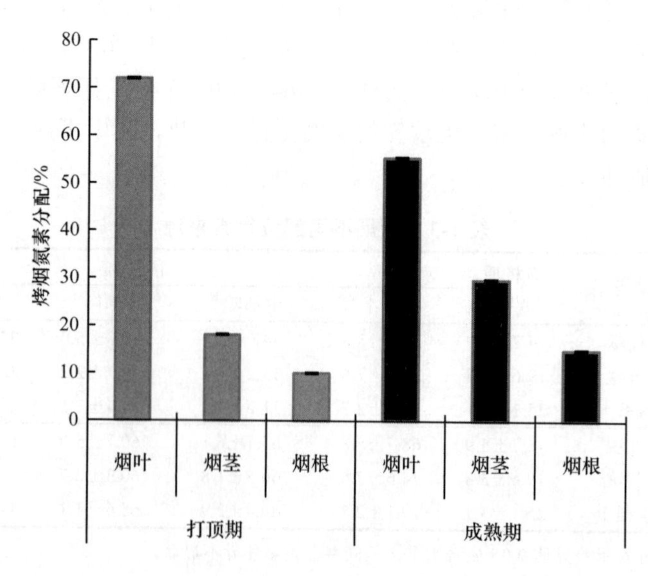

图 1-6　烤烟氮素分配

烤烟成熟期土壤氮和肥料氮的分配如图 1-7 所示。不同土壤类型烤烟根系土壤氮的分配比例表现为红壤＞黄壤＞水稻土，但方差分析显示未达显著水平。红壤和黄壤烟茎土壤氮的分配比例差异不显著，水稻土烟茎土壤氮的比例显著高于红壤和黄壤；烟叶呈现相反趋势，水稻土烟叶土壤氮的分配比例显著低于红壤和黄壤。烤烟成熟期肥料氮的分配与土壤氮相同。因此，西南烟区烤烟成熟期烟叶、烟茎、烟根土壤氮的分配比例为56.0%±8.0%、29.1%±8.8%、14.9%±2.0%，肥料氮的分配比例为54.5%±8.0%、30.8%±8.8%、14.7%±2.8%，土壤氮在烟叶中的分配略高于肥料氮。

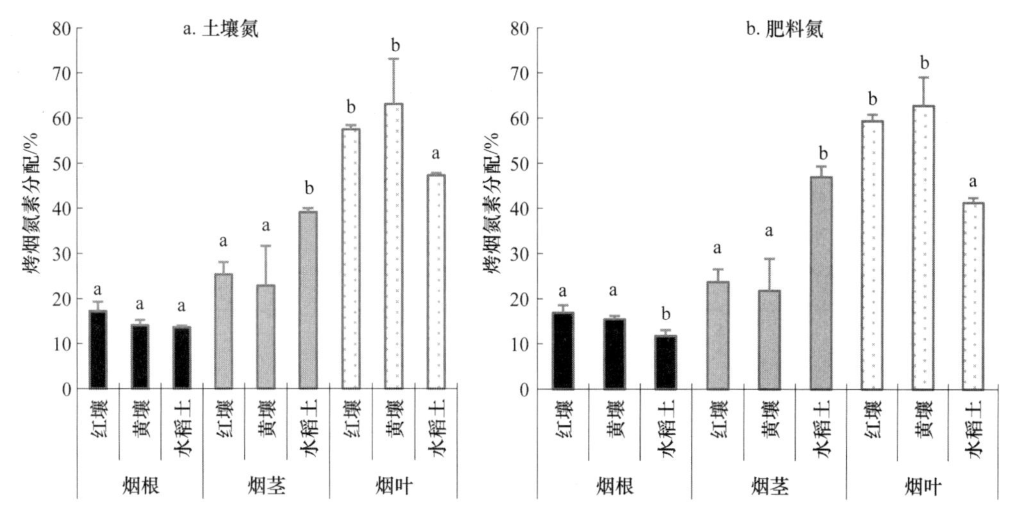

图 1-7　烤烟不同来源氮的分配

第二节　红壤烤烟氮素吸收规律

云南作为我国优质烤烟生产的重点区域，植烟面积 35 万 hm^2，烟叶产量占全国烟叶总产量的 40%，红壤占该烟区植烟土壤面积的 50%（邵岩，2006），而 79.5%的红壤有机质含量超过 20 g/kg（王树会等，2006）。胡国松等（2000）研究指出，南方烟区土壤有机质适宜含量为 15 g/kg，当高于此值时，在烟株生长后期由于土壤有机质的矿化，会出现土壤氮素供应过量，烟叶贪青晚熟，不容易正常落黄，甚至黑暴的现象。烘烤后，烟叶主脉粗，叶片过厚，烟碱及蛋白质浓度过高，色泽差，刺激性大，品质较差。因此，摸清烤烟生长期间红壤烤烟氮素吸收规律，对提高烟叶品质具有重要的生产指导意义。

一、红壤烤烟生长发育

烟株干物质积累量是反映烟株生长发育状况的重要指标，也可以反映土壤养分供应的情况。红壤烤烟干物质累积特征（图 1-8）表明，从移栽后 3 周开始，随着生育期的推进，L（SOM：8.4 g/kg）水平不施氮处理烤烟干物质累积量缓慢增加，一直持续到采收结束；施氮处理累积量则迅速增加，9～11 周为累积最快时期，此期累积量占总累积量的 27.25%，移栽后 11 周时累积强度最大，累积速率为 5.88 g/（株·d），此时累积量占总累积量的 85.49%。M（SOM：15.6 g/kg）和 H（SOM：20.2 g/kg）水平上两个处理移栽后 5 周内干物质累积量缓慢增加，从移栽后 5 周开始急剧升高，累积最快时期均出现在

9～11 周，M 水平上不施氮和施氮处理累积量分别占总累积量的 28.69%和 34.11%，H 水平上则分别占 25.23%和 26.21%，移栽后 11 周累积强度也达到最大，此时 M 水平累积量分别达到总累积量的 90.01%和 94.79%，H 水平则分别为 80.08%和 75.95%，且 H 水平上 11 周以后仍然表现出较强的增加趋势。

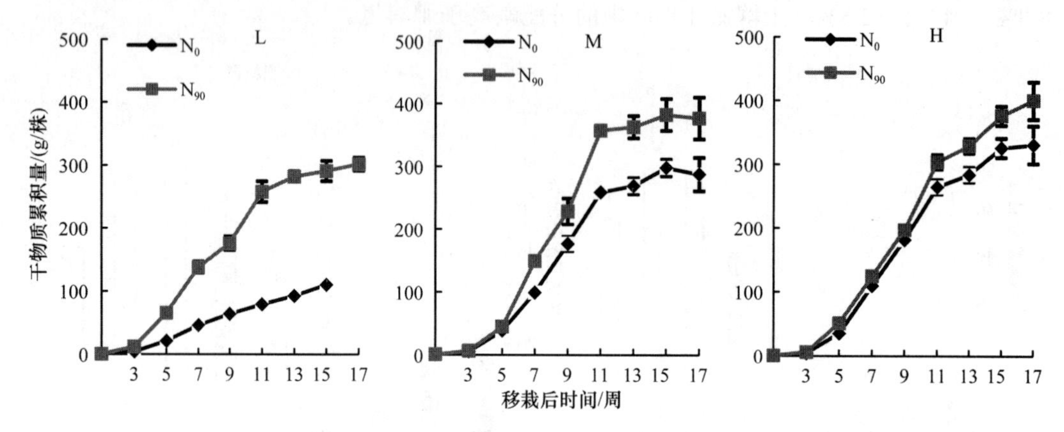

图 1-8 烤烟总干物质累积特征

N_0. 不施氮肥；N_{90}. 氮肥施用量 90 kg/hm^2；后同

各时期干物质累积量表明，L 水平在移栽 3 周以后施氮处理干物质累积量明显高于不施氮处理，且随着生育期推进差异不断增大，M 水平上出现在 5 周以后，而 H 水平上则出现在 9 周以后。到采收结束时 M 和 H 水平上不施氮处理干物质累积量分别为 L 水平的 2.61 倍和 3.00 倍，施氮处理分别为 1.25 倍和 1.33 倍，且 L、M 和 H 三水平上施氮处理干物质累积量分别为不施氮处理的 2.74 倍、1.31 倍和 1.21 倍。研究表明，有机质含量越高，烤烟干物质累积量越大；3 个水平施氮均能够提高干物质累积量，提高幅度随有机质含量增加而降低。

二、红壤烤烟氮素吸收

（一）红壤烤烟总氮累积特征

红壤烤烟氮素累积特征见图 1-9，随生育期推进，L 水平上不施氮处理氮素累积量增加缓慢，施氮处理从 3 周急剧升高，移栽后 3～5 周为累积最快时期，此期累积量占到总累积量的 44.17%，移栽后 5 周时累积强度最大，累积速率为 0.120 g/（株·d），移栽后 7 周时累积量达到总累积量的 90.82%，M 和 H 水平氮素累积均从 3 周开始急剧增加，M 水平上移栽后 5～7 周为累积最快时期，不施氮处理和施氮处理累积量分别占总累积量的 42.74%和 44.29%，移栽后 7 周时累积强度最大，累积速率分别为 0.112 g/（株·d）和 0.177 g/（株·d），移栽后 9 周时累积量分别占总累积量的 93.20%和 98.27%。H 水平上不施氮处理和施氮处理氮素累积最快时期分别出现在移栽后 5～9 周和 3～7 周，此期氮素累积量分别占总累积量的 76.76%和 54.77%，移栽后 9 周时累积量分别占总累积量的 82.67%与 78.76%，11 周以后累积强度变缓，但仍然表现出累积量较强的增加趋势。表明土壤有机质含量越高，氮素累积时期相对越长。

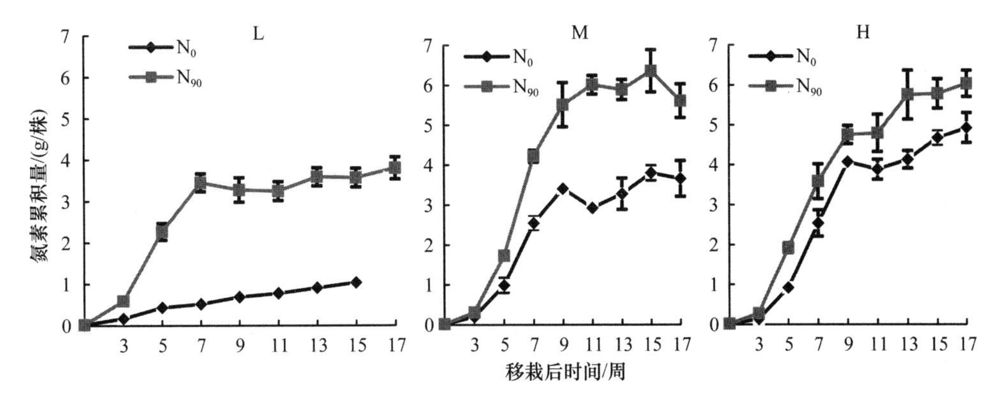

图 1-9　烤烟总氮素累积特征

各时期累积量表明，L 水平上移栽以后施氮处理氮素累积量高于不施氮处理，M 和 H 水平出现在移栽 3 周以后。到采收结束时，M 和 H 水平上不施氮处理氮素累积量分别为 L 水平的 3.54 倍和 4.76 倍，施氮处理分别为 1.48 倍和 1.59 倍，表明有机质含量越高，氮素累积量越大。L、M 和 H 3 个水平施氮使烤烟氮素累积量分别增加 3.65 倍、1.53 倍和 1.23 倍，这表明，施氮能够提高烤烟氮素的累积量，随有机质含量增加，提高幅度相对越小。

（二）红壤烤烟氮素来源

不同来源氮素在烤烟体内的分配比例（表 1-4）表明，在 L 水平上，从移栽后 3 周开始，肥料氮比例急剧升高，到移栽后 5 周时达到高峰，此时肥料氮累积比例为 74.60%，之后肥料氮的比例下降，土壤氮比例上升；M 和 H 水平上从移栽后 3 周开始随着生育期推进肥料氮的比例到移栽后 9 周达到最低，此后开始升高，M 和 H 分别在移栽 13 周和 11 周出现一个高峰，肥料氮累积比例分别为 36.70%和 40.16%，此后开始下降。打顶（移栽后 9 周）前，低有机质土壤上烤烟吸收氮素一半来自肥料供氮，而中、高有机质含量上仅有 26.25%～35.03%来自肥料氮。烤烟全生育期吸收总氮中 29.07%～40.26%来自肥料供氮，且随土壤有机质含量增加，烟株吸收肥料氮的比例下降。土壤氮的比例相反，烤烟吸收总氮中 59.74%～70.93%来自土壤供氮，表明烤烟吸收氮素大部分来自土壤供氮，且随着土壤有机质含量增加，土壤氮的比例升高。

表 1-4　有机质对红壤烤烟肥料氮与土壤氮分配特征的影响　（%）

编码	氮源	移栽后周数							
		3	5	7	9	11	13	15	17
L	肥料氮	34.62	74.60	53.90	51.66	43.09	45.10	43.53	40.26
	土壤氮	65.38	25.40	46.10	48.34	56.91	54.90	56.47	59.74
M	肥料氮	49.58	35.24	36.12	26.25	31.67	36.70	33.35	32.96
	土壤氮	50.42	64.76	63.88	73.75	68.33	63.30	66.65	67.04
H	肥料氮	47.18	36.02	37.45	35.03	40.16	39.31	36.71	29.07
	土壤氮	52.82	63.98	62.55	64.97	59.84	60.69	63.29	70.93

（三）红壤烤烟不同部位氮素来源及分配特征

由表 1-5 可知，3 个有机质水平红壤，烤烟各个部位中土壤氮比例都大于肥料氮比例，各个部位中肥料氮的比例表现为 L＞M＞H，土壤氮的比例表现为 H＞M＞L。表明随着有机质含量增加，各个部位中肥料氮的比例降低，土壤氮的比例升高。不同部位中肥料氮比例表现为下部叶＞中部叶＞烟根＞烟茎＞上部叶，土壤氮比例为上部叶＞烟茎＞烟根＞中部叶＞下部叶。表明肥料氮与土壤氮的分配比例在烟叶各部位中差异较大，随着叶位的升高，肥料氮比例降低，土壤氮比例升高，以上部叶受土壤供氮的影响最大。

表 1-5　有机质对红壤烤烟各个部位土壤氮与肥料氮分配比例的影响　（%）

编码	氮源	部位				
		下部叶	中部叶	上部叶	茎	根
L	肥料氮	44.92	41.47	37.54	38.60	39.37
	土壤氮	55.08	58.53	62.46	61.40	60.63
M	肥料氮	37.90	33.54	30.32	32.35	33.43
	土壤氮	62.10	66.46	69.68	67.65	66.57
H	肥料氮	35.21	29.57	26.09	28.09	29.46
	土壤氮	64.79	70.43	73.91	71.91	70.54

三、不同养分投入的产量、质量及养分吸收

（一）红壤烤烟烟碱合成及累积分配特征

打顶后烟叶中烟碱累积特征（图 1-10）表明，L 水平上两个处理打顶后烟叶中烟碱累积量增加均较缓慢，M 水平上不施肥处理打顶后烟叶烟碱累积量迅速增加，13～15 周为累积量最大时期，占到总累积量的 33.7%，15 周时累积速率达到最大值 0.046 g/(株·d)；施肥处理打顶后烟叶中烟碱累积量急剧升高，9～11 周为累积量最大时期，达到总累积量的 55.6%。H 水平上不施肥处理打顶后累积量迅速增加，13～15 周为累积量最大时期，占到总累积量的 31.4%，移栽后 15 周时累积强度达到最大值 0.062 g/（株·d），施氮处理在移栽后 11 周时累积量急剧增加，11～13 周为累积量最大时期，占到总累积量的 36.4%，移栽后 13 周时累积强度最大，达到 0.116 g/（株·d）。L、M 和 H 3 个水平上，打顶后烟碱累积量分别占总累积量的 62.9%～65.0%、57.05%～60.0%和 65.1%～74.8%。

打顶以后各时期累积量表明，L 和 M 水平上施氮处理烟叶烟碱累积量均高于不施氮处理，H 水平上移栽后 11 周内两处理间差异不明显，11 周后施肥处理累积量高于不施肥处理。采收结束时，M 和 H 水平上不施氮处理烟叶烟碱累积量分别比 L 水平高 1.57 g/株和 2.44 g/株，施氮条件下分别高 1.64 g/株和 2.47 g/株，且 L、M 和 H 3 个水平上施肥处理烟叶烟碱总累积量分别为不施氮处理的 5.78 倍、1.90 倍和 1.60 倍。表明有机质含量越高，烟叶烟碱累积量越大，施氮能够提高烟碱累积量，提高幅度随有机质含量增加而降低。

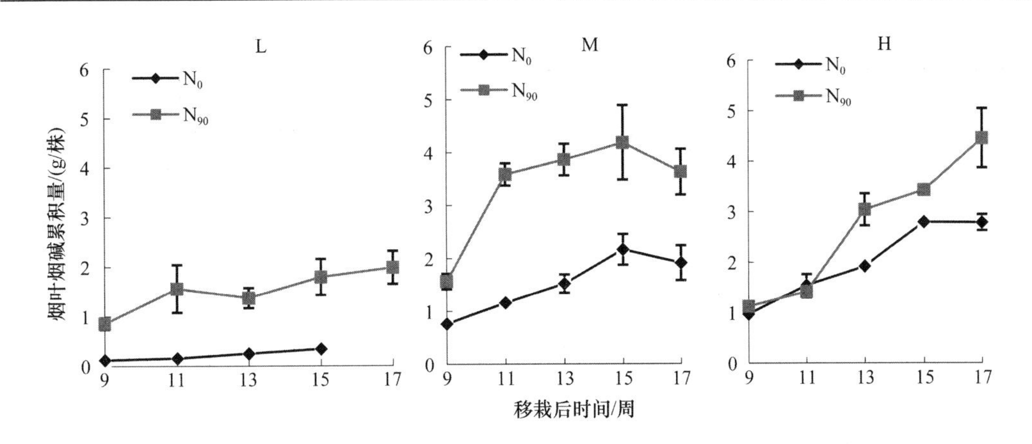

图 1-10　打顶后烟叶烟碱累积特征的影响

烟叶烟碱累积量与干物质累积量和氮素累积量的相关性分析表明，无论是整株烟叶还是各个部位烟叶，烟碱累积量与干物质累积量和氮素累积量均表现为极显著线性正相关（$P<0.01$），烟碱累积量与干物质累积量相关系数分别为 0.9628^{**}（总烟叶）、0.6618^{**}（下部叶）、0.9145^{**}（中部叶）和 0.8995^{**}（上部叶），烟碱累积与氮素累积的相关系数则分别为 0.9914^{**}（总烟叶）、0.9621^{**}（下部叶）、9630^{**}（中部叶）和 0.9390^{**}（上部叶）。说明烤烟烟叶中烟碱累积量与干物质累积量和氮素累积均密切相关，所以烟叶干物质累积量和氮素累积量均能够较好地反映出烟叶烟碱累积量。

（二）有机质对红壤烤烟品质指标的影响

由表 1-6 可知，不施氮肥条件下，M 水平下烟叶各部位总糖和还原糖含量均高于 H 水平下，总氮和烟碱均低于 H 水平下，糖碱比和氮碱比则均高于 H 水平下，下部叶各项指标两个处理间差异均不显著，中部叶除总糖差异不显著外其他各项指标均差异显著，上部叶各项指标差异也达到显著水平。糖碱比和氮碱比是烟叶内在品质协调性的综合反映，通常优质烤烟要求糖碱比和氮碱比分别为 8～12 和 0.8～1，过高过低烟叶内在品质均降低。M 水平下烟叶协调性表现为烟叶部位越高，协调性相对越好，H 水平以中部叶协调性最好，其次是下部叶，上部叶相对较差。整体协调性下部叶、中部叶 H 水平较好，上部叶 M 水平较好。

施氮肥条件下，下部叶和中部叶总糖和还原糖含量为 L>M>H，上部叶则为 L>H>M，总氮含量在下部叶为 H>M>L，中部叶和上部叶则 M>H>L，烟叶烟碱含量在下部叶和上部叶为 H>M>L，且 M 和 H 上部叶烟碱含量超标，中部叶 M 和 H 基本相等，L 最低。糖碱比下部叶为 L>M>H，中、上部叶为 L>H>M；氮碱比下部叶 L 较高，M 与 H 基本相等，中、上部叶均为 L>M>H。其中 L 水平 3 个部位（除中部叶氮碱比）各项化学指标均与 M 和 H 水平差异达到显著水平，而 M 水平上下部叶各项指标均与 H 水平差异均不显著，中部叶总氮差异显著，上部叶总糖、还原糖和总氮差异均显著。烟叶协调性 L 水平上表现为部位越高，协调性相对越好，M 和 H 水平上为部位越高，协调性相对越差，整体协调性下部叶和中部叶以 M 最好，上部叶以 L 最协调。

表 1-6　有机质对烟叶品质指标的影响

部位	编码	处理	总糖/%	还原糖/%	总氮/%	烟碱/%	糖碱比	氮碱比
下部叶（X2F）	L	N_{90}	31.52a	27.25a	1.31c	1.09d	29.64a	1.22a
	M	N_0	26.84ab	23.77ab	1.38c	1.4cd	21.14ab	1.00b
		N_{90}	20.88c	17.35c	1.8ab	2.29ab	9.19c	0.79c
	H	N_0	22.44bc	18.66bc	1.66bc	1.78bc	12.66bc	0.93bc
		N_{90}	18.78c	13.79c	2.07a	2.68a	7.32c	0.78c
中部叶（C3F）	L	N_{90}	30.41a	25.64a	1.75c	1.82b	17.15a	0.97b
	M	N_0	26.21b	23.04b	1.52c	1.33b	19.92a	1.14a
		N_{90}	19.22c	15.36d	2.60a	3.27a	5.89b	0.80b
	H	N_0	23.86b	18.13c	2.14b	2.68a	8.96b	0.80b
		N_{90}	19.11c	14.02d	2.16b	3.21a	6.28b	0.69b
上部叶（B2F）	L	N_{90}	26.5a	22.35a	2.14c	2.31b	12.0a	0.94a
	M	N_0	20.17a	16.73a	2.28c	2.33b	8.82a	0.99a
		N_{90}	10.29c	8.39c	3.13a	4.15a	2.50b	0.76b
	H	N_0	16.6b	13.23b	2.67b	3.88a	4.31b	0.69b
		N_{90}	16.02b	11.82b	2.72b	4.42a	3.69b	0.62b

注：L 水平 N_0 处理烟叶没有等级，后同。同列不同字母表示差异达 0.05 显著水平，相同字母表示差异不显著。

L 水平上不施氮处理烟叶没有等级，M 和 H 水平上不施氮处理烟叶各部位总糖、还原糖、糖碱比和氮碱比均高于施氮肥处理，总氮和烟碱低于施氮处理，且 M 水平 3 个部位各项化学指标在两个处理间差异均达到显著水平，而 H 水平的下部叶总氮和烟碱在两个处理间差异显著，中部叶总糖和还原糖差异显著，上部叶各项指标差异均不显著。研究表明，施氮能够降低糖含量，提高氮和烟碱含量，降低糖碱比和氮碱比，低、中有机质含量上施氮效果要较高有机质含量上效果明显。烟叶整体协调性 M 水平上施氮处理中部叶好于不施氮处理，上部叶不施氮处理好于施氮处理，H 水平上不施肥处理 3 个部位烟叶协调性要好于施肥处理。表明低有机质红壤上施氮能够提高烟叶品质，中有机质红壤上施氮提高下、中部叶品质，降低上部叶品质，高有机质红壤上施氮降低各部位烟叶品质。

（三）有机质对红壤烟叶经济性状的影响

由表 1-7 可知，同等施氮量条件下，烟叶产量表现为 H>M>L，不施氮时 M 与 H 差异不显著，均与 L 差异显著，施氮条件下 3 个有机质含量上差异均不显著。L 水平下不施氮处理烟叶没有经济产量。施氮烟叶总产量提高，L、M 和 H 水平下每公顷分别提高产量 1298.1 kg、353.25 kg 和 356.55 kg。

不施氮条件下 M 水平烟叶各项经济指标均高于 H，但是差异不显著。施氮条件下，经济产量和产值均为 L>H>M，L 与 M 差异达到显著水平，上等烟比例和均价均为 H>M>L，但是差异不显著。M 和 H 水平下不施氮处理各项经济指标均高于施氮处理，且 M 水平产量和产值在两处理间差异显著，而 H 水平上各项指标差异均不显著。

表 1-7　有机质对经济指标的影响

编码	处理	总产量/（kg/hm²）	经济产量/（kg/hm²）	产值/（元/hm²）	上等烟比例/%	均价/（元/kg）
L	N_0	982.20c	—	—	—	—
	N_{90}	2280.30a	2004.00a	19 964.70a	57.00a	9.94a
M	N_0	2249.85b	2220.45a	23 790.75a	70.54a	10.70a
	N_{90}	2603.1ab	1333.95b	13 707.15b	59.42a	10.21a
H	N_0	2385.45ab	1859.55a	19 358.40ab	63.36a	10.40a
	N_{90}	2742.00a	1763.25ab	18 160.95ab	60.14a	10.22a

注：同列不同字母表示差异达 0.05 显著水平，相同字母表示差异不显著。

四、红壤烤烟施肥关键参数

（一）百千克烟叶氮素需求量

低有机质红壤（L）烤烟生产 100 kg 烟叶需要 2.75 kg 氮，中有机质（M）红壤烤烟生产 100 kg 烟叶需要 3.55 kg 氮，高有机质红壤（H）烤烟生产 100 kg 烟叶需要 3.63 kg 氮。随着土壤肥力的提高百千克烟叶氮素需求量增加（图 1-11）。

（二）氮肥利用率

红壤上烤烟氮肥利用率（图 1-12）为 25.42%～30.61%，M 水平下氮肥利用率最大达 30.61%，其次为 H，L 最小，M 与 H 差异不大，仅相差 1.57 个百分点，M 和 H 与 L 差异较大，分别相差 5.39 个和 3.62 个百分点。表明土壤有机质含量较低时，氮肥利用率也较低，有机质含量较高时氮肥利用率也相对较高。

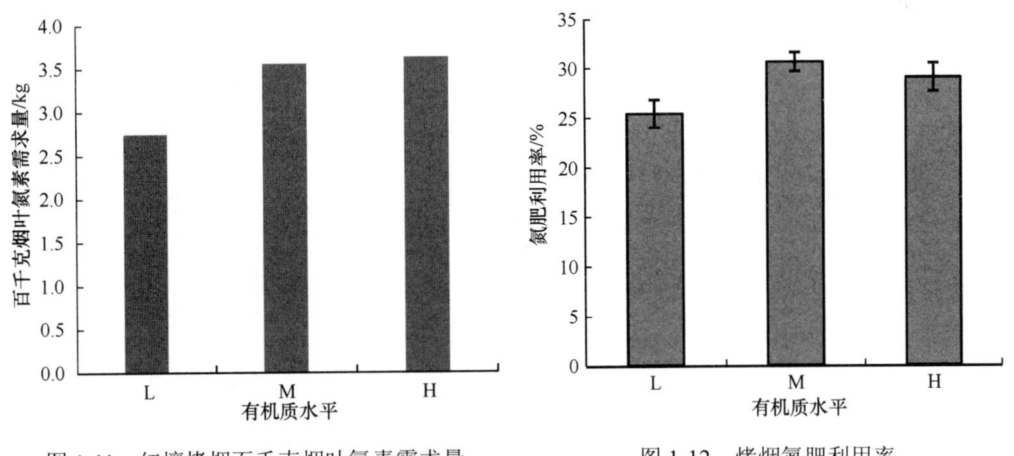

图 1-11　红壤烤烟百千克烟叶氮素需求量　　图 1-12　烤烟氮肥利用率

第三节　黄壤烤烟氮素吸收规律

由于我国烟叶种植分布广、面积大，在我国的主产区烤烟种植分布的生态条件差异十分显著。我国植烟土壤有机质含量范围大，从南方到北方，无论是优质烟叶产区还是填充型烟叶产区，植烟土壤有机质含量为 1%～5%。就贵州植烟土壤而言，70%的土壤有机质为 1.5%～3.5%，其中 1.5%～2.5%和 2.5%～3.5%各占 50%（冯勇刚等，2004）。由于烤烟氮素营养主要来源于土壤中的氮，相应土壤有机质含量的变化必然影响土壤氮素的供应，从而必然影响烟叶的品质。因此，明确土壤有机质与土壤氮素矿化关系及对烟叶品质的影响，是生产优质烟叶必须解决的理论问题，对提高我国烟叶质量具有重要的理论意义。

一、黄壤烤烟干物质累积特征

不施氮肥条件下，烤烟移栽后 3～5 周，3 种有机质含量（低、中、高）黄壤烤烟干物质积累量较低（图 1-13），5 周以后干物质积累明显增加，到 13 周干物质积累达到高峰，13 周后干物质积累逐渐减少。土壤有机质含量高低代表土壤供氮能力的大小，高有机质含量土壤氮素供应较多，植物干物质积累量高，但 3 种有机质含量土壤不施氮条件下干物质积累规律相似，在各个生育时期干物质积累量均表现为高有机质大于中有机质，中有机质大于低有机质，说明在自然土壤条件下，干物质积累随有机质含量的增加而增加，但 3 种有机质含量土壤之间干物质积累量差异未达到显著水平，表明烤烟在没有满足一定烟叶质量之前，土壤有机质含量的差异所引起的干物质质量尚未达到显著水平；从 3 种有机质含量土壤干物质积累量看，烤烟干物质积累主要集中在 7～13 周，而烟叶进入成熟期后干物质变化较少。由于试验地块前茬是玉米，因此，在不施肥条件下，烟株生长发育良好，在烤烟进入旺盛生长期前，在长势上与施肥处理基本一致，烟叶成熟期脱肥现象表现得不是很明显，但烟叶成熟较早。虽然不施氮肥属于不正常栽培措施，但可以反映当地自然土壤烤烟生长的情况，对土壤基础肥力特别是对土壤自然供氮能力的估测。从试验结果可以看出，玉米茬不施氮肥的处理，烤烟生长发育良好，说明当地土壤养分供应能力较强，在烟叶生产中应该给予特别的关注。

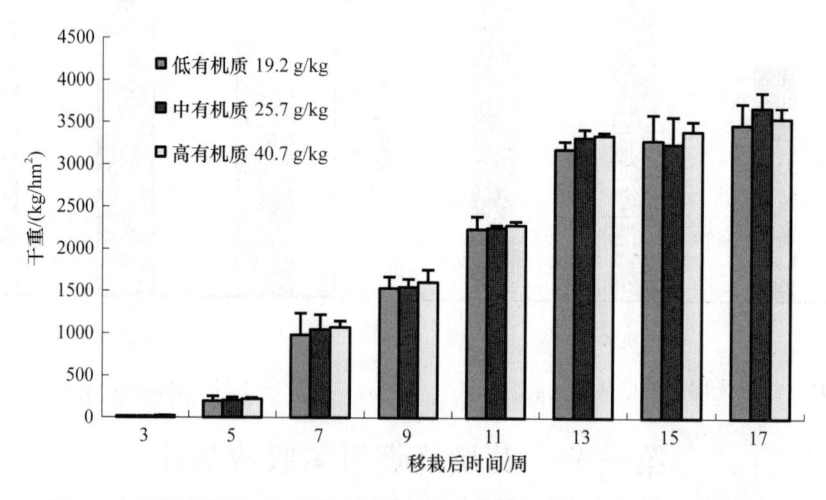

图 1-13　不施氮肥条件下不同土壤有机质含量对烤烟干物质积累的影响

在当地推荐的氮肥用量下，烤烟移栽后 3～5 周 3 种有机质含量土壤烤烟干物质积累量较低（图 1-14），5 周以后干物质积累明显增加，到 13 周干物质积累达到高峰，13 周后干物质积累逐渐减少。3 种有机质土壤在当地氮肥用量上，烤烟干物质积累规律相似，在各个生育时期干物质积累量均随氮肥用量的增加而增加，表现为氮肥的作用效果大于有机质的差异，但 3 种有机质含量土壤之间差异未达到显著水平，由于本试验是在 3 种有机质含量土壤上，氮用量是不等量试验，低有机质含量土壤氮肥用量最高，干物质积累量也最高，因此，干物质积累量表现为氮肥用量的作用大于土壤有机质含量之间的差异；从 3 种土壤有机质含量烤烟干物质积累量看，干物质积累主要集中在 7～13 周，而烟叶进入成熟期后干物质变化较少。

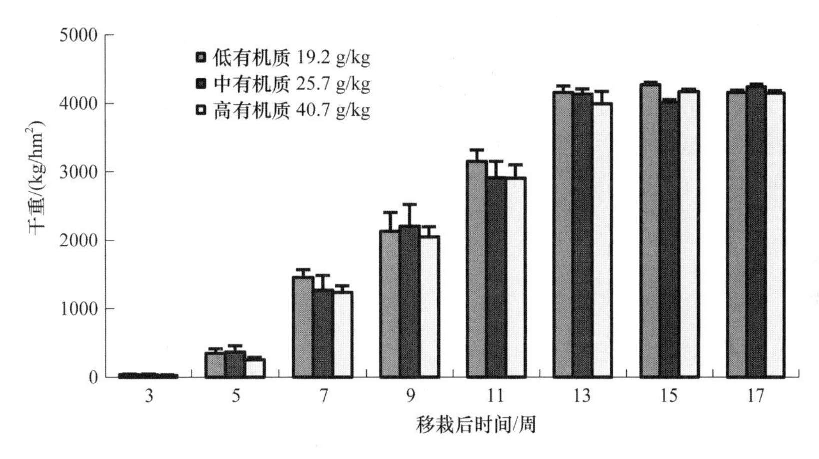

图 1-14 施氮条件下不同土壤有机质含量对烤烟干物质积累的影响

二、黄壤烤烟氮素吸收

（一）黄壤烤烟总氮累积特征

在不施氮肥的情况下，烟株氮素累积量可以表明其土壤自然供氮能力。在有机质含量分别为低、中、高的 3 种类型土壤上，烤烟移栽后 3～5 周内，对土壤氮吸收量少，从移栽后的第 5 周开始，氮积累量明显增加，到移栽后 11 周氮积累速率达到高峰，之后氮积累速率逐渐降低（图 1-15）。其中移栽后 3 周低、中、高 3 种有机质含量土壤氮积累量分别为 0.61 kg/hm^2、0.55 kg/hm^2 和 0.94 kg/hm^2，5～11 周低有机质为 8.68～61.92 kg/hm^2，中有机质为 8.73～64.71 kg/hm^2，高有机质为 9.39～67.19 kg/hm^2，到烟叶采收结束后 3 种有机质含量烤烟土壤氮积累量分别为 73.80 kg/hm^2、77.84 kg/hm^2 和 79.85 kg/hm^2，烟株氮积累量较高，说明土壤供氮能力较强。3 种有机质含量的土壤上烤烟在各个时期氮积累量低有机质大于中有机质，中有机质大于高有机质，随有机质的提高而增加（图 1-15），但 3 种有机质含量土壤之间氮积累量差异未达到显著水平，表明烤烟在没有满足一定烟叶质量之前，土壤有机质含量的差异所引起的氮积累量尚达不到显著水平（图 1-15）。

在当地推荐氮肥用量条件下，3 种有机质含量土壤烤烟均表现为移栽后 3～5 周内氮积累量较低；移栽后 5～11 周氮积累量明显增加，11 周以后氮积累量保持平衡（图 1-16）。其中 3 种有机质土壤（低、中、高）于烤烟移栽后 3～5 周氮积累量分别为 1.83 kg/hm^2、1.49 kg/hm^2 和 1.31 kg/hm^2，各土壤有机质在相应的氮肥用量上，氮积累量差异不大；移栽 5 周氮积累量分别为 13.58 kg/hm^2、12.84 kg/hm^2 和 9.59 kg/hm^2；烤烟移栽后 7～11 周的旺盛生长期，低有机质土壤上氮积累量分别为 44.27 kg/hm^2、69.97 kg/hm^2 和 91.30 kg/hm^2，中有机质土壤氮积累量分别为 44.43 kg/hm^2、62.21 kg/hm^2 和 86.80 kg/hm^2，高有机质土壤氮积累量分别为 41.69 kg/hm^2、61.78 kg/hm^2 和 83.94 kg/hm^2；到烤烟进入成熟采收期氮素积累速率明显降低，从移栽后 13～17 周低有机质土壤氮积累量从 13 周的 93.46 kg/hm^2 到 17 周的 95.50 kg/hm^2，中有机质土壤氮积累量从 13 周的 92.93 kg/hm^2 到 17 周的 94.12 kg/hm^2，高有机质土壤氮积累量从 13 周的 88.07 kg/hm^2 到 17 周的 92.53 kg/hm^2，氮积累量偏高。从烤烟移栽后 3～17 周，3 种有机质含量的土壤上，其氮积累的规律始终是随施氮量增加而增加，虽然 3 种有机质含量土壤上氮累积量差异未达到显著水平，由于本试验是在 3 种有机质含量土壤上，氮用量是不等量试验，低有机质含量土壤氮肥用量最多，氮积累量最高，因此，氮积累量表现为氮肥用量的作用大于土壤有机质含量之间的差异。

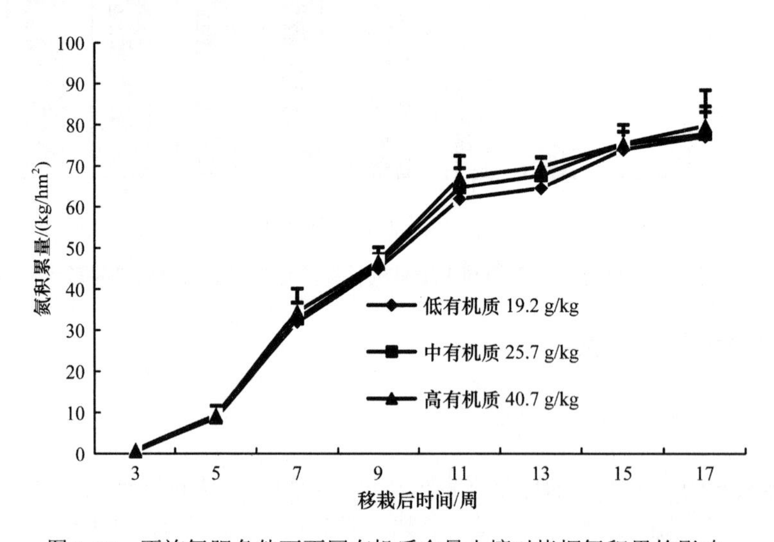

图 1-15　不施氮肥条件下不同有机质含量土壤对烤烟氮积累的影响

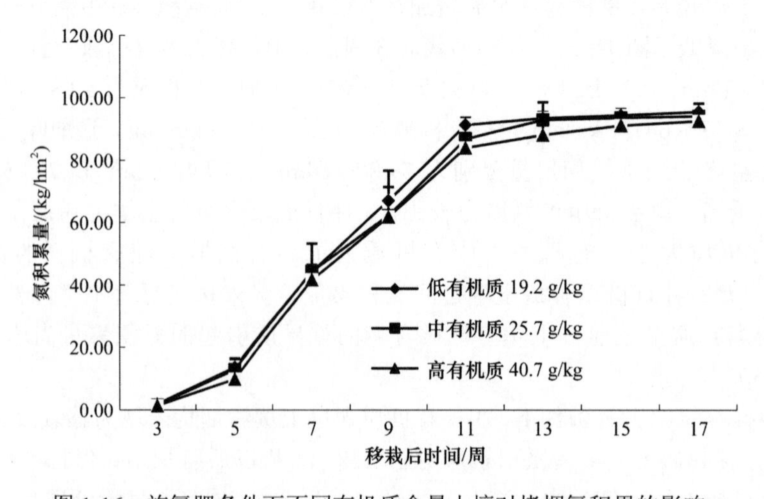

图 1-16　施氮肥条件下不同有机质含量土壤对烤烟氮积累的影响

（二）黄壤烤烟土壤氮与肥料氮分配特征

3 种有机质含量黄壤在相应的氮肥用量上，烤烟吸收肥料氮占吸收总氮的比例于前期最高（表 1-8），并随着生育期推迟烤烟吸收肥料氮的比例逐渐降低，在各生育时期 3 种有机质含量土壤上，烤烟吸收 ^{15}N 的比例差异均未达显著水平。在移栽后 3 周 3 种有机质含量土壤（低、中、高）烤烟吸收肥料氮占吸收总氮的比例分别为 71.33%、67.46% 和 65.25%，5 周分别为 55.94%、48.87%和 53.84%，表明烤烟前期吸收的氮主要来自肥料，移栽后 3～5 周烤烟从土壤中吸收的氮仅占 28.67%～51.13%；从移栽后 7～15 周开始，吸收肥料氮占吸收总氮的比例不断降低，占吸收总氮的 30.55%～41.28%，相应烤烟从土壤中吸收的氮占 58.72%～69.45%；到采收结束 17 周时，吸收肥料氮只占吸收总氮的 28.66%～29.75%，相应来自土壤的氮占 70.25%～71.34%。由此可见，烤烟前期吸收的氮主要来自肥料，而后期主要是来自土壤中的氮。

表 1-8　不同有机质含量土壤烤烟吸收 ^{15}N 比例

移栽后周数	^{15}N 占吸收总氮比例/%		
	土壤有机质 19.2 g/kg	土壤有机质 25.7 g/kg	土壤有机质 40.7 g/kg
3	71.33a	67.46a	65.25a
5	55.94a	48.87a	53.84a
7	38.27a	37.81a	37.48a
9	39.44a	41.28a	39.61a
11	33.71a	33.79a	33.58a
13	34.35a	32.74a	34.36a
15	31.32a	30.55a	31.08a
17	29.75a	28.66a	28.69a

注：同行不同字母表示差异达 0.05 显著水平，相同字母表示差异不显著。

从 3 种有机质含量土壤与其相应氮素用量上，在烤烟整个生育期内始终是低有机质土壤烤烟吸收肥料氮占吸收总氮的比例最高，烤烟对肥料氮的吸收比例随氮肥用量的增加而增加。从表 1-8 中可以看出，到烟叶进入成熟采收 11～17 周，烤烟吸收肥料氮占吸收总氮的 28.66%～34.36%，烤烟来自土壤氮占总氮的 65.64%～71.34%，表明该土壤后期氮素供应较多，同样是影响烟叶质量的重要因素（左天觉，1993）。

（三）黄壤烤烟不同部位氮素来源及分配特征

由表 1-9 可知，烤烟各个部位中土壤氮比例均大于肥料氮比例，且 3 个有机质水平对应处理烤烟氮来源于土壤氮的比例差异不显著。烟茎、上部叶、中部叶、下部叶中土壤氮比例分别为 75.1%、69.9%～70.7%、64.3%～67.5%、61.4%～63.9%，不同部位土壤氮比例表现为烟茎＞上部叶＞中部叶＞下部叶；肥料氮比例表现为下部叶＞中部叶＞上部叶＞烟茎，表明肥料氮与土壤氮的分配比例在烟叶各部位中差异较大，随着叶位的升高，肥料氮比例降低，土壤氮比例升高，以上部烟叶受土壤供氮的影响最大。

表 1-9　黄壤烤烟各个部位土壤氮与肥料氮分配比例的影响　（%）

部位	有机质	氮素来源	烤烟移栽时间					
			7 周	9 周	11 周	13 周	15 周	17 周
上部叶	低	肥料氮	44.5	31.8	32.4	34.6	32.2	30.1
		土壤氮	55.5	68.2	67.6	65.4	67.8	69.9
	中	肥料氮	36.4	34.2	31.3	33.3	31.2	29.3
		土壤氮	63.6	65.8	68.7	66.7	68.8	70.7
	高	肥料氮	39.4	33.2	30.7	34.6	32.7	30.0
		土壤氮	60.6	66.8	69.3	65.4	67.3	70.0
中部叶	低	肥料氮	31.9	45.7	33.3	34.1	35.7	
		土壤氮	68.1	54.3	66.7	65.9	64.3	
	中	肥料氮	36.9	45.8	34.5	34.3	33.7	
		土壤氮	63.1	54.2	65.5	65.7	66.3	
	高	肥料氮	36.1	42.2	35.6	35.3	32.5	
		土壤氮	63.9	57.8	64.4	64.7	67.5	
下部叶	低	肥料氮	39.7	42.4	35.6	38.6		
		土壤氮	60.3	57.6	64.4	61.4		
	中	肥料氮	40.3	45.1	35.0	36.4		
		土壤氮	59.7	54.9	65.0	63.6		
	高	肥料氮	39.4	41.6	34.0	36.1		
		土壤氮	60.6	58.4	66.0	63.9		
茎	低	肥料氮	35.2	44.9	34.8	30.8	26.4	24.9
		土壤氮	64.8	55.1	65.2	69.2	73.6	75.1
	中	肥料氮	37.8	50.2	35.2	30.2	26.0	24.9
		土壤氮	62.2	49.8	64.8	69.8	74.0	75.1
	高	肥料氮	31.5	41.0	34.6	31.4	26.9	24.9
		土壤氮	68.5	59.0	65.4	68.6	73.1	75.1
平均值项：肥料氮			37.4	41.5	33.9	34.1	30.8	27.3
平均值项：土壤氮			62.6	58.5	66.1	65.9	69.2	72.7

三、不同养分投入的产量、质量及养分吸收

（一）不同有机质含量土壤烟叶产值变化

在不施氮肥条件下，3 种有机质含量（低、中、高）土壤上烟叶产量差别不大（表 1-10），没有达到差异显著水平，说明烤烟在未达到一定产量之前，土壤有机质的差异尚达不到烟叶产量上的区别，但从获得的产量上可以看出，不施氮肥情况下，仍然获得较高的产量，表明该自然土壤氮供应能力较强，与前茬有重要的关系。由于在玉米茬上，当地普遍大量追施氮肥，氮在土壤中残留较多，对烤烟生长具有后效，因此，在烤烟栽培中，氮肥用量必须慎重考虑前茬作物。

在当地推荐最佳施肥量上，烟叶产量明显高于不施氮肥的处理，其中，低有机质含量土壤与不施肥处理差异达显著水平，而 3 种有机质土壤上，低有机质含量土壤与高有机质含量土壤差异达显著水平。从整个田间长势看，3 个有机质含量土壤上长势均较强，成熟期明显拖后，直到烤烟移栽后 17 周烟叶采收结束，表明在确定氮肥用量上，前茬作

物是一个非常重要的指标。

表 1-10　不同有机质含量土壤对烟叶产值的影响

有机质含量/（g/kg）	氮肥用量/（kg/hm^2）	产量/（kg/hm^2）	产值/（元/hm^2）	上等烟比例/%
19.2	0	2 359.58a	9 198.85a	24.15a
	105	2 858.87b	12 764.83b	27.36a
25.7	0	2 453.53a	8 941.88a	24.52a
	97.5	2 804.56a	11 894.13b	27.45a
40.7	0	2 525.02a	9 349.17a	24.25a
	82.5	2 642.36a	11 591.68b	25.73a

注：同行不同字母表示差异达 0.05 显著水平，相同字母表示差异不显著。

从表 1-10 可以看出，不施氮肥和施氮肥条件下，3 种有机质含量土壤烟叶产值未达到差异显著水平，而施氮肥与不施氮肥处理差异均达显著水平。表明不同有机质含量土壤所推荐氮肥用量偏差不明显。而在上等烟比例上所有的处理，差异均不显著。进一步表明在不施氮肥处理烟株发育良好，而氮肥用量过多，证明前茬作物对烟株的生长发育有重要的影响，在烟叶生产中应予以高度的重视。

（二）不同有机质含量土壤烟叶化学成分

从表 1-11 烟叶化学成分可以看出，烟叶烟碱是随部位的提高而增加；烟叶氮含量与烟碱含量一致，随烟叶部位的提高而增加，在各个部位氮含量下施氮肥的处理均高于不施氮肥的处理。

表 1-11　不同有机质含量土壤对烟叶化学成分的影响

有机质/（g/kg）	氮肥/（kg/hm^2）	烟叶部位	烟碱 /%	还原糖/%	淀粉/%	糖碱比
19.2	0	X	1.98	12.94	1.44	6.54
		C	2.50	19.65	1.60	7.86
		B	3.80	17.41	2.03	4.58
	105	X	2.09	9.05	1.68	4.33
		C	2.70	12.05	2.08	4.07
		B	4.44	12.53	2.40	2.82
25.7	0	X	1.86	13.13	1.37	7.06
		C	2.80	16.89	1.69	6.03
		B	3.84	14.18	2.38	3.69
	97.5	X	2.04	10.81	1.74	5.30
		C	3.67	11.77	2.06	3.21
		B	4.68	17.74	2.46	3.03
40.7	0	X	1.96	22.06	1.48	11.26
		C	2.70	23.30	1.64	8.63
		B	3.40	14.18	1.82	6.30
	82.5	X	2.03	9.04	1.94	4.45
		C	3.30	12.98	1.97	3.93
		B	4.47	12.75	2.25	2.85

注：X. 下部叶；C. 中部叶；B. 上部叶。后同。

烟叶化学成分是烟叶内在品质的重要指标，一方面是烟叶各化学成分含量指标范围，另一方面是内在化学成分的协调性。目前国内对烟叶化学成分指标的要求为，烟碱浓度1.5%～3.5%，还原糖浓度5%～25%，最适含量为15%左右，总氮浓度1.5%～3.5%，最适含量为2.5%左右，钾浓度2.0%以上，氯离子浓度0.3%～0.6%，糖碱比6～10（王瑞新，2003）。烟草糖含量分布是中部烟叶最高，上部烟叶最低，下部烟叶介于两者之间（左天觉，1993）。表1-11可以表明，下部烟叶还原糖含量偏低，与烟叶氮含量偏高有一定关系。而从糖碱比上进一步看出，在不施氮肥的条件下，3种有机质含量土壤中、下部位烟叶糖碱比为6.03～11.26，上部烟叶糖碱比偏低，表明氮含量偏高；而施氮肥的处理，3个部位烟叶糖碱比均表现偏低，表明在当地土壤条件和推荐的氮肥用量上，烟叶化学成分尚不够协调，影响烟叶质量。通常不施氮肥的处理，烟叶化学成分不够协调，表现为烟碱含量偏低，糖碱比偏大，但从试验的结果可以分析看出，不施氮肥烟叶获得相对适宜的糖碱比例，说明当地土壤氮供应比较充分，更进一步证明与前茬玉米有重要的关系，因此，在烟叶生产中，应考虑前茬作物的因素。

（三）不同有机质含量土壤烟叶质量分析

评吸结果（表1-12）表明，各处理在香气量、香气质、吃味、杂气和刺激性上均表现很高的分值，表明当地烟叶品质较好，并且各处理分数差别不大，表明烟叶在施氮肥与不施氮肥下对烟叶品质风格影响不是十分明显。劲头和燃烧性随部位的提高而表现出增加的趋势，但从劲头上可以看出，在施氮肥条件下，中、上部烟叶劲头较大，与烟碱含量有关，与前面试验结果一致，这表明在当地氮肥用量上，所生产的烟叶劲头偏高，因此，要适当调整氮肥的用量和施用方法。

表1-12　不同有机质含量土壤对烟叶品质的影响

有机质/(g/kg)	氮肥/(kg/hm^2)	烟叶部位	香气质	香气量	吃味	杂气	刺激性	劲头	燃烧性	总分
19.2	0	X	7.8	8.1	8.3	7.4	7.5	适中	较强	39.1
		C	7.8	8	8.4	7.4	7.6	稍大	强	39.2
		B	7.7	8.2	8.3	7.5	7.5	大	中等	39.2
	105	X	7.6	8	8.4	7.2	7.6	适中	较强	38.8
		C	7.8	8	8.2	7.5	7.5	较大	中等	39.0
		B	7.5	7.9	8.2	7.3	7.3	大	较强	38.2
25.7	0	X	7.8	7.8	8.6	7.7	7.9	适中	中等	39.8
		C	8	8.2	8.6	7.7	7.7	中偏大	强	40.2
		B	7.4	8.2	8.1	7.1	7.3	大	较强	38.1
	97.5	X	7.7	8	8.5	7.5	7.7	适中	较强	39.4
		C	7.5	7.9	8.1	7.3	7.3	较大	强	38.1
		B	7.4	7.9	8	7.3	7.2	大	较强	37.8
40.7	0	X	7.8	8.2	8.5	7.8	7.8	适中	较强	40.1
		C	8.2	8.3	8.8	8	7.9	适中	强	41.2
		B	7.8	8.3	8.4	7.6	7.5	较大	较强	39.6
	82.5	X	8	8.1	8.7	7.8	7.9	适中	较强	40.5
		C	7.4	7.9	8	7	7.2	较大	强	37.5
		B	7.2	7.8	7.7	6.8	7	大	较强	36.5

注：香气质、香气量、杂气、刺激性满分为10分，吃味满分为12分。

四、黄壤烤烟施肥关键参数

（一）百千克烟叶氮素需求量

低有机质黄壤烤烟生产 100 kg 烟叶需要 3.34 kg 氮，中有机质黄壤烤烟生产 100 kg 烟叶需要 3.36 kg 氮，高有机质黄壤烤烟生产 100 kg 烟叶需要 3.50 kg 氮。随着土壤肥力的提高百千克烟叶氮素需求量增加（图 1-17）。

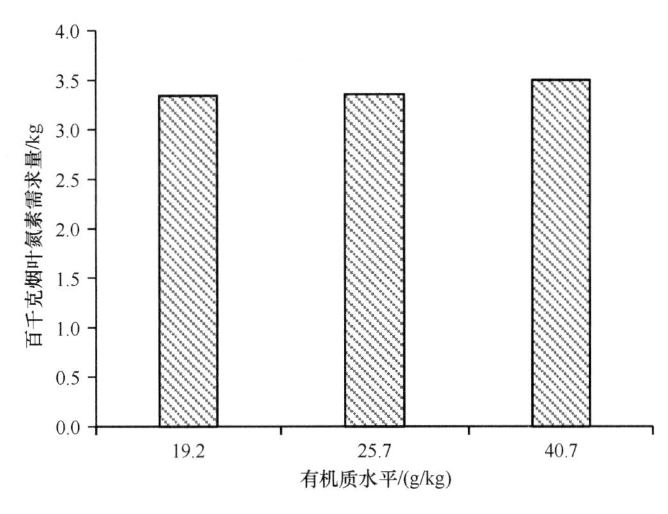

图 1-17 黄壤烤烟百千克烟叶氮素需求量

（二）氮肥利用率

3 种有机质含量的土壤上，氮利用率随生育期的增加而提高（表 1-13），13 周时达到高峰，到烟叶进入成熟期后，氮利用率呈逐渐降低的趋势。烤烟移栽后 3～5 周氮利用率较低，3 种有机质（低、中、高）含量土壤氮利用率分别为 1.24%～7.34%、1.22%～6.81%和 1.11%～6.20%。移栽后 7～13 周氮利用率明显增加，低有机质含量土壤氮的利用率分别为 16.13%、25.15%、29.21%和 30.55%；中有机质含量土壤氮利用率分别为 17.23%、26.41%、30.05%和 32.64%；高有机质含量氮利用率分别为 18.94%、29.66%、34.21%和

表 1-13 不同含量有机质土壤烤烟氮肥利用率

移栽后周数	氮肥利用率/%		
	土壤有机质 19.2 g/kg	土壤有机质 25.7 g/kg	土壤有机质 40.7 g/kg
3	1.24a	1.22a	1.11a
5	7.34a	6.81a	6.20a
7	16.13a	17.23ab	18.94b
9	25.15A	26.41B	29.66B
11	29.21a	30.05a	34.21b
13	30.55A	32.64AB	36.68B
15	28.16a	29.33ab	34.33b
17	27.06a	27.67a	32.18b

注：同行不同大小写字母表示差异达 0.01 和 0.05 显著水平，相同字母表示差异未达显著水平。

36.68%；烤烟成熟期 15～17 周氮利用率逐渐降低，17 周低、中、高 3 种有机质含量土壤氮利用率分别为 27.06%、27.67%和 32.18%，氮利用率随有机质含量的增加而提高。

第四节 水稻土烤烟氮素吸收规律

云南省植烟面积为 40 余万公顷（占全国总面积的 40%），年烟叶收购量达 75 万～90 万吨（约占全国总收购量的 44%）。云南省的烟草种植对我国烟草行业的发展具有举足轻重的地位。云南烟区水旱轮作烟田面积约占总植烟面积的 1/3（邵岩，2006）。从全国范围来讲，水旱轮作条件下烤烟种植面积也较广泛，尤其是在湖南、广西、福建等省份所占份额较大。相对大多旱地土壤而言，南方水旱轮作植烟土壤质地较黏重，有机质含量也较高（陈江华等，2004；李志宏等，2004）。

一、水稻土烤烟干物质累积特征

选择两块土壤有机质含量为 27.2 g/kg（A 田）和 22.9 g/kg（B 田）的水稻土，分别设不施氮（N_0）和施 90 kg/hm^2 氮（N_{90}）处理，不同处理对烟叶、烟根和整株烟株干物质积累的影响较一致，均是 N_{90} 处理显著高于 N_0 处理，B 田高于 A 田，而且随生育期推延差异愈加明显（图 1-18）。由图 1-18a 还可看出，烟叶干物质重在移栽后 40 天左右急剧增加，到移栽后 3 个月左右进入缓慢增长阶段，进入采收中期后基本停止增长。图 1-18b 显示，根干物质累积不同于烟叶，作为烟碱主要合成器官的烟根，其干物质积累量在整个生育时期不断增长，最大积累速率的出现时间比烟叶约晚 2 周，在打顶后进入快速生长期。烟根的这种生长发育特征决定，若打顶后土壤养分供给过强，很容易引起根系养分吸收过多，地上部生长过旺，烟叶不能正常成熟采收。图 1-18c 显示，烟株干物质积累曲线 11 周后增长幅度仍较大。AN_0、AN_{90}、BN_0 和 BN_{90} 4 个处理 11 周后烟株干物质重占全生育期总干重的比例分别为 51.04%、48.10%、51.42%和 50.76%。由此看出，打顶后各处理烟株均没有完成营养生长向生殖生长的转化，蛋白质代谢过程拖长，这必将不利于优质烟叶品质的形成。

二、水稻土烤烟氮素吸收规律

（一）水稻土烤烟氮累积特征

施用氮肥显著增加烟株氮素积累量。采收结束时，A 田对照和施氮处理累积吸氮量分别达 70.90 kg/hm^2 和 114.57 kg/hm^2，B 田分别达 89.70 kg/hm^2 和 140.02 kg/hm^2。N_{90} 处理烟株各器官氮素积累量均显著高于 N_0 处理，采收结束时 A 田和 B 田烟株氮素积累量 N_{90} 处理分别是 N_0 处理的 162.30%和 156.10%。尽管 B 田 0～30 cm 土壤的有机质和碱解氮含量低于 A 田，但在相同施氮水平下，B 田烟株吸氮量却明显高于 A 田，且随生育期推延差异逐步明显。这与烟株农艺性状特征和干物质积累规律表现一致。从表 1-14 还可看出，打顶后 AN_0、AN_{90}、BN_0 和 BN_{90} 处理烟株氮素积累量占收获时总积累量的比例分别为 56.62%、50.92%、55.60%和 51.97%，说明生育后期 4 个处理烟株均存在氮素积累过多的现象。

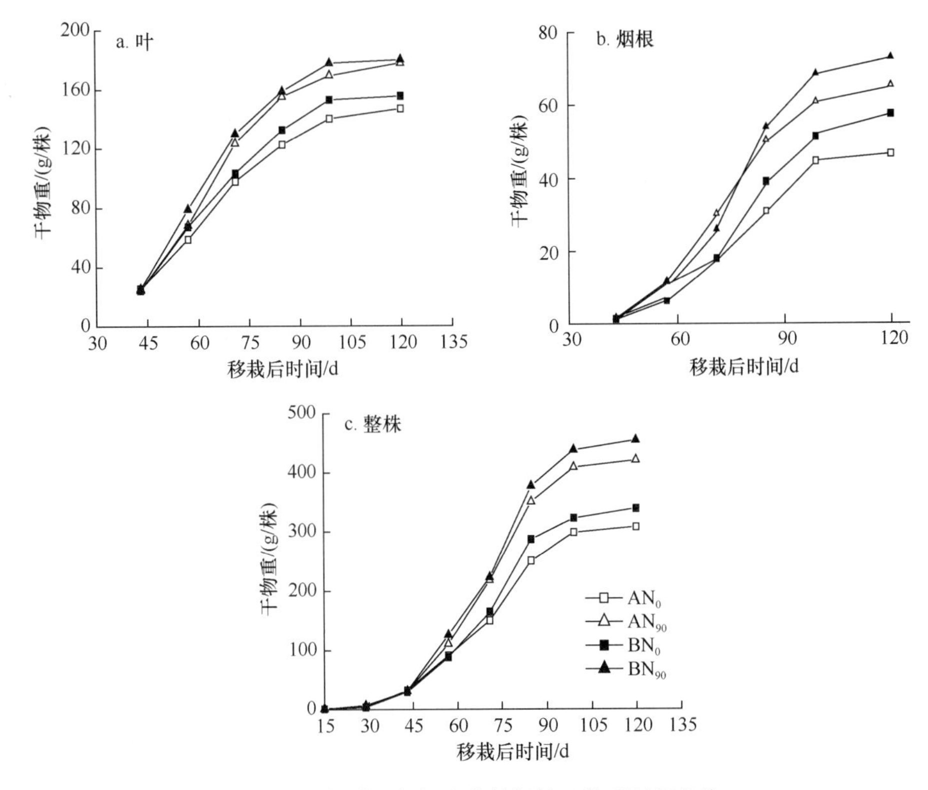

图 1-18　烟叶、烟根和整株烟株干物质积累曲线

A、B 为试验田编号

表 1-14　烟株不同器官氮素积累规律　　（单位：g/株）

处理		移栽后天数					
		43 天	57 天	71 天	85 天	99 天	120 天
下部叶	AN_0	0.31a	0.27a	0.31a	0.47a	—	—
	AN_{90}	0.43ab	0.52bc	0.69b	0.72b	—	—
	BN_0	0.38ab	0.35ab	0.45a	0.58ab	—	—
	BN_{90}	0.50b	0.62c	0.94c	0.98c	—	—
中部叶	AN_0	0.37a	0.55a	0.53a	0.64a	0.74a	—
	AN_{90}	0.38a	1.33bc	1.14b	1.11bc	0.98b	—
	BN_0	0.21a	1.05b	0.86ab	0.90ab	0.90ab	—
	BN_{90}	0.37a	1.58c	1.59c	1.32c	1.32c	—
上部叶	AN_0	0.12a	0.46a	0.60a	0.81a	0.84a	1.07a
	AN_{90}	0.22a	0.58a	1.11b	1.29b	1.28bc	1.40ab
	BN_0	0.32a	0.44a	0.79a	0.92a	1.14ab	1.22a
	BN_{90}	0.26a	0.75b	1.32b	1.41b	1.54c	1.63b
烟茎	AN_0	0.16b	0.39a	0.39a	1.48a	1.47a	1.55a
	AN_{90}	0.15ab	0.73b	0.96b	2.05b	2.60b	2.93b
	BN_0	0.10a	0.43a	0.59a	1.54a	1.72a	1.99a
	BN_{90}	0.16b	0.84b	1.27c	2.72c	3.29c	3.46c
烟根	AN_0	0.05a	0.18ab	0.28a	0.44a	0.52a	0.52a
	AN_{90}	0.04a	0.25ab	0.45a	0.59a	0.75b	0.83b
	BN_0	0.04a	0.14a	0.30a	0.55a	0.69b	0.75b
	BN_{90}	0.04a	0.29b	0.48a	0.86b	1.01c	1.14c

（二）水稻土烤烟土壤氮与肥料氮分配特征

在施氮量为 90 kg/hm^2 情况下，不同生育期烟株各器官对肥料氮和土壤氮的吸收特征不同。移栽初期，烟株吸收的肥料氮高于土壤氮，但到打顶期（图 1-19a 和图 1-19b），A 田和 B 田烟株吸收的土壤氮占总吸氮量的比例分别达到 59.24%和 60.54%，已显著多于肥料氮。随后，尽管烟株吸收的肥料氮总量有所增加，但所占的比例一直呈下降趋势，而吸收的土壤氮所占比例不断上升，到烟叶采收结束时 A 田和 B 田分别达 69.15%和 73.50%。

（三）水稻土烤烟不同部位氮素来源及分配特征

图 1-19c 和图 1-19d 显示，采收结束时不同部位烟叶吸收的土壤氮占氮素总积累量的比例不同，具体顺序为上部叶＞中部叶＞下部叶，其中 A 田和 B 田烟株上部叶积累的土壤氮比例分别达 76.95%和 80.85%。从图 1-19 还可看出，采收结束时 AN_{90} 和 BN_{90} 处理烟株各器官吸收的肥料氮量相差不大，但吸收的土壤氮及其占总吸氮量的比例 B 田明显高于 A 田，打顶后差异尤为突出。打顶至采收结束 A 田和 B 田烟株吸收的土壤氮量分别为 2.70 g/株和 3.76 g/株，占同期总吸氮量的比例分别为 77.03%和 81.44%。由此看出，在烟株整个生育期烟株吸收的氮素主要来自土壤氮，打顶后吸收的土壤氮占同期总吸氮量的比例更大。

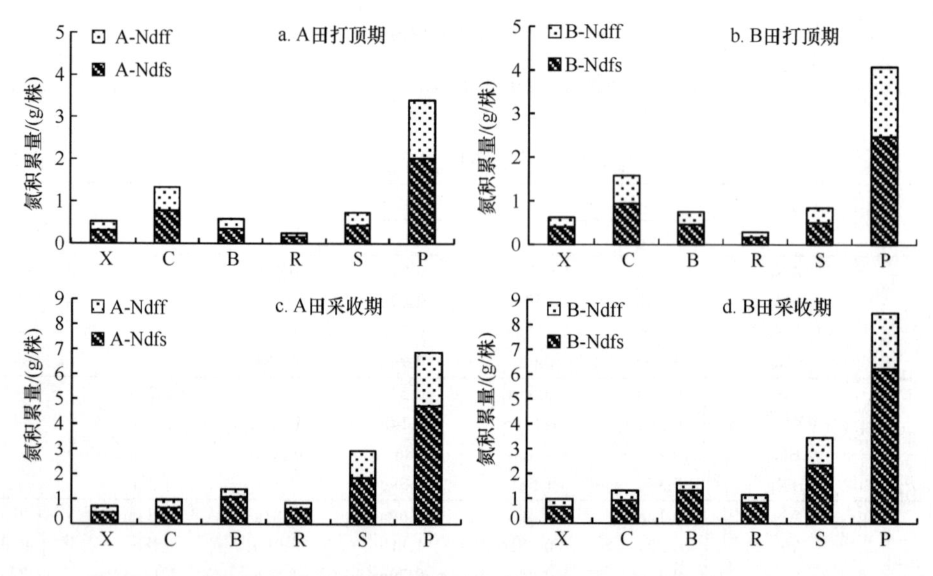

图 1-19 土壤氮和肥料氮在烟株不同器官的分配状况

Ndff. 肥料氮；Ndfs. 土壤氮。X、C、B、R、S 和 P 分别代表下部叶、中部叶、上部叶、根、茎和整株烟株

三、水稻土烤烟烟碱合成及累积分配特征

（一）水稻土烤烟烟叶品质分析

烟叶内在化学成分含量适宜及各化学成分之间协调，是优质烟形成的必要条件。优质烟化学成分指标一般为总氮浓度 1.5%～3.0%，还原糖浓度 16.0%～22.0%，总糖浓度

20.0%～24.0%，糖碱比 8.0～10.0，氮碱比 0.8～1.0，烟碱含量 1.5%～3.5%。

表 1-15 显示，N_0 处理各部位烟叶总氮和烟碱含量普遍偏低，尤其中部叶和下部叶，而总糖和还原糖含量均超标；N_{90} 处理各部位烟叶总氮含量均在适宜范围内，但上部叶烟碱含量偏高。这说明在本试验条件下，施氮有利于提高烟叶总氮和烟碱积累量，改善糖碱比；尽管施氮处理烟叶烟碱含量超过了优质烟叶烟碱含量标准，但烟叶含氮量并未超标，说明施氮不是造成烟叶烟碱含量超标的主要原因。从表 1-15 还可发现，在相同施氮量条件下，B 田烟叶烟碱含量高于 A 田，这与烟株体内土壤氮积累特征一致。因此推测，B 田烟株吸收的土壤氮较 A 田多，可能是导致 B 田烟叶烟碱合成量较 A 田高的重要原因。

表 1-15　不同处理烟叶品质特征

	处理	总氮/%	烟碱/%	总糖/%	还原糖/%	糖碱比	氮碱比
下部叶	AN_0	1.31a	1.03a	34.64b	26.78b	34.14b	1.27b
	AN_{90}	1.90b	2.03b	21.59a	15.35a	10.76a	0.94ab
	BN_0	1.39a	1.42a	32.33b	23.18b	24.42b	1.06ab
	BN_{90}	1.90b	2.63c	25.53a	15.76a	9.70a	0.73a
中部叶	AN_0	1.46a	1.76a	35.09c	26.43c	19.97b	0.83b
	AN_{90}	1.94b	3.02b	28.38a	18.35a	9.43a	0.64a
	BN_0	1.46a	1.65a	32.33b	22.23b	19.62b	0.89b
	BN_{90}	1.96b	3.43c	29.34ab	18.77a	8.61a	0.57a
上部叶	AN_0	1.77a	2.77a	29.91ab	22.48b	10.98b	0.64b
	AN_{90}	2.38b	4.05b	23.53a	16.08a	5.80a	0.59ab
	BN_0	1.78a	2.99a	30.48b	22.27ab	10.20b	0.59ab
	BN_{90}	2.45b	4.61c	25.13ab	16.16a	5.48a	0.53a

注：同列同字母表示差异达 0.05 显著水平，相同字母表示差异未达显著水平。

（二）氮素累积与烟碱合成的关系

烟碱的合成与烤烟肥料氮和土壤氮的吸收不同步（图 1-20）。当氮素吸收强度达到高峰时，烟碱的合成才开始增加，在移栽后 3 个月左右烟碱合成强度达到高峰，然后逐渐降低。烟碱大量合成的时间刚好出现在打顶之后，推测打顶可能是导致烟碱含量增加的重要原因，已有研究也有类似报道（闫玉秋和方智勇，1996；胡国松等，2000；石秋梅等，2007）。但目前关于打顶导致烟碱积累量增加的机制尚不清楚（Xu et al.，2004）。有研究认为，打顶一方面造成机械损伤，另一方面导致的内源生长素和茉莉酸含量的改变可能有重要作用（Gantet et al.，1998；Srivastava，2002）。尽管烟碱合成有自身的规律，但氮素是合成烟碱的原料元素（烟碱含氮 17.3%），氮素供给过多，尤其是打顶后氮素供给过多，必然会增加烟碱积累量超标的风险。已有研究表明，养分供给适当条件下，烟株打顶前的吸氮量能够满足烟株整个生育期的氮素需求，打顶后继续供给氮素容易导致烟碱浓度偏高（Xi et al.，2005）。由于雨水淋洗和烟株吸收，生育后期土壤中肥料氮残留较少，烟株吸收的主要氮素来源为土壤氮。我国优质烟生产要求打顶后烟株吸氮量最高不超过总吸氮量的 10%（苏德成，1999），而本试验中生育后期烟株吸氮量约占整个生育期总吸氮量的 50%，其中打顶后烟株吸收土壤氮的强度远高于吸收肥料氮的强度，烟株总吸氮量中土壤氮所占的比例A田和B田分别达77.03%和81.44%。所以推测烟株生育后期土壤供氮过多可能是导致本试验中 N_{90} 处理上部烟叶烟碱含量偏高的主要原因。王鹏（2007）通过对贵州黄壤的研究表明，在当地施肥模式下，土壤氮是合成烟碱的主要氮素来源，且土壤氮占烟碱中氮素的比例随烟叶着生部位的升高不断上升，上部叶中的比例达到75%左右。因此，控制打顶后土壤氮的供应，对提高烟叶品质，降低上部烟叶烟碱含量有重要的现实意义。

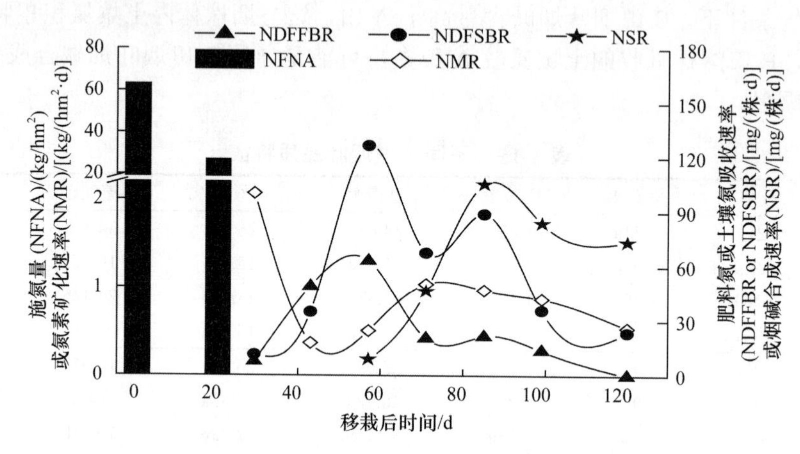

图1-20　化肥氮和矿化氮对烟株氮素积累及烟碱合成的影响

第五节　褐土烤烟氮素吸收规律

一、褐土烤烟干物质累积特征

褐土烟株的生长发育过程中，干物质的积累量逐渐增加（图1-21），90 kg/hm²（N6）的施氮量下，从移栽后第5周到移栽后第7周增加的幅度最大，而N8（120 kg/hm²）处理从移栽后第7周到移栽后第9周增加的幅度最大。从移栽后第9周到第11周，N6和N8处理的干物质积累量均有不同程度的下降趋势，而N0处理在整个生长发育过程中干物质的积累都在增加。表明施肥增加前期干物质的累积速度，使烟株适时进入生理成熟期，为烟叶品质的形成创造了条件。

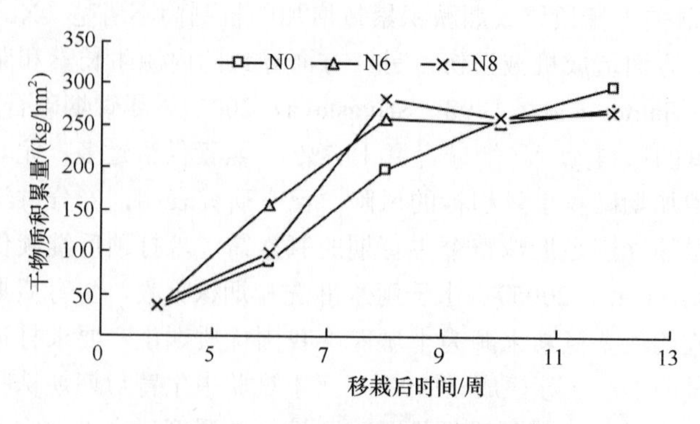

图1-21　不同处理的烟株干物质积累量

二、褐土烤烟氮素吸收

（一）烤烟氮素累积

褐土烤烟氮素累积曲线呈“S”形（图 1-22），烤烟移栽后 5 周氮素累积较慢，烤烟移栽 5～11 周氮素累积量迅速增加，烤烟移栽 13 周后氮素累积量不再增加。烤烟中土壤氮的累积趋势与总氮一致，肥料氮的累积趋势略有差异。肥料氮在烤烟移栽后 5 周内累积较慢，5～9 周氮素累积量迅速增加，烤烟移栽 9 周后氮素累积量缓慢增加。

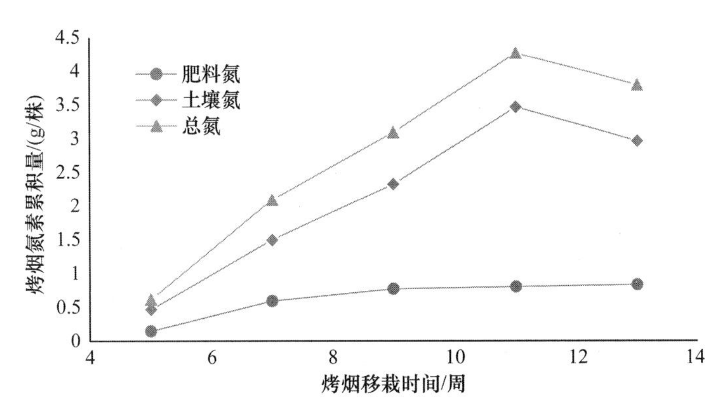

图 1-22 褐土烤烟氮素累积

（二）烤烟氮素来源及分配

高肥力褐土，随生育期的推进，烟株各部位吸收的肥料氮和土壤氮逐渐增加，但肥料氮占总氮的比例呈降低趋势，而土壤氮占总氮的比例呈增加趋势（表 1-16）。不同烟株部位对肥料氮的吸收表现为叶片＞茎＞根，其中叶片吸收的肥料氮占烟株吸收肥料氮的 70%左右，茎占 20%左右，根系不足 10%。随着叶位的上升，肥料氮的比例下降，土壤氮的比例增加。成熟下部叶、中部叶和上部叶来自肥料氮的比例分别为 26.17%、25.14%和 19.27%。

表 1-16 高肥力烟株各部位氮素来源及分配 （%）

部位	不同来源氮	移栽后时间				
		5 周	7 周	9 周	11 周	13 周
根	肥料氮	25.02	25.87	23	17.8	19.94
	土壤氮	74.98	74.13	77	82.2	80.06
茎	肥料氮	25.1	27.87	24.69	16.49	20.61
	土壤氮	74.9	72.13	75.31	83.51	79.39
上部叶	肥料氮		27.99	23.36	15.48	19.27
	土壤氮		72.01	76.64	84.52	80.73
中部叶	肥料氮	25.6	28.63	25.46	22.76	25.14
	土壤氮	74.4	71.37	74.54	77.24	74.86
下部叶	肥料氮	22.89	29.58	27.97	26.18	26.17
	土壤氮	77.11	70.42	72.03	73.82	73.83

三、不同养分投入的产量、质量及养分吸收

（一）不同处理烟叶样品烤后经济性状分析

由表 1-17 可以看出，N0、N6 和 N8 处理的产量大小为 N0＞N6＞N8，但是 3 个处理之间并无显著性差异，说明不同的施氮处理对烤烟的产量无显著性影响。N0、N6 和 N8 处理的产值大小为 N0＞N8＞N6，但是 3 个处理之间并无显著性差异，说明不同的施氮处理对烤烟的产值无显著性影响。N0、N6 和 N8 处理的上等烟所占比例为 N8＞N6＞N0，N8 和 N6 处理的显著高于 N0 的。说明施氮能显著提高上等烟比例，但增加施氮量影响不显著。N0、N6 和 N8 处理的中等烟和上中等烟比例为 N0＞N8＞N6。

表 1-17　不同处理烟叶样品烤后经济性状

处理	经济性状					
	产量/（kg/亩）	均价/（元/ kg）	产值/（元/亩）	上等烟比例/%	中等烟比例/%	上中等烟比例/%
N0	178.91a	4.54a	808.6a	3.50b	23.50a	27.00a
N6	168.04a	4.21a	708.6a	5.49a	17.68a	23.16a
N8	164.85a	4.47a	742.8a	5.66a	19.33a	24.99a

注：同列不同字母表示差异达 0.05 显著水平，相同字母表示差异未达显著水平。

（二）不同处理烟叶样品化学成分的分析

由图 1-23 可以看出，中部叶的还原糖和总糖含量高于其他两个部位；上部叶的总植物碱含量和总氮含量比其他两个部位的含量要高；下部叶的 K_2O 含量最高；各部位的氯含量都比较少，相差也不大。N0 处理的还原糖和总糖含量除了在上部叶中比 N8 处理低外，在其他两个部位中的含量都比较高，N6 处理的还原糖和总糖含量最低；各处理相应叶位的总植物碱含量和总氮含量均为 N6＞N8＞N0；N6 处理 K_2O 的含量除了在中部叶中比 N8 处理的低外，在其他两个部位的含量都最高；各处理各叶位中的氯含量都比较少，相差也不大。

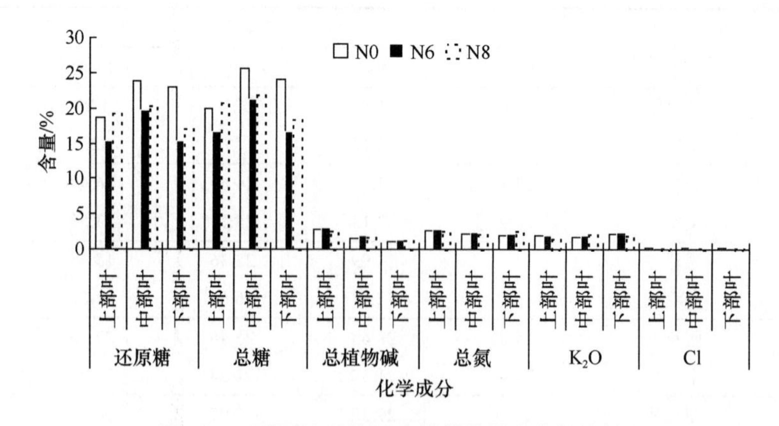

图 1-23　不同处理的烟叶样品化学成分的比较

四、褐土烤烟氮肥利用率

表 1-18 显示 ^{15}N 示踪试验氮肥施用和吸收的情况，可以看出，每株烟施氮素 4950 mg，最终吸收 829.54 mg，氮肥利用率为 16.76%。

表 1-18 氮肥利用率

吸收的肥料氮/（mg/株）	吸收的土壤氮/（mg/株）	纯氮用量/（g/株）	氮肥利用率/%
829.54	2957.43	4.95	16.76

参 考 文 献

晁逢春. 2003. 氮对烤烟生长及烟叶品质的影响. 中国农业大学博士学位论文.

陈江华, 刘建利, 李志宏. 2008. 中国植烟土壤及烟草养分综合管理. 北京: 科学出版社: 80–84.

冯勇刚, 石俊雄, 戚源明, 等. 2004. 贵州省植烟土壤主要养分普查. 贵州农业科学, 37: 57–62.

郭群召, 姜占省, 张新要, 等. 2006. 不同有机质含量土壤对烤烟生长发育和氮素积累及上部叶化学成分的影响. 中国农学通报, 22(5): 254–257.

韩锦锋. 2003. 烟草栽培生理. 北京: 中国农业出版社: 116–117.

侯雪坤, 程岩, 陈魁卿. 1994. 应用同位素 ^{15}N, ^{32}P 示踪对烤烟氮、磷营养规律的研究. 黑龙江八一农垦大学学报, 7(4): 9–15.

胡国松, 赵元宽, 曹志洪, 等. 1997. 我国主要产烟省烤烟元素组成和化学品质评价. 中国烟草学报, (1): 36–44.

胡国松, 郑伟, 王震东, 等. 2000. 烤烟营养学原理. 北京: 科学出版社.

李絮花, 杨守祥. 2002. 施用钾肥对烤烟叶片中钾素和氮素含量的影响. 中国烟草学报, 8(3): 17–21.

李志宏, 徐爱国, 龙怀玉, 等. 2004. 中国植烟土壤肥力状况及其与美国优质烟区比较. 中国农业科学, 37(增刊): 36–42.

李志强, 秦艳青, 杨兴有, 等. 2004. 施磷量对烤烟体内氮磷钾含量、积累和分配的影响. 河南农业科学, (5): 24–28.

刘大义, 高琼玲. 1984. 烤烟干物质积累和氮、磷、钾养分吸收分配规律的研究. 贵州农业科学, 3: 35–37.

秦艳青, 李春俭, 赵正雄, 等. 2007. 不同供氮方式和施氮量对烤烟生长和氮素吸收的影响. 植物营养与肥料学报, 13(3): 436–442.

裘宗海, 黎文文, 王文松. 1990. 氮、钾对烤烟营养元素吸收规律及产质影响的研究. 土壤通报, 2: 004.

单德鑫, 杨书海, 李淑芹, 等. 2007. ^{15}N 示踪研究烤烟对氮的吸收及分配. 中国土壤与肥料, (2): 43–45.

邵岩. 2006. 云南省烤烟轮作规划研究. 北京: 科学出版社.

石秋梅, 陶芾, 李春俭, 等. 2007. 机械损伤对烤烟植株氮素吸收及体内烟碱含量的影响. 植物营养与肥料学报, 13(2): 292–298.

史宏志, 韩锦峰. 1997. 不同氮素营养的烟叶氨基酸含量与香吃味品质的关系. 河南农业大学学报, 31(4): 319–322.

史宏志, 韩锦峰. 1998. 烤烟碳氮代谢几个问题的探讨.烟草科技, (2): 34–36.

苏德成. 1999. 烟草生长发育过程的氮素. 见: 国家烟草专卖局科技司. 跨世纪烟草农业科技展望和持续发展战略研讨会论文集. 北京: 中国商业出版社.

王鹏. 2007. 土壤与氮营养对烤烟氮吸收分配及品质影响. 中国农业科学院博士学位论文.

王瑞新. 2003. 烟草化学. 北京：中国农业出版社.

王树会, 邵岩, 李天福, 等. 2006. 云南植烟土壤有机质与氮含量的研究. 中国土壤与肥料, 5: 18–20.

习向银, 晁逢春, 陈亚, 等. 2008. 不同施氮量对烤烟氮素和烟碱累积的影响. 西南大学学报: 自然科学版, 30(5): 110–115.

闫玉秋, 方智勇. 1996. 试论烟草中烟碱含量及其调节因素. 烟草科技, (6): 31–34.

左天觉. 1993. 烟草生产、生理与生物化学. 上海: 上海远东出版社.

Collins W K, Hawks Jr S N.1994.Principles of flue-cured tobacco production. Raleigh, N C: North Carolina State University: 23–98.

Elliot J M, Court W A. 1978. The effects of applied nitrogen on certain properties of flue-cured tobacco and smoke characteristics of cigarettes. Tob. Sci., 22: 54–58.

Gantet P, Imbault N, Thiersault M, et al. 1998. Necessity of a Functional Octadecanoic Pathway for Indole Alkaloid Synthesis by Catharanthus roseus Cell Suspensions Cultured in an Auxin-Starved Medium. Plant & Cell Physiology,

39(2): 220–225

Goenaga R J, Volk R J, Long R C. 1989. Uptake of nitrogen by flue-cured tobacco during maturation and senescence. 1. Partitioning of nitrogen derived from soil and fertilizer sources. Plant and Soil, 120(1): 133–139.

Liu X, Ju X, Zhang F, et al. 2003. Nitrogen recommendation for winter wheat using Nmin test and rapid plant tests in North China Plain. Communications in Soil Science and Plant Analysis, 34(17–18): 2539–2551.

McCants C B, Woltz W G. 1967. Growth and mineral nutrition of tobacco. Adv. Agron., 19: 211–65.

Srivastava L M. 2002. Plant Growth and Development: Hormones and Environment. Salt Lake City: Academic Press.

Xi X Y, Li C J, Zhang F S. 2005.Nitrogen supply after removing the shoot apex increases the nicotine concentration and nitrogen content of tobacco plants. Annals of Botany, 96(5): 793–797.

Xu B, Sheehan M J, Timko M P. 2004. Differential induction of ornithine decarboxylase(ODC)gene family members in transgenic tobacco (*Nicotiana tabacum* L. cv. Bright Yellow 2)cell suspensions by methyl-jasmonate treatment. Plant Growth Regulation, 44(2): 101–116.

第二章 典型植烟土壤供氮特征研究

土壤氮素是土壤肥力中最活跃的因素，也是农业生产中最重要的限制因子之一。土壤氮素供应能力越高，作物对氮肥的依赖性越弱，越容易获得高产。土壤供氮量是指在一季作物生长期间，土壤向作物提供的速效氮总量。它包括种植时施肥前土壤中含有的速效氮量和作物整个生长过程中土壤释放出的速效氮（朱兆良和文启孝，1992）。土壤供氮量是评价土壤氮素供应能力的主要依据，也是估算氮肥适宜施用量的主要参数。农田生态系统生产力的提高和维持，以及养分资源高效利用的重要条件之一就是养分的合理输入和优化管理。根据土壤供氮能力和作物对氮素的吸收规律进行氮肥推荐、科学管理，是保障国家粮食安全、提高肥料利用率、降低农业面源污染的主要措施。

第一节 我国植烟土壤中的氮

一、土壤中氮形态及转化

（一）土壤中氮形态

土壤中的氮包括有机态和无机态两大类，其中 90%以上是有机氮，而无机氮含量不到 10%。土壤中无机氮包括 NO_3^-、NO_2^-和 NH_4^+，NH_4^+又包括交换态和固定态。交换态 NH_4^+吸附在土壤胶体上，其数量与阳离子交换量有关。固定态 NH_4^+存在于土壤黏土矿物的晶格之中，烤烟不能直接吸收利用，只有当矿物晶格膨胀或破裂时，它方可释放出来被烤烟吸收利用，它占无机氮的 50%以上。所以烤烟直接吸收利用的形态 NO_3^-和交换态 NH_4^+仅占全氮的 1%左右。此外，土壤中还存在部分气态氮，如 NO_2、NO 和 NH_3 等。

土壤中的有机氮主要存在于土壤中的蛋白质、氨基酸、氨基糖和某些未知含氮化合物中，其中结合性氨基酸类氮占全氮的 20%～40%，氨基糖类氮占全氮的 5%～10%，嘌呤和嘧啶及其衍生物类约占 1%或更低，50%左右的氮素形态目前尚不十分清楚，被称为未知态氮。土壤中含有几乎所有微生物体中的氨基酸，而且其组成比例与微生物和叶绿蛋白的氨基酸组成十分相似。

通常土壤中的有机态氮是与无机黏土矿物复合在一起的，但也含有 1～2 mg/kg 的游离氨基酸氮。除了这部分游离氨基酸外，其余的土壤有机氮不能被烤烟直接利用，必须经过矿化成为无机氮才能成为烤烟的养分。如果以有效性来划分，土壤有机氮可分为两部分。一部分是烤烟难以利用的甚至是无效的氮，这类氮包括胡敏酸氮、富菲酸氮和杂环氮，它们很稳定，难以被微生物分解，这部分氮素含量高，某些土壤中含量高达 80%。另一部分是对烤烟有效的有机氮。这类有机氮存在于土壤中活的或死的微生物体中，或刚从微生物体中游离出来尚未被矿化，主要由蛋白质、核酸、氨基酸、酰胺和氨基糖组成，它们极容易被矿化，是土壤有效氮的主要来源。

（二）土壤中有机氮的矿化

氮素循环有两个重叠循环构成，一个是大气层的气态氮循环，氮的最大存储库是大气，整个氮循环的通道多与大气直接相连，几乎所有的气态氮对大多数高等植物无效，只有若干种微生物或少数与微生物共生的植物可以固定大气中的氮素，使它转化为生物圈中的有效氮。另一个是土壤氮的内循环，即土壤植物系统中，氮在动植物体、微生物体、土壤有机质、土壤矿物质各分室中的转化和迁移，包括有机氮的矿化和无机氮的生物固持、黏土对铵的固定和释放作用、硝化和反硝化作用、腐殖质形成和腐殖质稳定化作用等（图 2-1）。

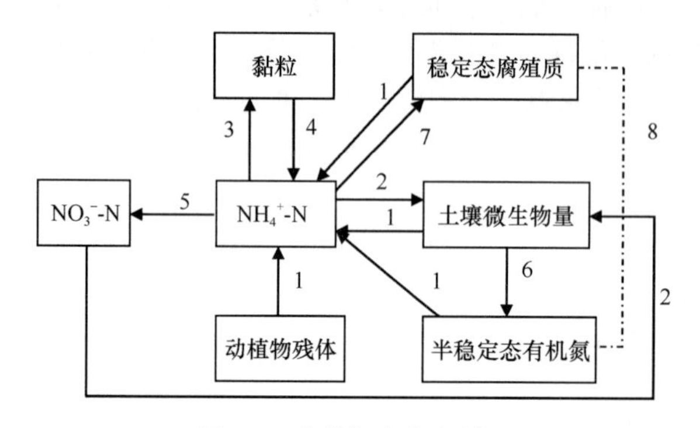

图 2-1　土壤氮素的内循环

1. 矿化作用；2. 生物固氮作用；3. 铵的黏土矿物固定作用；4. 固定态铵的释放作用；5. 消化作用；6. 腐殖质形成作用；7. 氨和铵的化学固定作用；8. 腐殖质稳定化作用

在土壤氮素转化过程中 ，矿化作用和硝化作用是使土壤有机氮转化为有效氮的过程，反硝化作用和化学脱氮是使土壤氮遭受损失的过程。黏土矿物对氮的矿物固定作用是使土壤有效氮转化为迟效氮的过程。在作物生产中，最富有实际意义的是有机氮矿化过程中的净矿化量。所谓净矿化量等于有机氮矿化量与矿质氮固定量之差。这是因为在土壤中，有机氮的矿化作用与矿质氮的固定作用同时进行且处于平衡状态，净矿化量的高低受许多因素的影响。

二、土壤中无机氮含量

土壤速效养分含量的高低对烟叶质量有一定的影响。但是，土壤速效养分受耕作、栽培等生产管理措施的影响较大，也是土壤诸多性状中变化较快的因素。理想的植烟土壤应该是土壤本身不提供或尽可能少地提供氮素营养。我国植烟土壤速效氮总体状况表明，有 50.3%的土壤速效氮小于 65 mg/kg，35.8%的土壤高于 100 mg/kg，其中，有接近 20%的土壤速效氮含量超过 150 mg/kg（表 2-1）。

我国植烟土壤速效氮含量可以分为 4 类，第一类是重庆市、河南、山东。土壤速效氮平均含量小于 65 mg/kg，重庆市植烟土壤速效氮平均含量 52.0 mg/kg，河南省 72.0%为 47.4 mg/kg，山东省 73.1%为 50.0 mg/kg。第二类为安徽，植烟土壤速效氮含量为 65～

100 mg/kg，安徽省有 44.3%的植烟土壤平均速效氮含量为 53.0 mg/kg，有 42.9%的植烟土壤速效氮含量为 79.3 g/kg；广东省植烟土壤平均速效氮含量为 24.2 g/kg，但有 47%的土壤其平均含量达到 34.4 g/kg。安徽省植烟土壤平均速效氮含量为 15.5 g/kg。第三类为云南、湖北、广东和黑龙江，植烟土壤速效氮平均含量大于 100 mg/kg，但小于 140 mg/kg，其中，云南省平均含量为 112.8 mg/kg，湖北省平均含量为 132.4 mg/kg，广东省平均含量为 125.6 mg/kg，黑龙江省平均含量为 131.0 mg/kg。第四类为湖南、广西、福建和贵州，植烟土壤速效氮平均含量大于 140 mg/kg，最高的湖南省平均含量达到 171.7 mg/kg。贵州省测定的指标为土壤无机氮，平均含量为 50.6 mg/kg，有 80.4%的土壤大于 35 mg/kg，土壤速效氮总体较高（表 2-2）。

表 2-1　我国植烟土壤速效氮分布范围

速效氮范围/（mg/kg）	平均值/（mg/kg）	分布比例/%
<65	43.7	50.3
65～100	79.6	13.8
100～150	124.7	16.1
150～200	171.8	11.9
>200	254.7	7.8

资料来源：陈江华等，2008。

表 2-2　我国主产区植烟土壤速效氮分布情况　（单位：mg/kg）

产区	速效氮			平均值
	<65	65～100	>100	
云南	36.6±22.0（15.9）	84.1±2.8（24.0）	144.4±37.0（60.1）	112.8±51.38
贵州	21.2±3.0（3.9）	30.9±2.8（15.8）	55.9±25.8（80.4）	50.6±25.56
河南	47.4±9.8（72.0）	76.5±9.5（24.0）	131.8±30.8（2.1）	57.8±22.57
湖南	50.9±12.8（1.1）	87.8±8.9（9.4）	182.0±62.7（89.5）	171.7±66.71
福建	44.2±17.2（0.6）	87.2±8.8（10.4）	149.3±35.4（89.0）	142.2±39.31
重庆	39.7±12.3（83.1）	76.2±9.1（12.1）	204.9±95.1（4.7）	52.0±43.26
湖北	16.3±7.7（6.3）	31.0±2.6（19.2）	133.1±45.5（74.5）	132.4±46.23
山东	50.0±10.3（73.1）	74.3±7.9（25.1）	108.8±9.1（1.8）	57.1±15.9
黑龙江	59.8±0.4（1.1）	87.5±9.7（16.8）	140.8±36.5（82.0）	131.0±36.65
广东	18.8±4.9（22.5）	30.6±2.9（8.4）	135.9±54.5（69.2）	125.6±61.04
广西	48.7±12.6（6.7）	82.2±10.4（16.9）	161.3±34.9（76.4）	140.5±49.26
安徽	53.0±8.2（44.3）	79.3±9.3（42.9）	119.1±17.6（12.8）	73.2±24.36

注：括号中数字为速效氮等级所占比例（%）。贵州省为土壤无机氮，其等级为<25 mg/kg、25～35 mg/kg 和>35 mg/kg。其他省为碱解氮。

资料来源：陈江华等，2008。

从我国植烟土壤速效氮分布情况看，最高区域集中在贵州大部、湖南南部、湖北西南部和福建西部，较高区域分布在云南省中、西部，湖北西部和湖南省西北部（图 2-2）。

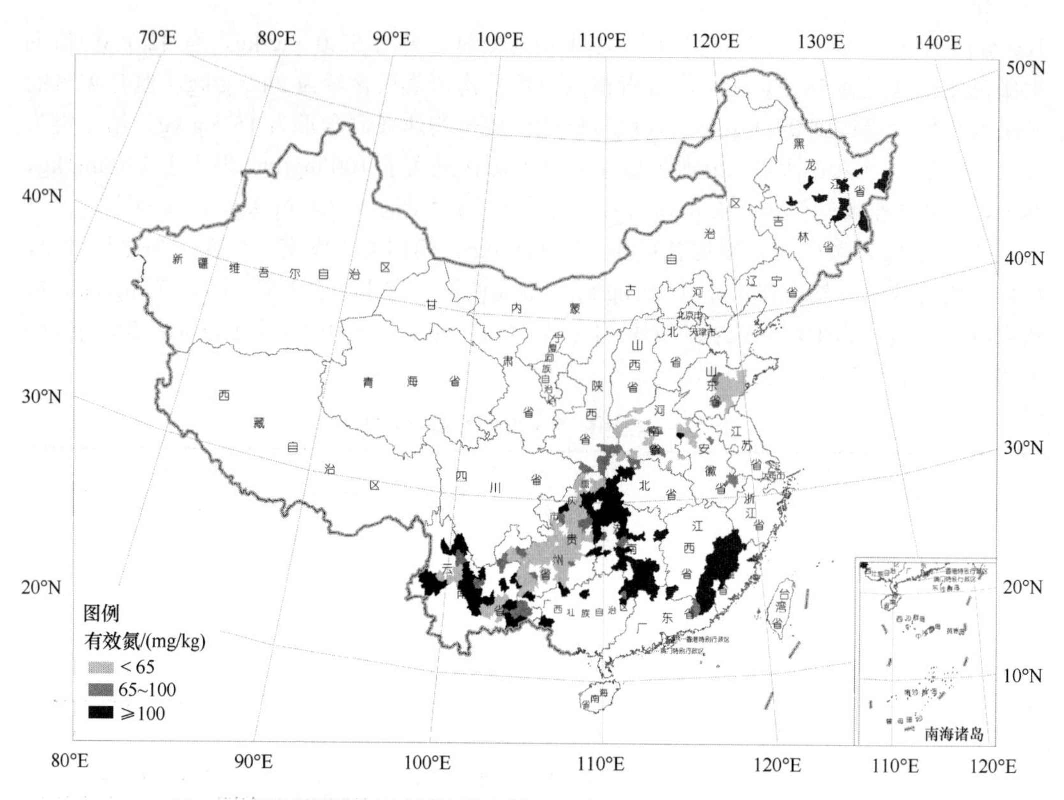

图 2-2　中国烟区土壤速效氮分布状况（陈江华等，2008）（另见彩图）

三、土壤中全氮含量

不同土壤氮含量差别较大，从遭受侵蚀土壤的 0.02%以下至某些泥炭土壤的 2.5%以上，一般耕作土壤的含氮量为 0.02%～0.2%。土壤中的氮以有机为主，因此土壤氮含量与土壤有机质含量有很好的相关性。土壤有机质含氮量通常在 5%左右。

由表 2-3 可见，植烟土壤中氮素含量差异极大。土壤氮素含量主要取决于气候条件、地形地貌、土壤质地和耕作管理。气候因素尤为重要，温度和水一方面影响植物生长，另一方面影响微生物活动，综合作用的结果是，随着温度的上升，土壤有机质含量显著

表 2-3　中国主要植烟土壤的含氮量

土壤类型	含氮量/%
黑土	5.03±2.00
黑钙土	3.13±1.40
棕壤、褐土	1.69±0.91
黄棕壤	1.47±0.99
侵蚀红壤	0.71±0.30
非侵蚀红壤	1.73±0.76
黄壤	2.58±1.22
侵蚀砖红壤	0.80±0.27
非侵蚀砖红壤	1.67±0.61

资料来源：胡国松等，2000。

下降。而其他条件固定时，土壤有机质含量随水分的增加而增加。土壤质地越黏，黏土矿物含量越高，黏土矿物与有机质结合后，降低有机质的分解速率，因此在相同的土壤类型中，黏土的有机氮含量可以高于砂土好几倍。

四、土壤有机质含量

根据土壤养分普查结果，我国植烟土壤有机质含量比较丰富。其中，有机质含量低于 15 g/kg 的土壤仅占全部植烟土壤的 17.1%。15～25 g/kg 的土壤占 30.5%，二者合计不足 50%（表 2-4），说明我国超过一半的植烟土壤有机质含量偏高。这些土壤大多分布在我国南方，烤烟生长后期土壤温度和湿度都利于土壤有机质的矿化。研究表明，南方烟区土壤有机质适宜含量为 15 g/kg（胡国松等，2000），当高于此值时，在烟株生长后期由于土壤有机质的矿化，会出现土壤氮素供应过量，烟叶贪青晚熟，不容易正常落黄，甚至黑暴的现象。因此在这些烟区必须注意严格控制烤烟供氮，施用有机肥时也必须要注意使用充分腐熟后的优质有机肥。

表 2-4 我国植烟土壤有机质分布范围

有机质范围/（g/kg）	平均值/（g/kg）	分布比例/%
＜15	11.8	17.1
15～25	20.4	30.5
25～35	29.6	29.9
＞35	44.9	22.5

资料来源：陈江华等，2008。

根据植烟土壤有机质含量，可以将我国烟区划分为 4 个类型，第一类是土壤有机质适宜，包括河南省和山东省。土壤有机质平均含量小于 15 g/kg，河南省 77.4%的植烟土壤有机质平均含量为 11.8 g/kg，山东省 96.2%的植烟土壤有机质平均含量仅为 6.4 g/kg。第二类为土壤有机质丰富，包括福建、重庆、广东和安徽等省（直辖市）。植烟土壤有机质含量为 15～25 g/kg，福建省有近一半植烟土壤平均有机质含量为 19.4 g/kg，重庆市有 49.4%的植烟土壤有机质含量为 20.0 g/kg，40%左右的土壤平均有机质含量在 32.9 g/kg，广东省植烟土壤平均有机质含量为 24.2 g/kg，但有 47%的土壤其平均含量达到 34.4 g/kg。安徽省植烟土壤平均有机质含量为 15.5 g/kg。第三类为土壤有机质偏高，包括云南、贵州和湖北。植烟土壤有机质平均含量为 25～30 g/kg，其中，云南省平均含量为 28.2 g/kg，贵州省平均含量为 29.3 g/kg，湖北省平均含量为 27.2 g/kg。第四类为土壤有机质较高，包括湖南、广西和黑龙江等省（自治区）。植烟土壤有机质平均含量大于 30 g/kg（表 2-5）。

我国主要烟区中，云南省 57%的植烟土壤有机质含量大于 25 g/kg。其中，又以中部和西北部部分区域土壤有机质含量较高。贵州西南部和湖南南部为植烟土壤有机质含量较高的区域，其余产区土壤有机质比较适宜；黄淮烟区植烟土壤有机质含量以小于 15.0 g/kg 为主，属于较适宜范围；北方烟区除黑龙江部分产区土壤有机质含量较高大于 35.0 g/kg 外，其他产区土壤有机质含量也属较适宜范围（图 2-3）。因此，在制订土壤培肥方案时，需要根据各地具体情况，采取不同的措施。例如，在黄淮烟区，可以适当允许施用部分腐熟的有机肥，或者鼓励采用秸秆还田等措施来增加土壤有机碳的含量，但不增加土壤有机氮的量。而在一些土壤有机质偏高的烟区，则应该大力提倡少施或最好不施有机肥。采取措施逐步引导烟农改变习惯施肥方式。如果在短时间内难以改变，也

表 2-5　我国主产区植烟土壤有机质分布情况　　（单位：g/kg）

产区	土壤有机质			平均值
	＜15	15～25	＞25	
云南	11.7±2.7（10.5）	20.6±2.8（32.5）	35.6±9.6（57.0）	28.2±11.6
贵州	12.4±2.7（4.0）	20.9±2.6（33.9）	35.0±9.2（62.1）	29.3±10.5
河南	11.8±2.0（77.4）	17.0±1.9（22.1）	27.0±1.0（0.5）	13.1±3. 1
湖南	12.2±2.2（3.3）	20.7±2.7（27.7）	40.1±11.9（69.0）	33.8±13.8
福建	12.5±2.0（22.9）	19.4±2.8（46.1）	32.1±6.3（31.0）	21.7±8.5
重庆	12.0±2.5（9.7）	20.0±2.7（49.4）	32.9±7.7（40.9）	24.6±9.0
湖北	11.6±2.9（11.1）	20.2±2.9（32.3）	34.3±7.6（56.6）	27.2±10.4
山东	6.4±2.7（96.2）	17.9±2.4（3.4）	34.1±6.7（0.3）	7.0±7.1
黑龙江	—	21.5±2.6（13.0）	36.5±8.9（87.0）	34.5±9.8
广东	8.7±3.1（24.6）	20.7±2.8（28.4）	34.4±7.8（47.0）	24.2±12.1
广西	13.4±1.6（1.3）	20.9±2.8（18.8）	38.6±9.2（79.9）	34.9±11.1
安徽	12.1±2.2（46.9）	17.7±2.3（50.0）	28.7±3.3（3.1）	15.5±4.3

注：括号中数字为有机质等级所占比例（%）。

资料来源：陈江华等，2008。

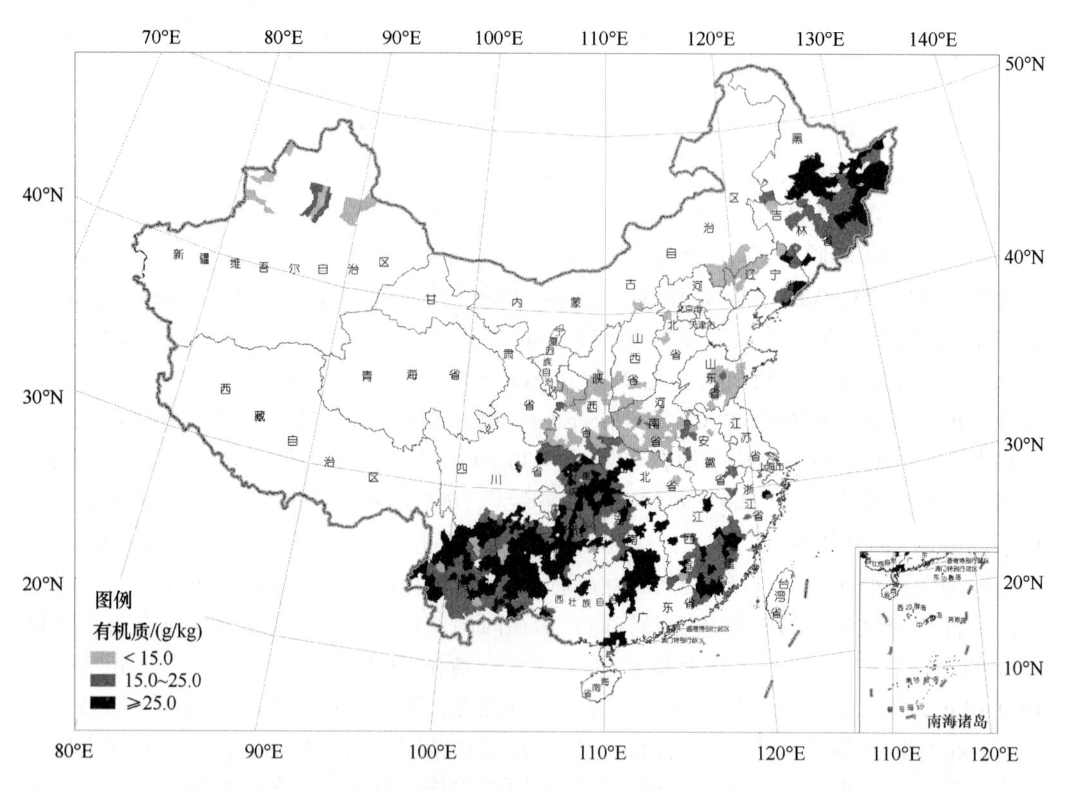

图 2-3　我国烟区土壤有机质分布状况（陈江华等，2008）（另见彩图）

应该提倡将有机肥施用在烟草的前茬作物上。这样既能够培肥土壤、改善土壤结构，又能保证在烤烟生长过程中能很好地控制土壤氮素的矿化。

第二节　烤烟生长期间土壤无机氮含量变化特征

土壤无机氮（N_{min}）是硝态氮和铵态氮的总和，一般被认为是广义的土壤无机氮。大量的研究结果表明，上茬作物收获后残留在土壤中的无机氮（NH_4^+-N + NO_3^--N）和施入土壤的速效氮肥是等效的，因此只要确定作物达到目标产量所需的氮素供应量（土壤初始无机氮+化肥氮），测定作物播前土壤无机氮，即可确定氮肥供应量，此方法称为土壤 Nmin 法（Greenwood，1986）。近 20 年来，欧洲和美国等的研究者在作物旺盛生长前采取一定土层深度的土壤样品测定无机氮或只测定硝态氮来进行氮肥推荐，取得了良好的节氮效果（Wehhrmann and Scharpf，1986；Richter and Roelcke，2000；Soper and Huang，1963）。Nmin 法考虑了深层土壤无机氮的作用，可以很好地反映土壤无机氮含量和作物产量的关系，是以冬小麦-夏玉米轮作为主的华北平原地区一种较为可行的推荐施肥方法（崔振玲等，2007；陈新平和周金池，1997）。

一、红壤无机氮含量变化特征

由图 2-4 可知，L 水平下，移栽后土壤无机氮含量升高，对照处理从移栽后 7 周时开始降低，直到采收结束，不施氮和施氮处理无机氮含量从移栽后 3 周开始降低，其中不施氮处理移栽 5 周后无机氮含量维持在较低水平上，而施氮处理到移栽 11 周后无机氮含量较低。到采收结束时各处理间土壤无机氮含量差异不明显，无机氮平均含量为 2.94 mg/kg，低于移栽前水平。M 水平下，移栽 3 周内土壤无机氮含量急剧升高，对照处理 3～9 周变化不明显，移栽后 9 周时无机氮含量降低，11 周后又开始缓慢升高；不施氮处理从移栽后 3 周开始迅速降低，11 周后基本保持平稳，施氮处理从移栽后 5 周开始迅速降低，11 周时降到最低点，此后略有升高。采收结束时对照处理、不施氮处理和施氮处理分别较移栽前高 9.32 mg/kg、3.74 mg/kg 和 5.20 mg/kg。H 水平下，烟苗移栽后随生育期推进对照处理土壤无机氮含量升高，到移栽后 9 周时开始含量降低，13 周后又缓慢升高，不施氮处理从移栽后 3 周开始迅速降低，到移栽后 7 周时略有升高，11 周后迅速降低；施氮处理从移栽后 5 周开始缓慢降低，到 13 周时下降加剧，采收结束时土壤无机氮含量为对照处理＞施氮处理＞不施氮处理，且不施氮处理和施氮处理土壤无机氮含量分别较移栽前低 7.56 mg/kg 和 3.59 mg/kg，而对照处理较移栽前高 4.53 mg/kg。

L 水平下各个时期 3 个处理无机氮含量均低于 M 和 H 水平，M 水平不施氮处理在 11 周内低于 H，对照处理和施氮处理整个生育期均低于 H，说明有机质含量较高时，烤烟生长期间土壤无机氮含量也越高。移栽 5 周后对照处理无机氮含量高于不施氮处理，9 周对照处理较施氮处理和不施氮处理均要高，主要是由于随着前期烤烟对氮素的吸收降低土壤无机氮含量；施氮处理无机氮含量移栽后 11 周内高于不施氮处理，11 周后 L 和 M 水平下施氮处理和不施氮处理差异均不明显，而 H 水平施氮处理高于不施氮处理，说明施氮能够提高土壤无机氮含量，在高有机质红壤上施氮对土壤无机氮含量的影响时期较短、中有机质红壤上要长。

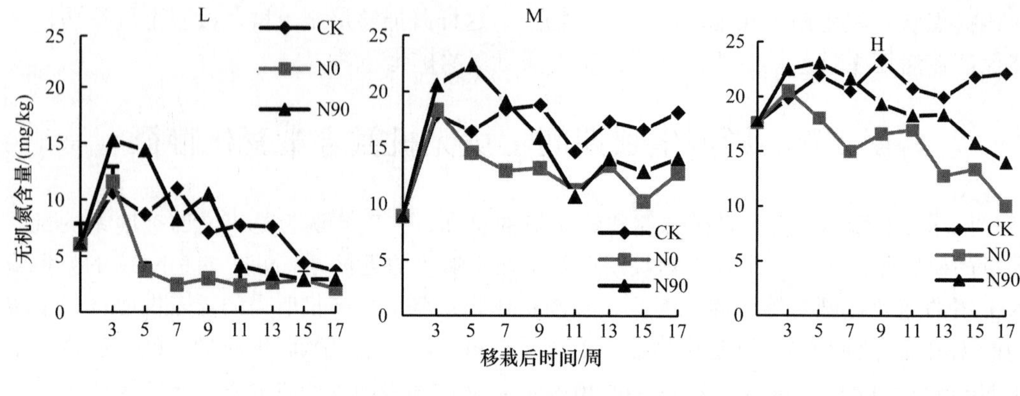

图 2-4 土壤无机氮变化特征

二、黄壤无机氮含量变化特征

3 种有机质含量土壤无机氮含量如图 2-5 表明，在不栽烟自然土壤条件下，土壤无机氮含量在整个生育期内为 12～84 kg/hm^2。其中 3 种有机质含量（低、中、高）土壤无机氮含量以烤烟移栽时最高，分别为 54.47 kg/hm^2、59.68 kg/hm^2 和 84.95 kg/hm^2，可能与前茬玉米有关；到移栽 5 周后土壤无机氮含量最低，分别为 14.07 kg/hm^2、12.86 kg/hm^2 和 29.40 kg/hm^2，与降水有关；土壤无机氮于烤烟移栽后 7 周达到高峰，3 种有机质含量土壤无机氮含量分别为 58.42 kg/hm^2、52.88 kg/hm^2 和 82.07 kg/hm^2，之后土壤无机氮呈降低的趋势，但一直维持较高的水平，到烟叶采收结束 17 周土壤无机氮含量分别为 45.67 kg/hm^2、44.59 kg/hm^2 和 42.02 kg/hm^2。从不同有机质含量土壤上看，低和中有机质含量土壤无机氮含量相近，在烤烟生长的各个时期均低于高有机质含量的土壤，表明土壤有机质含量的增加，土壤无机氮含量高，土壤供氮能力强。

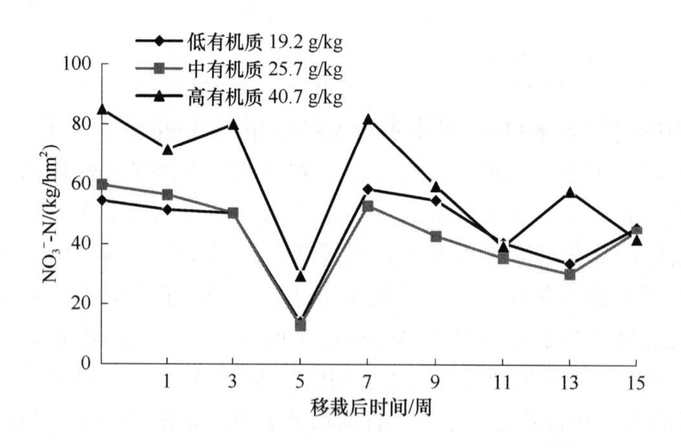

图 2-5 休闲条件下不同有机质含量土壤各生育期土壤无机氮变化

在不施氮肥栽烟的情况下，土壤无机氮含量均低于自然土壤（图 2-6），烤烟移栽后 3～15 周，3 种有机质含量土壤无机氮含量为 14～51 kg/hm^2，表明由于烤烟的生长吸收部分土壤无机氮，导致土壤无机氮含量降低。其中烤烟移栽后 3 周 3 种有机质含量（低、中、高）土壤无机氮含量分别为 30.92 kg/hm^2、30.51 kg/hm^2 和 41.06 kg/hm^2；5 周分别为 19.56 kg/hm^2、14.95 kg/hm^2 和 35.21 kg/hm^2，同样受到该时期降水的影响，土壤无机氮含量较低；土壤无机氮于烤烟移栽后 11 周达到高峰，3 种有机质含量土壤无机氮含量分别为 51.02 kg/hm^2、50.89 kg/hm^2 和 41.21 kg/hm^2，之后土壤无机氮呈降低的趋势，到烟叶采收结束 17 周土壤无机氮含量分别为 31.99 kg/hm^2、22.30 kg/hm^2 和 24.69 kg/hm^2。在不施氮肥的情况下，3 种有机质含量土壤上，烤烟移栽 9 周前，低和中有机质含量土壤无机氮含量低于高有机质土壤无机氮含量，9 周之后关系不明显，表明不施氮肥的条件下，烤烟的生长对土壤无机氮含量有一定的影响。

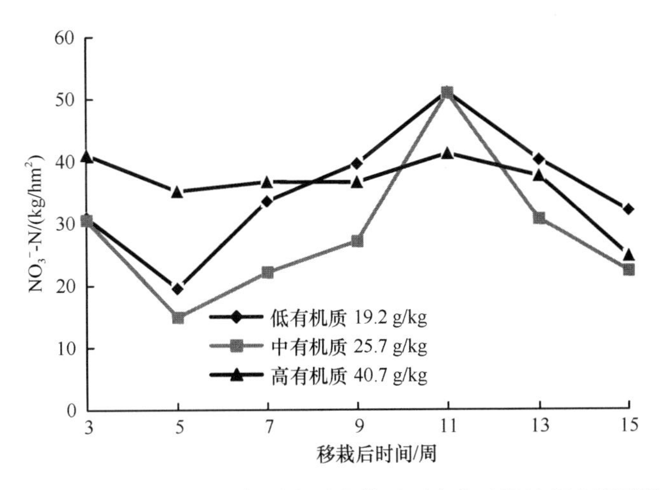

图 2-6　不施氮肥条件下不同有机质含量土壤不同生育时期植烟土壤无机氮变化

施氮肥条件下，3 种有机质含量土壤无机氮含量明显增加。如图 2-7 表明，在烤烟移栽后 7 周达到高峰，之后维持在较高的水平上。土壤无机氮含量在整个生育期内为 21～385 kg/hm^2。其中 3 种有机质含量（低、中、高）烤烟移栽后 3 周土壤无机氮含量分别为 169.22 kg/hm^2、184.17 kg/hm^2 和 199.77 kg/hm^2；到移栽 5 周后土壤无机氮含量最低，分别为 62.46 kg/hm^2、77.47 kg/hm^2 和 21.84 kg/hm^2，这与降水有关；土壤无机氮于烤烟移栽后 7 周达到高峰，3 种有机质含量土壤无机氮含量分别为 333.35 kg/hm^2、346.92 kg/hm^2

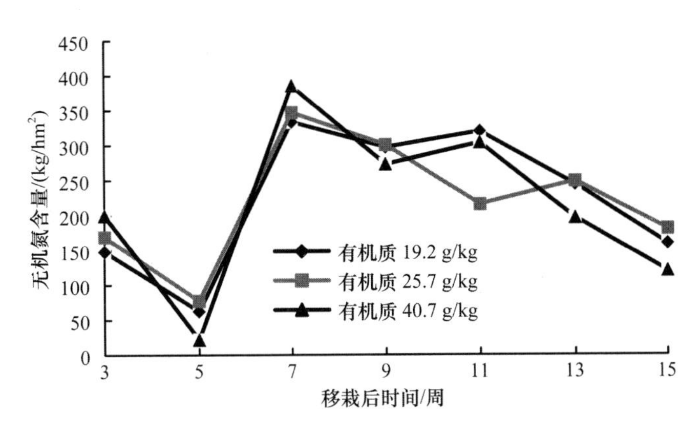

图 2-7　施氮肥条件下不同有机质含量土壤不同生育时期植烟土壤无机氮变化

和 385.33 kg/hm^2，之后土壤无机氮呈降低的趋势，但一直维持较高的水平，到烟叶采收结束 17 周土壤无机氮含量分别为 159.37 kg/hm^2、180.45 kg/hm^2 和 120.16 kg/hm^2。从不同有机质含量土壤上看，烤烟生育前期 3 种有机质含量土壤无机氮含量相近，但在生育后期，无机氮中、低有机质含量土壤高于高有机质土壤，表明土壤无机氮与氮肥用量有关。

三、褐土无机氮含量变化特征

（一）低肥力褐土无机氮特征

由图 2-8 可以看出植株移栽后的前 3 周内，土壤硝态氮含量不断增加，施氮的增加速度明显高于不施氮的处理，并且 N8＞N6，CK 和 N0 两处理硝态氮含量基本一样；在移栽后 3～9 周，土壤硝态氮含量迅速降低，表现为 N6＞N8＞N0；9 周之后土壤硝态氮含量变化较小，总体表现为 N6、N8 处理高于 N0 处理，N6、N8 处理含量变化基本相同。由此可以看出，施氮量对植烟土壤硝态氮含量有明显影响，但随时间延长而消失；另外，由 CK 与 N0 处理的土壤硝态氮含量趋于一致可以看出，N0 处理的植株生长所吸收的硝态氮来源于土壤矿化氮。由图 2-8b 可以看出，不同处理的土壤铵态氮含量在植株移栽后的 5 周内总体趋势都表现为增加，而后慢慢减少，最终含量差异很小，但比开始都有所减少。

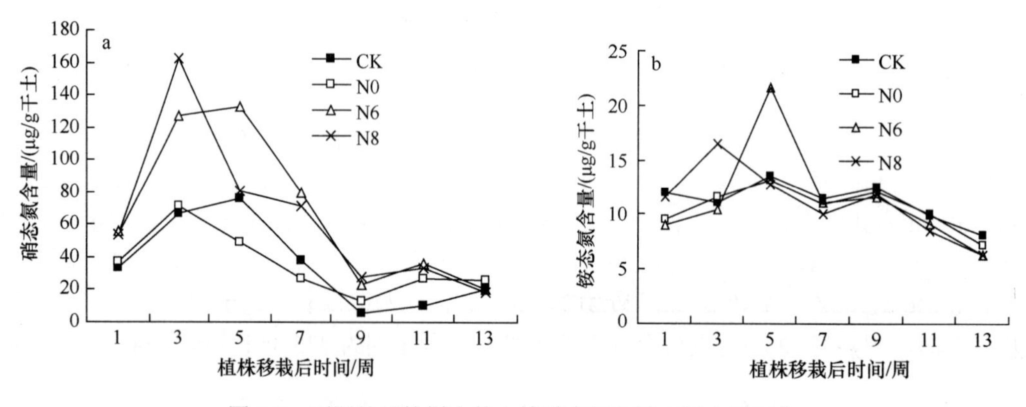

图 2-8　不同处理的鲜土的土壤硝态氮和铵态氮含量变化

（二）中肥力土壤无机氮特征

由图 2-9 可以看出，对照处理土壤中的硝态氮含量在烟株的整个生长发育时期都呈现下降的趋势；N6 处理土壤中的硝态氮在移栽 3 周后出现一个高峰，此后硝态氮含量逐渐下降；N8 处理土壤中的硝态氮含量在移栽烟株 5 周后出现一个高峰，此后硝态氮含量也是呈现下降趋势；N0 处理土壤中的硝态氮含量在移栽烟株 7 周后达到最大值，在移栽 7～9 周含量急剧下降。由图 2-9b 可以看出，在移栽烟株 1～3 周，各处理土壤中的铵态氮含量均下降，其中 N6 处理的下降幅度最大，N0 处理的下降幅度最小；在移栽后 3～5 周，各处理土壤中的铵态氮含量又呈现上升趋势，此后铵态氮含量均缓慢下降。

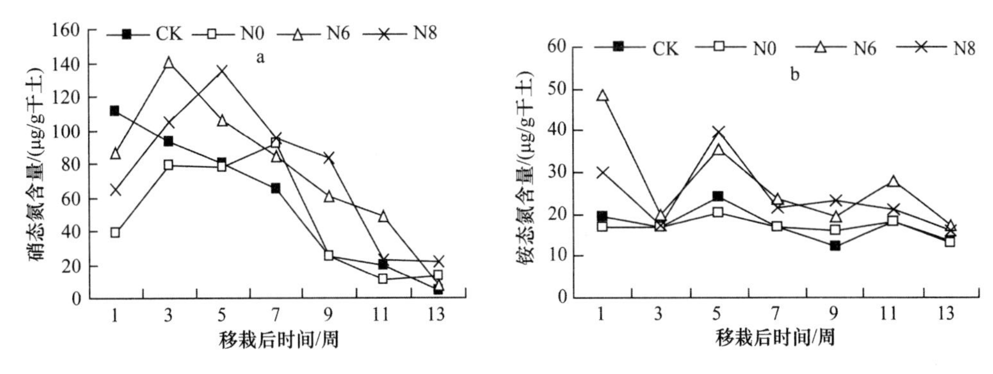

图 2-9　不同处理鲜土土壤硝态氮和铵态氮含量

（三）高肥力土壤无机氮特征

由图 2-10a 可以看出，在移栽烟株 3 周后各处理土壤中的硝态氮含量达到最大，其中 N6 处理的最高，N0 处理的最低；在移栽 3～5 周后各处理土壤中的硝态氮均出现一个低谷，其中 N6 处理的下降幅度最大；在移栽后 5～7 周各处理土壤中的硝态氮又出现不同程度的上升，此时 N8 处理的含量最高；在移栽 7 周后，各处理土壤中的硝态氮均出现不同程度的下降。由图 2-10b 可以看出，在移栽烟株后 5 周内，N6 处理土壤中的铵态氮含量最高，说明此时 N6 处理的土壤供氮能力比较强；在移栽 5 周后，N8 处理的最高；到移栽后 13 周，不同处理的土壤铵态氮含量无明显差异。

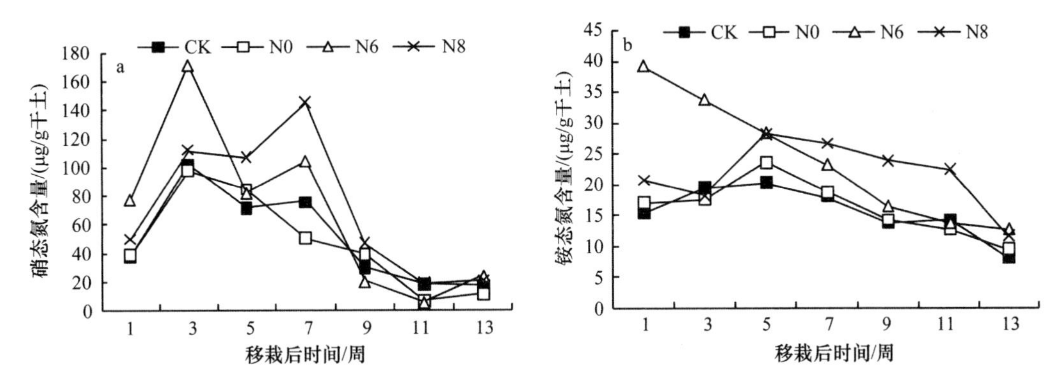

图 2-10　不同处理的鲜土土壤硝态氮和铵态氮含量

（四）小结

1）休闲土壤无机氮含量呈波动式变化，较不施肥植烟土壤、施肥植烟土壤无机氮含量变化稳定；且随土壤有机质含量的增加，土壤无机氮含量高，供氮能力强。在烤烟生长结束后，除中、高有机质含量土壤无机氮含量略高于移栽前土壤无机氮含量外，低有机质红壤、黄壤及褐土在烤烟生长结束时的土壤无机氮含量低于移栽前土壤无机氮含量。表明在自然条件下，大部分植烟土壤矿化氮并不能在表层土壤中累积，而是受降水等自然因素影响，淋溶到底层或流失。从红壤、黄壤、褐土的无机氮含量可以看出，同一土壤类型、同一自然条件下，不同有机质土壤无机氮含量存在差异，随着有机质含量的增加，土壤无机氮含量升高，供氮能力增强。

2）在不施氮肥种烟的情况下，烤烟移栽3周后土壤无机氮含量迅速下降。由于烤烟生长对土壤无机氮的吸收，土壤无机氮含量处于较低水平，不施肥植烟土壤无机氮含量低于自然的土壤无机氮含量。

3）施肥可以在短时间内提高土壤无机氮浓度，且施氮量与土壤无机氮浓度正相关。施肥后不同类型土壤无机氮含量降低速度存在差异，其中褐土无机氮含量下降最快，烤烟移栽9周后土壤无机氮含量降到最低水平；红壤在烤烟移栽11周无机氮含量处于低谷；黄壤在烤烟移栽后7周达到高峰，之后维持在较高的水平。

四、植烟土壤剖面无机氮含量特征

（一）红壤剖面无机氮含量变化特征

1. 团颗期土壤剖面无机氮变化特征的影响

团颗期土壤剖面无机氮含量（图2-11）表明，在L水平下，对照处理和施氮处理均以0～30 cm最高，而30～60 cm与60～90 cm土层间差异均不明显，不施氮处理0～30 cm、30～60 cm和60～90 cm三土层间差异均不明显，说明低有机质红壤上30 cm以下土壤无机氮含量随土壤变化而变化不明显。不同处理间0～30 cm土层为施氮＞对照＞不施氮处理；30～60 cm土层施氮与不施氮处理差异不明显，均高于对照；60～90 cm 3个处理间差异不明显。M水平下，团颗期3个处理土壤无机氮含量均表现为0～30 cm＞30～60 cm＞60～90 cm，0～30 cm和30～60 cm两土层上不施氮处理与对照处理间土壤无机氮含量差异均不明显，均低于施氮处理；60～90 cm土层为施氮＞不施氮＞对照。H水平，团颗期各处理土壤矿质氮含量均表现为0～30 cm＞30～60 cm＞60～90 cm，0～30 cm土层上施氮与对照处理间差异不明显，均高于不施氮处理；30～60 cm和60～90 cm土层上3个处理间土壤无机氮含量差异均不明显。

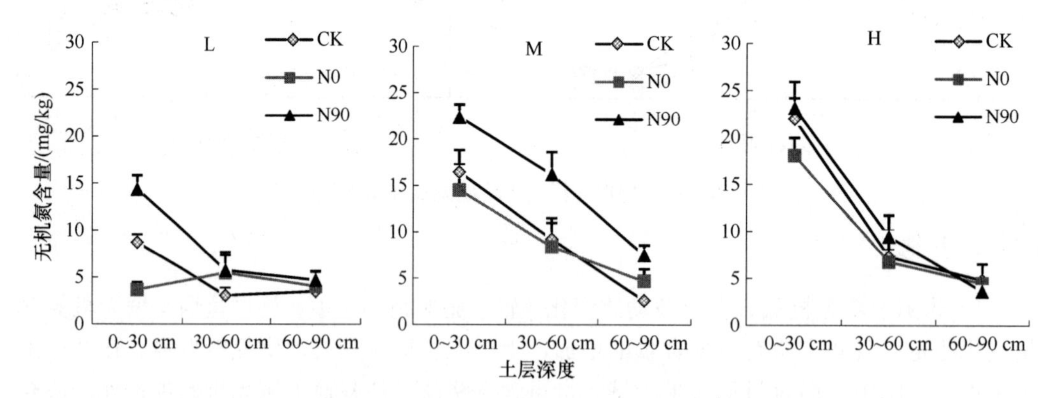

图2-11　团颗期土壤剖面无机氮含量变化特征

不同有机质水平间对照处理和不施氮处理0～30 cm土层土壤无机氮含量均表现为H＞M＞L，30～60 cm土层为M＞H＞L，60～90 cm土层对照处理无机氮含量在H和L间差异不明显，均高于M，不施氮处理在3个有机质水平间差异均不明显。施氮处理0～30 cm土层无机氮含量在M和H间差异不明显，均高于L，30～60 cm表现为M＞H＞L，

60～90 cm 土层无机氮含量以 M 最高，H 与 L 间差异不明显。

2. 旺长期土壤剖面无机氮变化特征

旺长期土壤剖面无机氮含量（图 2-12）表明，L 水平下，对照处理和施氮处理均以 0～30 cm 最高，30～60 cm 与 60～90 cm 土层间差异不明显，不施氮处理 0～30 cm、30～60 cm、60～90 cm 3 土层间无机氮含量差异不明显。不同处理间 0～30 cm 矿质氮含量为施氮＞对照＞不施氮，30～60 cm 和 60～90 cm 两土层上无机氮含量在 3 个处理间差异均不明显。M 水平下，3 个处理不同土层无机氮含量均表现为 0～30 cm＞30～60 cm＞60～90 cm，0～30 cm 土层无机氮含量为对照＞施氮处理＞不施氮处理；30～60 cm 土层无机氮含量在不施氮处理和施氮处理间差异不明显，均低于对照处理；60～90 cm 土层无机氮含量在 3 处理间差异不明显。H 水平下，对照处理和施氮处理无机氮含量均表现为 0～30 cm＞30～60 cm＞60～90 cm，不施氮处理以 0～30 cm 土层最高，60～90 cm 和 30～60 cm 土层间差异不明显，不同处理间 0～30 cm 土层无机氮含量为对照＞施氮处理＞不施氮处理，30～60 cm 土层无机氮含量在对照与施氮处理间差异不明显，均高于不施氮处理，60～90 cm 土层无机氮含量在 3 处理间差异不明显。

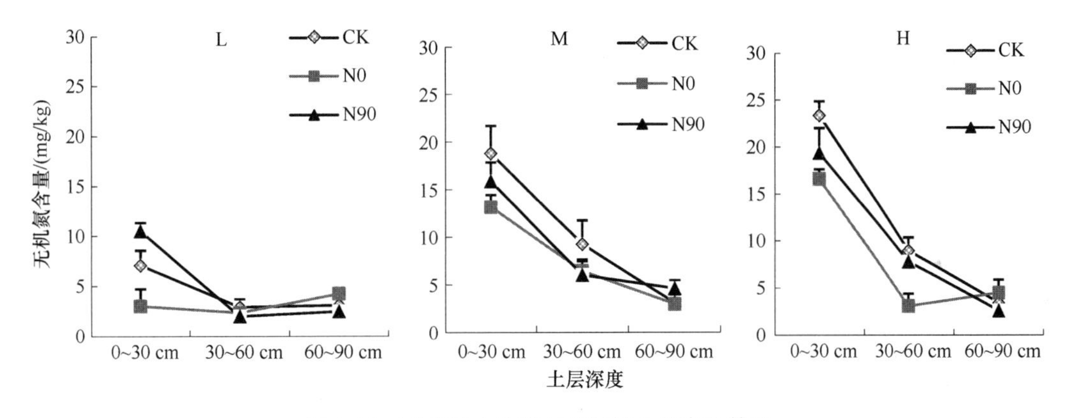

图 2-12 旺长期土壤剖面无机氮含量变化特征

不同有机质水平，3 个处理上 0～30 cm 土层无机氮含量均表现为 H＞M＞L，30～60 cm 土层对照处理无机氮含量在 M 和 H 间差异不明显，均高于 L，不施氮处理在 L 和 H 间差异不明显，均低于 M，施氮处理表现为 H＞M＞L，60～90 cm 土层各处理无机氮含量在 3 个有机质水平间差异均不明显。

3. 采收结束时土壤剖面无机氮变化特征的影响

采收结束时土壤剖面无机氮含量（图 2-13）表明，L 水平下，不仅各处理在不同土层间差异不明显，而且各土层在不同处理间差异也不明显。M 水平下，3 个处理不同土层无机氮含量均表现为 0～30 cm＞30～60 cm＞60～90 cm，0～30 cm 和 30～60 cm 土层无机氮含量在施氮和不施氮处理间差异不明显，均低于对照处理，60～90 cm 土层无机氮含量在 3 处理间差异均不明显。H 水平下，对照处理在不同土层间无机氮含量为 0～30 cm＞30～60 cm＞60～90 cm，不施氮处理以 0～30 cm 土层无机氮含量最高，30～60 cm 和 60～

90 cm 土层间差异不明显，施氮处理不同土层间表现为 0～30 cm＞60～90 cm＞30～60 cm，不同处理间，0～30 cm 和 60～90 cm 两土层无机氮含量均表现为对照处理＞施氮处理＞不施氮处理；30～60 cm 土层以对照处理最高，不施氮和施氮处理间差异不明显。

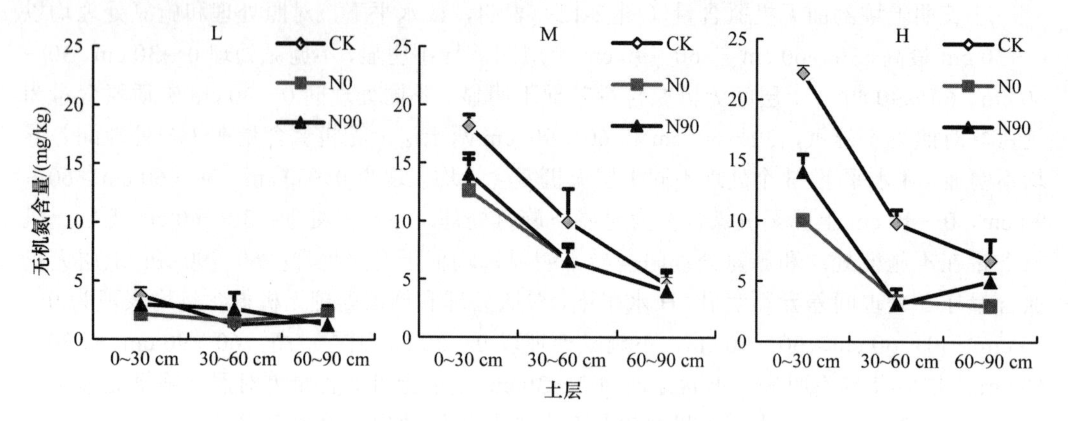

图 2-13　采收结束时土壤剖面无机氮含量变化特征

不同有机质水平上，L 水平下 3 个处理各土层无机氮含量均低于 M 和 H 水平下，M 水平下对照处理在 0～30 cm 和 60～90 cm 两土层上无机氮含量均低于 H，60～90 cm 土层上与 H 差异不明显，不施氮处理 3 个土层无机氮含量均高于 H，施氮处理 0～30 cm 和 60～90 cm 两土层无机氮含量均与 H 差异不明显，30～60 cm 土层则高于 H。

（二）水稻土烤烟生长期间土壤剖面无机氮变化特征

为了解烟株不同生长阶段水稻土氮素的供应状况，选择 A 试验田和 B 试验田同时测定 0～120 cm 土壤剖面各层次无机氮（硝态氮和铵态氮的和）浓度的变化（图 2-14）。从烟株生育期内各土层无机氮含量变化规律来看，0～30 cm 和 30～60 cm 土层的土壤无机氮含量的变化幅度较大。基础土壤无机氮含量较低，烟苗移栽后迅速升高，移栽后 1 个月前后达较高含量，之后迅速下降。不同施氮处理土壤剖面无机氮含量变化规律不同。N_{90} 处理主要受施肥的影响，0～30 cm 和 30～60 cm 土层无机氮含量变化幅度较 N_0 处理大，移栽后 29 天 AN_{90}、BN_{90}、AN_0 和 BN_0 处理 0～30 cm 无机氮含量分别达 36.55 mg/kg、32.70 mg/kg、11.00 mg/kg 和 9.94 mg/kg；30～60 cm 分别达 11.14 mg/kg、13.97 mg/kg、6.81 mg/kg 和 7.69 mg/kg。相对上层土壤，各处理 60～90 cm 和 90～120 cm 土层的无机氮含量的变幅较小，变化规律也较一致，均在移栽后 2 个月前后含量相对较高。

从土壤剖面无机氮积累规律来看，移栽前 A 田 0～30 cm 土壤无机氮含量高于 B 田，30～120 cm 各层土壤无机氮含量 B 田高于 A 田，但二者差异不显著；0～120 cm 剖面无机氮累计量 B 田明显高于 A 田，分别为 151.12 kg/hm^2 和 133.30 kg/hm^2。在不同烟株生育期，AN_0、AN_{90}、BN_0 和 BN_{90} 4 个处理土壤剖面各层无机氮分布规律相似，均是 0～30 cm 土壤无机氮含量 A 田高于 B 田，30～60 cm、60～90 cm 和 90～120 cm 剖面的无机氮含量 B 田高于 A 田；从整个 0～120 cm 土层无机氮的积累量来看，B 田高于 A 田，N_0 处理和 N_{90} 处理最多分别高出 32.51 kg/hm^2 和 46.70 kg/hm^2。由此可知，评价土壤养分供给能力，不能仅关注上层土壤养分，还要考虑能被植物吸收的下层土壤养分。分析烟株各生育阶段土壤剖面不同层次无机氮含量还发现，在本试验中移栽后 1 个月前后 AN_0、AN_{90}、BN_0 和 BN_{90} 处理 0～30 cm 和 30～60 cm 土层无机氮含量均较高，而此阶段烟苗尚小，根系发育较弱，养分吸收很少，施入的肥料氮和土壤氮大多残留在土壤中。这说明施用氮肥和土壤矿化提供的氮素与烟株生长过程中的氮素需求规律不吻合，这不仅不利于提高氮素利用率，而且容易发生由于氮素淋失、反硝化损失而引起的环境污染问题。

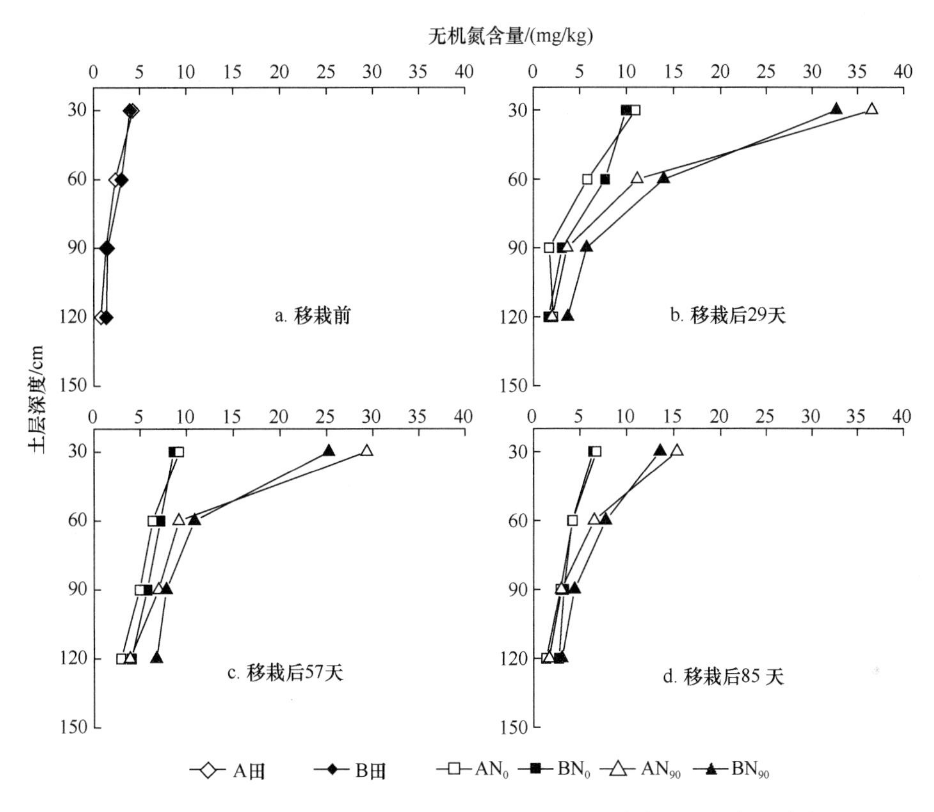

图 2-14 烟株不同生育期 A 田和 B 田 0～120 cm 土壤剖面无机氮浓度变化

（三）讨论与小结

从各土层无机氮含量变化规律来看，0～30 cm 和 30～60 cm 土层的土壤无机氮含量的变化幅度较大；随着土壤有机质含量的提高，土壤剖面无机氮含量增加。60～120 cm 土层无机氮含量较低，变化幅度较小。从烟株生育期看，烟苗移栽后迅速升高，移栽后 1 个月前后达较高含量，之后下降。不同施氮处理土壤剖面无机氮含量变化规律不同。采收结束时，不同处理 0～30 cm 和 60～90 cm 两土层无机氮含量均表现为对照处理＞施氮处理＞不施氮处理；30～60 cm 土层以对照处理最高，不施氮和施氮处理间差异不明显。

第三节 植烟土壤氮素矿化动态特征

对于优质烟叶氮素管理来说，不仅应考虑烤烟全生育期的氮素矿化量，而且要考虑不同生育阶段的矿化量，特别是打顶至成熟期间土壤氮素矿化量。我国植烟土壤类型复杂，许多烟田土壤质地黏重，有机质含量偏高。据我国植烟土壤养分状况普查成果，全国50%以上的植烟土壤有机质含量超过25 g/kg（李志宏等，2004），加之烤烟生长期间高温高湿的气候条件，因此推测我国植烟土壤氮的矿化量可能较高，对烟草氮素供应和品质形成将会产生重要影响。

一、红壤氮素矿化规律

（一）红壤氮素矿化量

红壤氮素矿化特征（图2-15）表明，在L水平下，烤烟整个生育期土壤氮素累积矿化量呈直线增加，但增加趋势缓慢；M和H水平下，烤烟移栽后随生育期推进，土壤氮素累积矿化量缓慢增加，移栽后7周时M水平下氮素累积矿化量增加趋势加强，而H水平下在移栽后9周开始氮素累积矿化量表现出较为明显的增加趋势。表明低有机质含量红壤上，烤烟生长期间土壤氮素矿化较为平稳，整个生育期氮素矿化量为61.8～71.5 kg/hm^2，中、高有机质含量红壤上，烤烟生长前期土壤氮素矿化较为缓慢，后期矿化增强，矿化量分别为65.5～95.3 kg/hm^{2}和68.5～104.6 kg/hm^2。从烤烟生长期间不同处理间土壤氮素矿化量可以看出，L水平下各处理之间矿化量差异不明显；M水平下打顶（移栽后9周）前各处理之间矿化量差异不明显，打顶后表现为N_0＞CK＞N_{90}；H水平下N_0处理矿化量较大，N_{90}处理移栽7周后低于CK处理。表明低有机质含量红壤上，植烟和施氮对土壤氮素矿化影响不明显，中、高有机质含量上植烟能够促进土壤有机质氮矿化，施氮降低土壤氮素矿化。

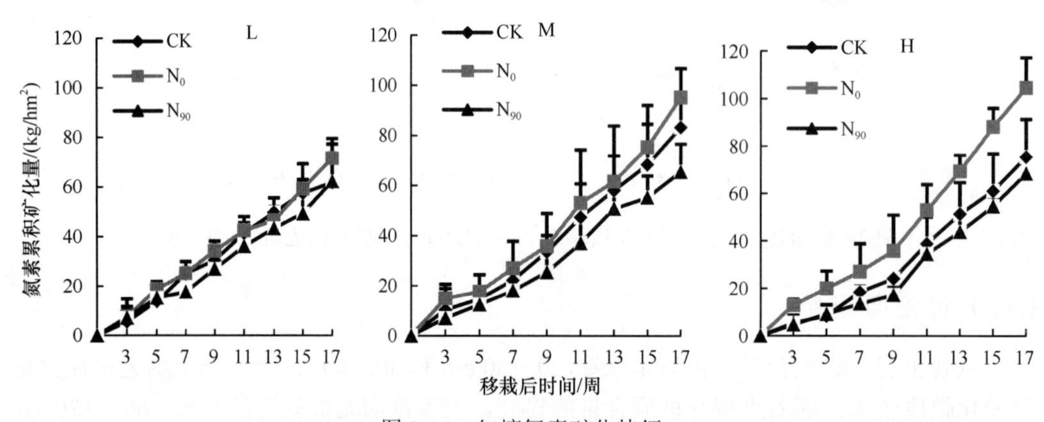

图2-15 红壤氮素矿化特征

（二）不同阶段土壤氮素矿化特征

不同有机质含量红壤矿化累积量结果表明（图2-16），CK处理土壤氮素总矿化量以M最大，可能与土壤有机质的组分有关，因为土壤氮素矿化量不仅取决于有机质含量，而且还与易矿化有机氮的比例有关。N_0和N_{90}处理土壤氮素矿化量均为H＞M＞L，且N_{90}处理不同有机质含量之间氮素矿化量小于N_0处理。表明在植烟条件下，土壤有机质含量越高，土壤氮素矿化量越大，施氮能够降低不同有机质含量间氮素矿化量的差异。打顶（移栽后9周）后3个处理土壤氮素矿化量均表现为H＞M＞L，且分别占总矿化量的65.73%～74.98%、59.64%～62.29%和50.71%～56.77%，表明土壤有机质含量越高，后期土壤氮素矿化量越大，且所占总矿化量的比例也越高。

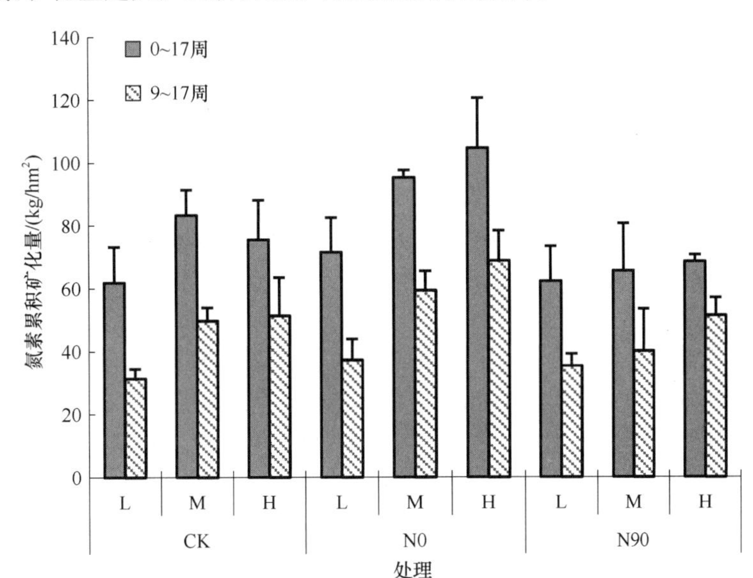

图 2-16　红壤氮素累积矿化量比较

二、黄壤氮素矿化规律

（一）黄壤氮素矿化动态特征

土壤中无机氮的来源，一部分来自施入的化学肥料氮，一部分来自土壤有机质矿化出的氮。3 种有机质含量土壤上，通过埋袋法测定的土壤矿化氮结果表明（图 2-17），在休闲条件下，烤烟整个生育期中土壤矿化氮呈逐渐增加的趋势，在烤烟移栽后 1～2 周内氮矿化量较低，3 周以后明显增加，13 周后氮矿化量减少，表明土壤氮的矿化在整个生育期内是不断增加的过程。图 2-17 表明，不施氮肥条件下，在烟株生育期中土壤矿化

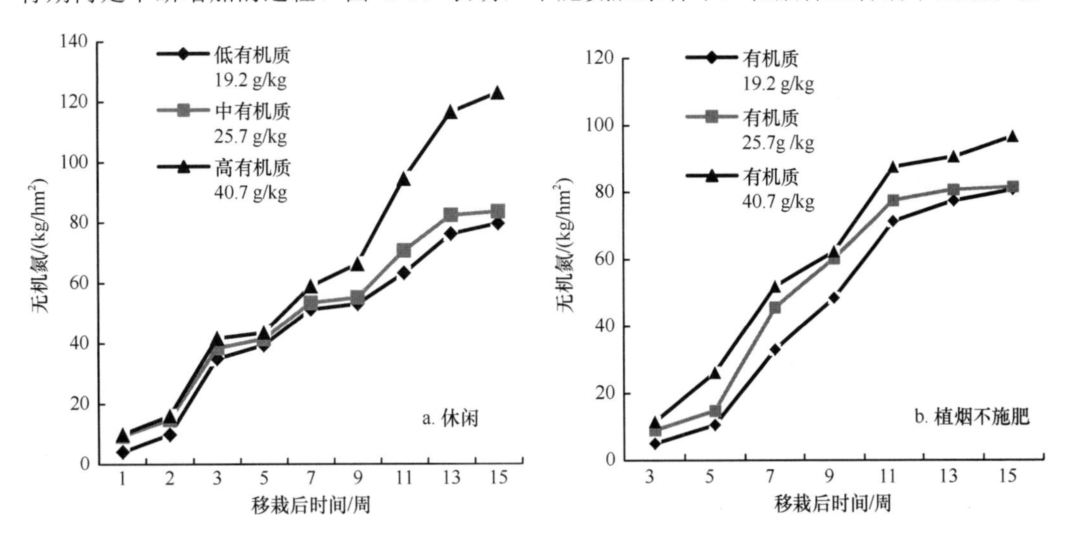

图 2-17　不施肥条件下不同有机质含量土壤烤烟生育时期土壤氮矿化

氮呈逐渐增加的趋势，在烤烟移栽后 3～5 周内氮矿化量较低，5 周以后明显增加，11 周后氮矿化量减少，表明土壤氮的矿化在整个生育期内是不断增加的过程。

从 3 种有机质来看，在整个生育期内，土壤氮矿化量是高有机质＞中有机质＞低有机质，土壤氮矿化量随有机质含量的增加而增加。其中于烤烟移栽后 9 周前，3 种有机质含量土壤氮矿化量差别不大，到 9 周以后，高有机质含量土壤氮矿化量明显高于中、低有机质含量土壤，表现出土壤有机质含量增加，提高土壤氮矿化量，特别是在烤烟生长后期，高有机质土壤氮矿化量的增加，对烟叶成熟必然带来不良的影响。

（二）不同阶段土壤氮素矿化特征

烟叶采收结束时（17 周），休闲土壤矿化氮总量为 79.54～122.80 kg/hm^2。其中打顶前矿化氮累积量为 53.02～66.26 kg/hm^2，打顶后矿化氮累积量为 26.52～56.24 kg/hm^2，打顶后矿化氮量占烤烟生长期矿化氮总量的 33.33%～46.04%；植烟不施肥处理 3 种有机质含量土壤为 80.70～96.66 kg/hm^2。其中打顶前矿化氮累积量为 58.43～78.36 kg/hm^2，打顶后矿化氮累积量为 21.34～34.35 kg/hm^2，打顶后矿化氮量占烤烟生长期矿化氮总量的 22.13%～35.55%。且随着土壤有机质含量的增加，矿化氮总量及打顶后的矿化量增加。

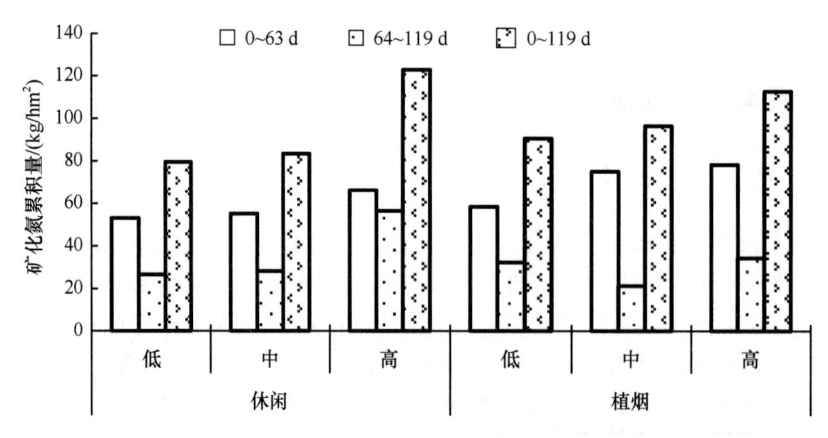

图 2-18　不同阶段土壤矿化氮累积量

三、水稻土氮素矿化规律

（一）土壤氮素矿化动态特征

矿化氮是土壤无机氮的重要来源，氮素矿化速率是影响土壤供氮量的重要因素。在烟株全生育期，A 田和 B 田不同施氮处理土壤氮素矿化动态规律相似（图 2-19）。总体趋势为，移栽初期矿化速率（每 14 天 0～30 cm 土壤氮素的矿化量）较大，进入旺长期后迅速下降，到打顶期大幅回升，采收后期又有所下降。但不同阶段 AN_0、AN_{90}、BN_0 和 BN_{90} 各处理的矿化速率差异较大。同一试验田，各生育阶段不施氮处理的土壤氮素矿化速率普遍高于施氮处理，其中 A 田 N_0 处理显著高于 N_{90} 处理，相差最高达 4.05 mg/(kg·d)；B 田 N_0 处理略高于 N_{90} 处理，差异不明显。在不同施氮水平下，A 田和 B 田矿化速率差异程度不同。不施氮条件下，A 田各生育阶段的土壤氮素矿化速率显著均高于

B 田，矿化速率最多相差 2.84 mg/（kg·d）；施氮条件下，两田块的矿化速率差异不显著。

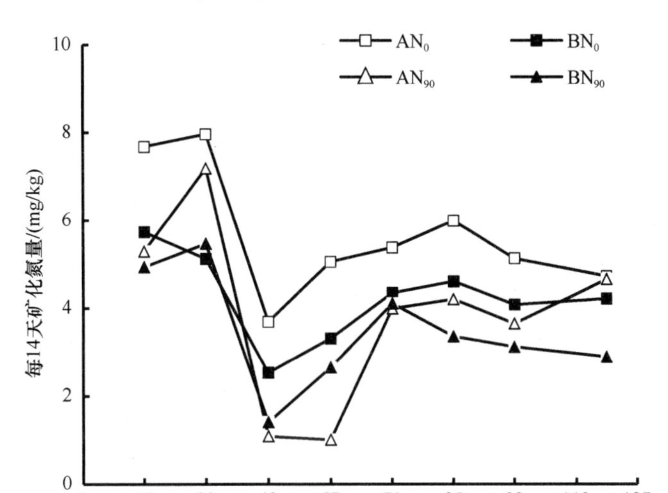

图 2-19　土壤（0～30 cm）氮素矿化量变化特征

（二）不同阶段土壤氮素矿化积累量

图 2-20 显示，烟株整个生育期中各处理土壤矿化氮累积量均呈逐渐增加趋势，采收结束时矿化氮累积量大小顺序均为 $AN_0>BN_0>AN_{90}>BN_{90}$。同一试验田，$N_0$ 处理土壤矿化氮累积量显著高于 N_{90} 处理，且随生育期延长差异愈加显著。相同施氮量条件下，A 田和 B 田矿化量的差异也有随生育期延长而加大的趋势，其中不施氮条件下，采收结束时 A 田氮素矿化量为 164.27 kg/hm^2，B 田为 122.26 kg/hm^2，二者差异达极显著水平；施氮条件下，A 田和 B 田矿化量差异不大（图 2-20），烟株打顶后 AN_0、AN_{90}、BN_0 和 BN_{90} 4 个处理矿化氮量分别为 76.43 kg/hm^2、59.43 kg/hm^2、62.10 kg/hm^2 和 48.53 kg/hm^2，分别占整个生育期累积矿化量的 46.53%、53.10%、50.80%和 48.23%。这说明烟株生育后期 4 个处理土壤供氮能力依然较强。

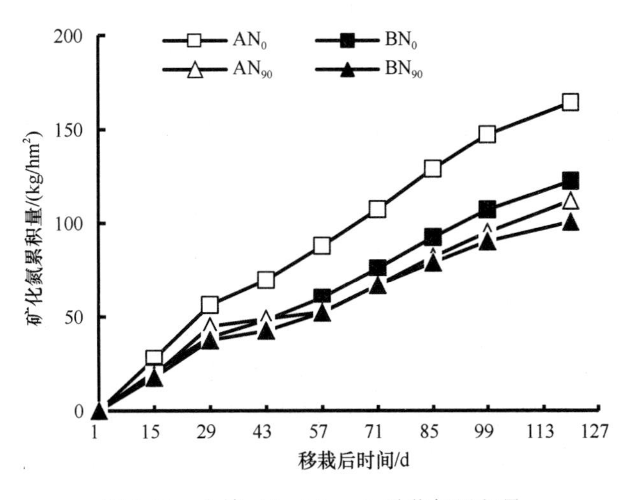

图 2-20　土壤（0～30 cm）矿化氮累积量

（三）褐土氮素矿化规律

田间原位培养结果显示（图 2-21），山东褐土与上述 3 种土壤矿化动态不同，在烤烟生长期间土壤氮素矿化量主要为负值，仅烤烟移栽 2～3 周和 12～13 周土壤净矿化氮量为正值，表明土壤中的氮素以固定为主，且烤烟移栽后 4～9 周的氮素固定量最大，这会导致烤烟前期土壤氮素供应降低，影响烤烟的长势。

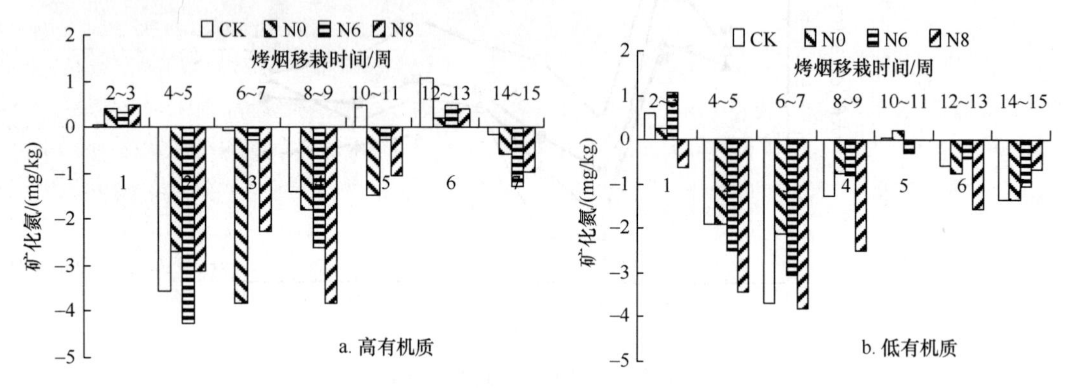

图 2-21　土壤氮素矿化量

（四）小结

通过对云南红壤、云南水稻土、贵州黄壤及山东褐土的原位培养研究，显示云南红壤、云南水稻土、贵州黄壤在烤烟生长期间，矿化氮累积量不断增加。在一定含量范围内，随有机质含量的增加，矿化氮累积量增大，至烟叶采收结束矿化氮累积总量为 61.8～164.27 kg/hm^2，山东褐土则以土壤氮素固定为主，整个生长期矿化氮累积量为负值。

红壤烤烟打顶（移栽后 9 周）后 3 个处理土壤氮素矿化量均表现为 H＞M＞L，且分别占总矿化量 65.73%～74.98%、59.64%～62.29%和 50.71%～56.77%；水稻土壤打顶后矿化氮量分别为 48.53～76.43 kg/hm^2，占整个生育期累计矿化量的 46.53%～53.10%；黄壤打顶后矿化氮累积量为 21.34～34.35 kg/hm^2，占烤烟生长期矿化氮总量的 22.13%～35.55%。这说明烟株生育后期 4 个处理土壤供氮能力依然较强且土壤有机质含量越高，后期土壤氮素矿化量越大，且所占总矿化量的比例也越高。

第四节　烟田氮素供应与烤烟氮素吸收

长期以来，我国烟叶普遍存在上部叶厚、烟碱含量高的问题。氮素是烟碱合成的必需元素，占烟碱分子质量的 17.3%，烟株含氮量越高，烟碱含量也会越高。因此氮素供应是决定烟草产量和质量的一个关键因素。在烟草生产中，维持烟株生长发育和形成优良品质的氮素来源，不仅包括人为施入的肥料氮，土壤矿化氮在烤烟氮素营养中也占有重要地位。研究证明，烤烟全生育期吸收的氮素中约 2/3 来自土壤氮。只有掌握土壤供氮与烤烟氮素吸收的关系，才能有效管理烤烟氮素营养。本节分别在贵州金沙县、云南大理、云南建水县、云南玉溪 4 个地点进行烤烟氮素供应和烤烟氮素吸收关系的研究。

一、土壤基础供氮量与烤烟氮素吸收

土壤基础氮素供应量（basic nitrogen-supplying capacity，BSN）是评价土壤氮素供给能力的综合指标，通常以无肥区烤烟氮吸收量表示。研究结果显示，烟田土壤基础供氮量差异较大，云南、贵州 9 个试验点土壤基础供氮量为 17.1～106.1 kg/hm^2。土壤基础供氮量与施肥条件下烤烟氮素累积量（CNT）和土壤氮累积量（CSNT）显著正相关，可以用式（2-1）和式（2-2）来表达。相关分析显示（图 2-22），土壤基础供氮量分别解释了烤烟氮素累积量和烤烟土壤氮素累积量 90.9%和 92.1%的变异。表明土壤基础地力是烟叶产量的决定因素。Khurana 等（2008）研究发现，印度西北部灌溉小麦区土壤本底供氮量为 26.1～94.8 kg/hm^2，地区间差异较大；Dobermann 等（2002）认为土壤中本底供氮量在年度间变异较大，成为最佳养分管理中推荐施氮量大幅变动的原因。本底养分供应是评价肥料对作物生长有效性的重要指标，也是研究肥料回收利用率的基础。因此，本底养分供应量能够用来作为建立在土壤测试和作物反应基础上推荐施肥的补充手段，最终作为最佳养分管理的有效修正工具。

$$CNT=0.8859\times BSN+50 \tag{2-1}$$

$$CSNT=0.7582\times BSN+25 \tag{2-2}$$

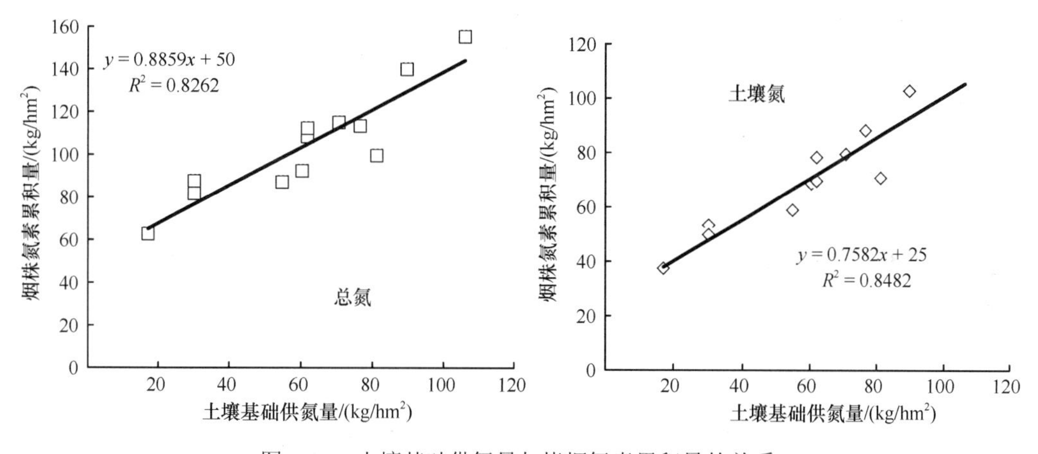

图 2-22　土壤基础供氮量与烤烟氮素累积量的关系

二、土壤无机氮供应与烤烟氮素吸收

（一）速效氮供应量与烤烟氮素吸收

大量的研究结果表明，上茬作物收获后残留在土壤中的无机氮（NH_4^+-N+NO_3^--N）和施入土壤的速效氮肥是等效的，因此只要确定作物达到目标产量所需的氮素供应量（土壤初始无机氮+化肥氮），测定作物播前土壤无机氮，即可确定氮肥供应量，此方法称为土壤 Nmin 法。近 20 年来，欧洲、美国等的研究者在作物旺盛生长前采取一定土层深度的土壤样品测定无机氮或只测定硝态氮进行氮肥推荐，取得良好的节氮效果。烟田试验研究显示（图 2-23），烟田速效氮输入量为 14.1～237.7 kg/hm^2，速效氮输入量与烤烟氮素累积量显著正相关。当速效氮输入量超过 150 kg/hm^2 时，烤烟氮素的累积量趋于稳定。因此烤烟氮肥施入量应在 150 kg/hm^2 以下。

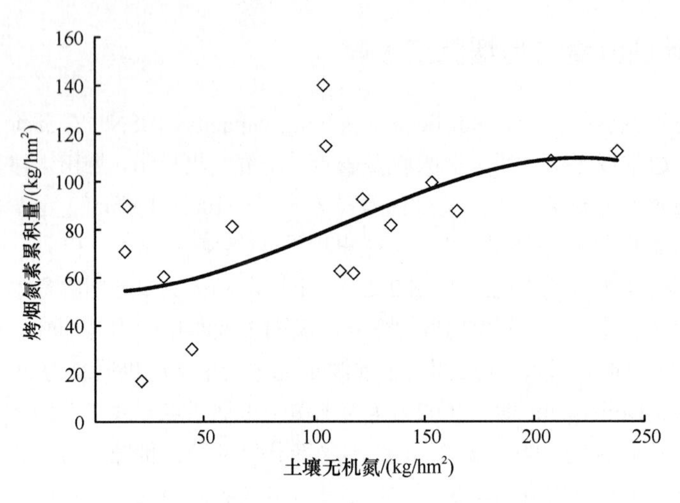

图 2-23 速效氮供应量与烤烟氮素吸收

（二）土壤无机氮动态与烤烟氮素吸收

土壤无机氮的供应动态与烤烟氮素吸收动态密切相关。烤烟基肥多采用条施或穴施，将烟苗至穴内，这样烟苗移栽初期根系周围无机氮浓度迅速提高，由于无机氮扩散及烤烟对氮素吸收，土壤无机氮浓度逐渐降低，烤烟打顶过后，土壤无机氮含量趋于稳定。从整个生长期来看（图 2-24），尽管红壤、黄壤、水稻土壤 3 种土壤类型烤烟施氮量均是 90 kg/hm^2，但黄壤无机氮浓度在整个生长期均高于红壤和水稻土；水稻土壤烟田旺长至圆顶期，烟田土壤无机氮浓度高于红壤。红壤烟田无机氮浓度在整个生长季均处于较低值。但 3 种土壤烤烟生长前期的氮素吸收速率表现为红壤＞水稻土＞黄壤。因此土壤无机氮含量并不是烤烟生长期氮素吸收的决定因素。

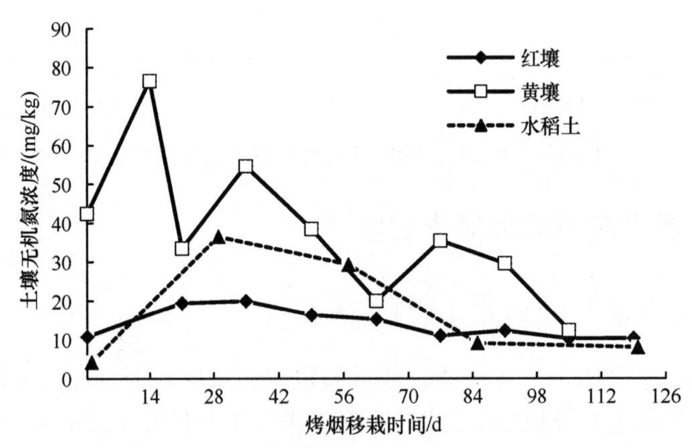

图 2-24 大田期烟田土壤无机氮浓度

三、土壤矿化氮供应与烤烟氮素吸收

（一）土壤氮矿化动态与烤烟氮素吸收

通过大田期土壤原位培养研究显示，在烤烟生长期间，黄壤矿化氮供应存在两个高峰，一个是在烤烟旺长期（烤烟移栽 7 周左右），一个在烤烟打顶后（烤烟移栽 11 周左右）。水稻土移栽初期矿化速率较大，进入旺长期后迅速下降，到打顶期大幅回升，采收后期又有所下降。而红壤在烤烟移栽初期氮矿化速率较低，之后矿化速率缓慢增加。表明由于温度、土壤含水量、土壤有机质含量等因素的影响，土壤矿化速率呈波动式变化，不同土壤氮矿化动态差异较大。但云南红壤、云南水稻土、贵州黄壤在烤烟生长期间矿化氮累积量均呈线性增加（图 2-25），黄壤矿化氮累积量最高，其次是水稻土，红壤矿化氮量最低。烤烟移栽至打顶期，云南红壤、云南水稻土、贵州黄壤的土壤氮矿化量分别占整个生育期矿化总量的 61.7%、49.4%、45.2%。而烤烟移栽至打顶期，红壤、黄壤、水稻土分别占 83.5%、46.7%、48.0%。因此烤烟打顶前氮素累积比例与烤烟打顶前矿化氮累积比例呈正相关。

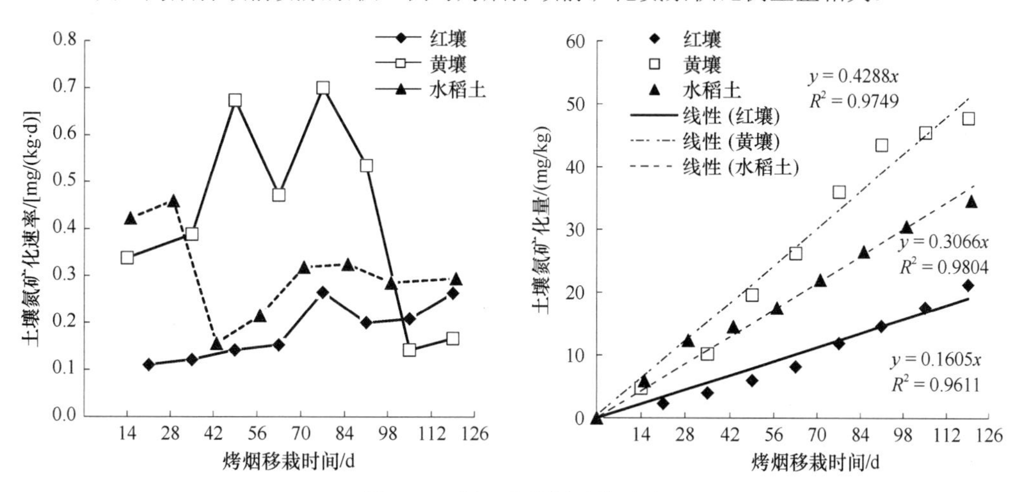

图 2-25　烟田土壤氮矿化动态

（二）土壤矿化氮供应量与烤烟氮素吸收

矿化氮是土壤氮的重要组成部分，土壤氮矿化量与烤烟氮素累积量密切相关（图 2-26）。土壤原位培养研究显示，西南烟区在烤烟大田期土壤氮矿化量为 19.9～38.9 kg/hm²，烤烟氮素吸收量随着土壤矿化氮量的增加而提高；当土壤矿化氮量增加至 30 kg/hm² 以上时，即使土壤矿化氮量再增加，烤烟氮素累积量也不再增加。表明土壤氮矿化量达到 30 kg/hm² 时即可满足烤烟氮素需要。

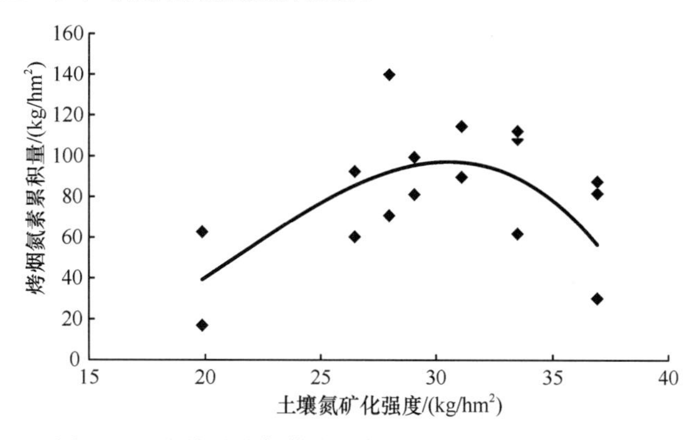

图 2-26　土壤矿化氮供应量与烤烟氮素吸收量的关系

四、剖面氮分布与烤烟氮素吸收

作物生长过程中，除从耕层吸收氮素外，也从耕层以下土壤吸收氮素。了解土壤剖面中的氮素分布情况，对于评价土壤的供氮能力也有重要意义。表层土壤是根系密集的土层，在正常情况下，耕层的土壤有机质含量最高，氮含量也最高；随土壤加深，有机质、全氮含量随之下降，从贵州、云南和河南各采集的 15 个土壤剖面，测定结果表明（图 2-27），植烟土壤全氮、有机质含量 0～30 cm 最高，30～60 cm 迅速下降，60 cm 以下变化不大。云南、贵州、河南土壤全氮和有机质含量的区域差异较大，云南、贵州的表层土壤氮和有机质含量显著高于河南，但土壤深度大于 30 cm，云南土壤全氮和有机质含量迅速下降，致使云南 30～150 cm 土壤有机质及全氮含量与河南相一致，两者的全氮、有机质含量远低于贵州。表明贵州植烟土壤整个剖面的供氮能力均较强；云南烟区表层土壤供氮能力较高，耕层以下土壤供氮能力较低；河南烟区土壤剖面整体供氮能力较低。

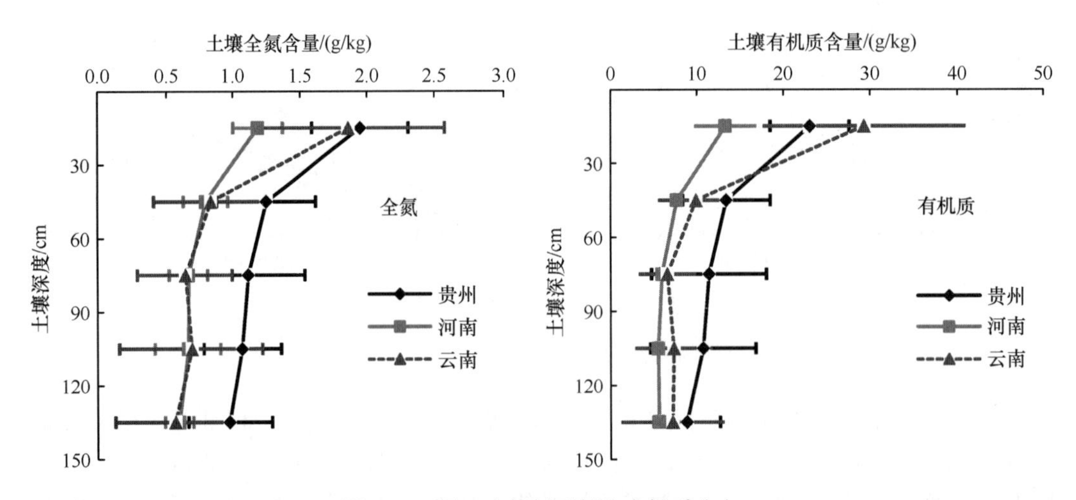

图 2-27　烟田土壤剖面氮和有机质分布

五、表层土壤供氮量与烤烟氮吸收

土壤供氮量是指在一季作物生长期间，土壤向作物提供的速效氮总量。它包括种植时施肥前土壤中含有的速效氮量和作物整个生长过程中土壤释放出的速效氮。土壤供氮量是评价土壤氮素供应能力的主要依据，也是估算氮肥适宜施用量的主要参数。从烤烟大田期土壤起始无机氮、矿化氮和化肥氮总供应量与烤烟氮素累积量的关系可以看出，烤烟氮素累积量虽然与无机氮供应总量相关系数不高，但总体上呈现随无机氮供应量增加而烤烟氮素累积量增加的趋势（图 2-28）。在 0～300 kg/hm^2 的无机氮供应量范围内，烤烟氮素累积量增加较快，无机氮供应量超过 300 kg/hm^2，增加趋势趋缓。而此时，烤烟氮素累积量也达到 100 kg/hm^2，即使无机氮供应继续增加，烟叶产量不再增长，因此考虑经济效益和生态风险，总无机氮的供应量应控制在 0～300 kg/hm^2。

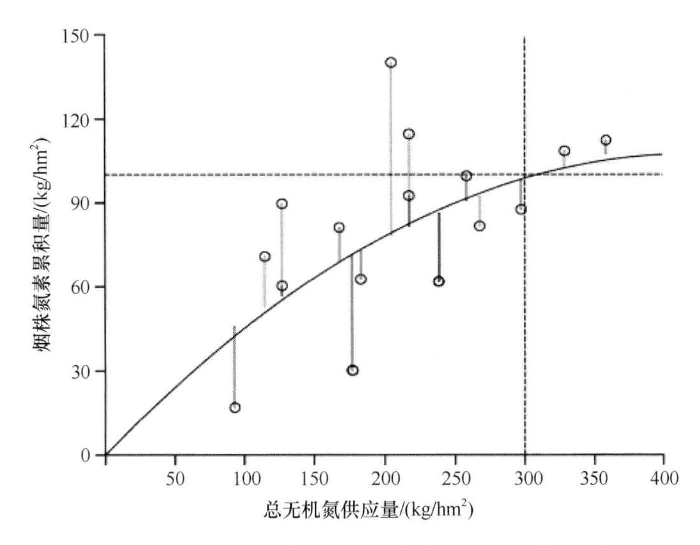

图 2-28　总无机氮供应量对烤烟氮素累积量的影响

参 考 文 献

陈江华, 刘建立, 李志宏, 等. 2008. 中国植烟土壤及烟草养分综合管理. 北京: 科学出版社.

陈新平, 周金池. 1997. 应用土壤无机氮测试进行冬小麦氮肥推荐的研究. 土壤肥料(5): 19–21.

崔振岭, 陈新平, 张福锁, 等. 2007. 华北平原冬小麦/夏玉米轮作体系土壤硝态氮的适宜含量. 应用生态学报, 18(10): 2227–2232.

胡国松, 郑伟, 王震东, 等. 2000. 烤烟营养学原理. 北京: 科学出版社.

李志宏, 徐爱国, 龙怀玉, 等. 2004. 中国植烟土壤肥力状况及其与美国优质烟区比较. 中国农业科学, 37(增刊): 36–42.

朱兆良, 文启孝. 1992. 中国土壤氮素. 南京: 江苏科学技术出版社.

Dobermann A, Witt C, Dawe D, et al. 2002. Site-specific nutrient management for intensive rice cropping systems in Asia. Field Crops Research, 74(1): 37–66.

Greenwood D. 1986. Prediction of nitrogen fertilizer needs of arable crops. Advances in Plant Nutrition (USA), 2: 1–61.

Khurana H S, Phillips S B, Alley M M, et al. 2008. Agronomic and economic evaluation of site-specific nutrient management for irrigated wheat in northwest India. Nutrient Cycling in Agroecosystems, 82(1): 15–31.

Richter J, Roelcke M. 2000. The N-cycle as determined by intensive agriculture–examples from central Europe and China. Nutrient Cycling in Agroecosystems, 57(1): 33–46.

Soper R, Huang P. 1963. The effect of nitrate nitrogen in the soil profile on the response of barley to fertilizer nitrogen. Canadian Journal of Soil Science, 43(2): 350–358.

Wehrmann J, Scharpf H. 1979. Mineral nitrogen in soil as an indicator for nitrogen fertilizer requirements(Nmin-method). Plant Soil, 52(1): 109–126.

Wehrmann J, Scharpf H. 1986. The Nmin - method—an aid to integrating various objectives of nitrogen fertilization. Zeitschrift für Pflanzenernährung und Bodenkunde, 149(4): 428–440.

第三章　烤烟氮素营养调控措施研究

为保证烤烟叶片内含物的充实和转化，适时成熟落黄，并将烟碱含量控制在适宜范围，生产中希望烤烟在打顶前氮素供应充足，打顶后氮素供应尽快停止。由于土壤氮素矿化受到气候、土壤、植物等多种因素的影响，难以人为控制。通过研究不同生产措施下土壤供氮特征及对烤烟的影响，探索氮素调控及管理措施。

第一节　施肥和种植方式对土壤供氮及烤烟的影响

轮作是指在同一田地上有顺序地轮换种植不同作物的种植方式，是种植制度中的一项重要内容，是用地养地、增加作物产量和提高品质的途径之一。烤烟合理的轮作方式能充分均衡利用土壤养分，提高施肥效益，消除土壤中有毒物质，减少病虫害，提高烟叶产量和质量。从轮作方式来看，以水旱轮作和旱地轮作为主。由于不同轮作方式对土壤的影响存在明显差异，影响烤烟生长及土壤养分的供应。例如，水旱轮作有其防病的优点，但对烤烟生产也存在制约性，主要表现在生育期限制、土壤偏酸及土质黏重问题上（李跃武和黄其华，1999）。因此了解不同种植方式对烤烟氮素积累和品质形成的影响，对烤烟氮素的营养调控、提高我国烟叶品质有重要意义。本章节选择旱地轮作（G）和水旱轮作（D）土壤各一块，分别设置休闲（CK）、植烟不施氮（N_0）、植烟施 90 kg/hm^2 N（N_{90}）和植烟施 120 kg/hm^2 N（N_{120}）4 个处理，研究施肥、植烟及轮作方式对土壤供氮特征及烤烟的影响。

一、施肥及种植方式对土壤供氮特征的影响

（一）烤烟生长期间土壤无机氮动态

1. 休闲土壤无机氮动态

研究结果表明，不同轮作方式对休闲土壤无机氮供应动态无显著影响。如图 3-1 所示，旱地轮作休闲土壤（GCK）与水旱轮作休闲土壤（DCK）的无机氮含量基本相同，变化趋势也一致，即起始氮含量最高，而后土壤无机氮含量急剧下降，烟草移栽 14～63 天土壤无机氮含量处于低谷，此后土壤中的无机氮含量极显著增加，烤烟成熟期又下降至 20 mg/kg 左右，显著低于起始氮含量，显示了烤烟生长期间土壤无机氮的波动式变化。这主要是由于降水及反硝化造成的氮素损失，而土壤氮矿化又增加了土壤无机氮含量。其中 56～98 天 DCK、GCK 处理土壤无机氮增加量分别为 21.30 mg/kg、15.60 mg/kg（20 cm 表层土壤累积增量为 51.1 kg/hm^2、37.5 kg/hm^2），表明在烤烟生长后期矿化氮的供应可观，而对于优质烤烟生产来说这部分氮是过剩的。

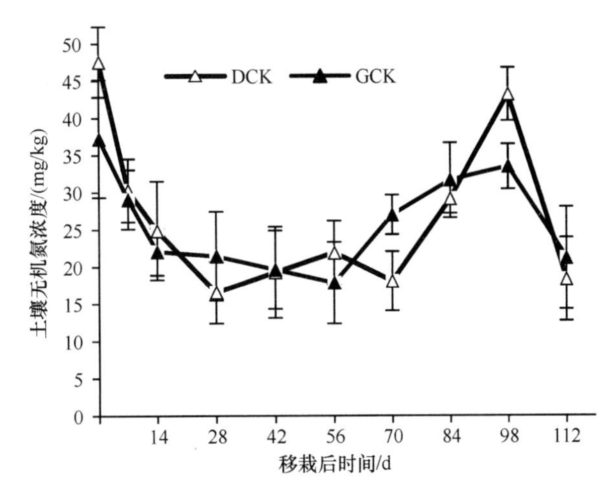

图 3-1　休闲土壤各生育期土壤无机氮变化

2. 烤烟种植对土壤无机氮的影响

烤烟种植降低了土壤无机氮含量，使整个生长期内土壤无机氮含量保持在较低水平，但旱地轮作（G 田）土壤无机氮含量高于水旱轮作（D）土壤无机氮含量，在烟草移栽后 77～91 天，DN0 才稍高于 GN0（图 3-2），这可能是由于 G 田土壤有机质含量高于 D 田，土壤有机质含量的增加提高了土壤无机氮供氮能力（王鹏，2007；焦永鸽，2008）。烤烟移栽 56 天后，DN0、GN0 土壤无机氮含量有所增加，但与休闲土壤无机氮相比增加甚小，因此在不施肥条件下，烤烟生长后期土壤矿化氮大部分被烤烟吸收。

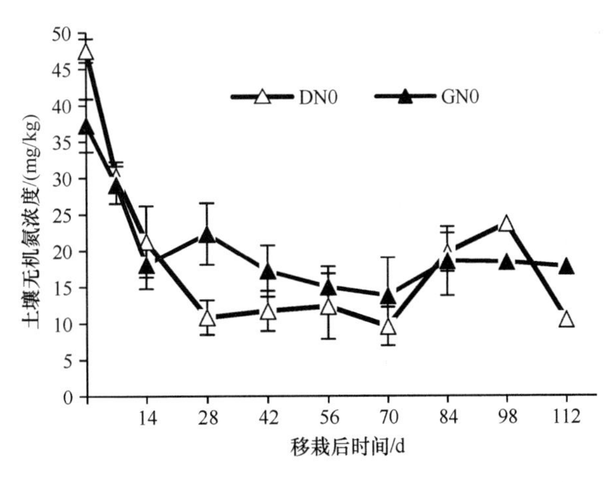

图 3-2　不施氮肥植烟土壤不同生育时期无机氮变化

3. 施肥对植烟土壤无机动态影响

施肥可以在短时间内提高土壤无机氮浓度，如追肥（25 天）后土壤无机氮含量急剧增加（图 3-3 的 42 天无机氮含量）之后又迅速下降，烤烟移栽后 70 天土壤无机氮含量降到低谷。施用无机氮肥后，水旱轮作土壤（D 田）无机氮含量显著高于旱地轮作土壤（G 田），图 3-3 显示，在整个烟草生长期间，DN6、DN8 处理土壤无机氮含量显著高于 GN6、GN8。

这与不施肥土壤无机氮含量恰好相反。^{15}N 示踪研究显示，水旱轮作土壤中肥料氮的残留量显著高于旱地轮作土壤，肥料氮损失率显著低于旱地轮作土壤，因此水旱轮作土壤无机氮含量高主要是由于肥料氮的损失率低引起的。从 CK、N0、N6、N8 整体趋势来看，土壤中的无机氮变化趋势基本相同，在烟草生长后期（烟草移栽 63～91 天）都有一个小的氮素供应高峰。

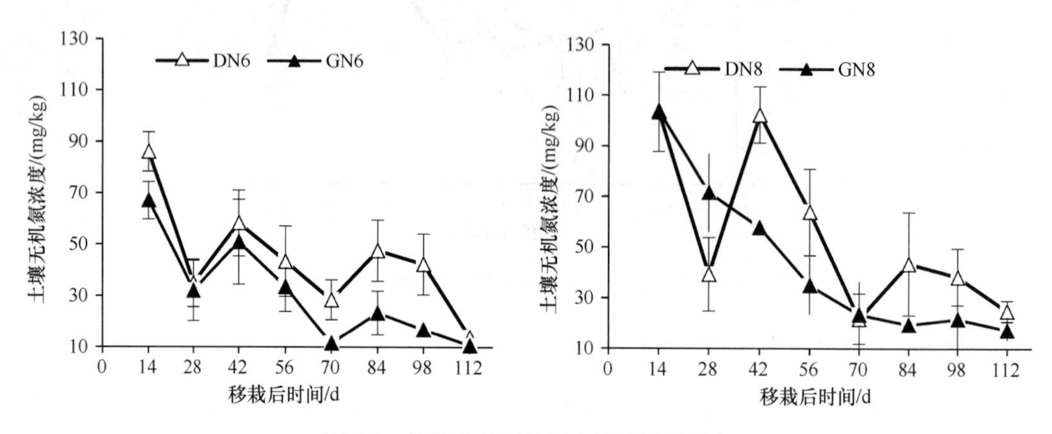

图 3-3　施肥条件下植烟土壤无机氮动态

（二）烤烟生长期间土壤氮素矿化动态

1. 休闲土壤氮素矿化动态

田间土壤氮矿化极易受到环境条件的影响，导致田间土壤氮素矿化速率呈波动式变化，变幅在–0.9～1.21 mg/（kg·d）（图 3-4）。但不同轮作方式下田间土壤氮素矿化动态总体趋势一致，即在烤烟移栽初期矿化速率相对较高，之后矿化速率下降，3 周时由于温度和水分的影响土壤矿化速率出现负值，形成土壤矿化氮的净固持；进入烤烟旺长期，矿化速率大幅回升，直至 13 周由于温度及土壤含水量的急剧下降，土壤氮素矿化速率迅速降低（图 3-4）。因此烤烟打顶（烤烟移栽 9 周）后，矿化速率仍维持较高水平，造成在烟草生长后期土壤矿化氮的大量供应。烤烟生长期间，水旱轮作土壤（D）氮素矿化速率低于旱地轮作土壤（G），D、G 平均氮素矿化速率分别为 0.55 mg/（kg·d）、0.75 mg/（kg·d），这是由于 D 田有机质含量低于 G 田，表明土壤氮素的平均矿化速率与土壤有机质含量相关，但土壤有机质含量对土壤氮素矿化动态影响不显著。

2. 植烟土壤氮素矿化动态

2006 年研究结果显示，植烟土壤矿化动态与休闲土壤相似，但土壤氮素矿化速率变化较休闲土壤稳定，如图 3-5 所示，在烤烟移栽后 14 天矿化速率缓速增加，直至 63 天 G 水平土壤矿化达到高峰，而后矿化速率缓慢下降，这主要是由于烟草生长覆盖地表，使表层土壤温度变化相对缓和，影响土壤氮素矿化的波动。D 田土壤矿化动态在 9 周后有所下降。这可能与 G 田、D 田的排水条件有关，在烤烟生长期间 D 田土壤含水量高于 G 田（图 3-5）。种植烤烟后 D 田矿化速率与 G 田矿化速率差异不显著，分别为 0.77 mg/（kg·d）、0.84 mg/（kg·d），均高于休闲土壤，表明烟草生长可以促进土壤氮素矿化。

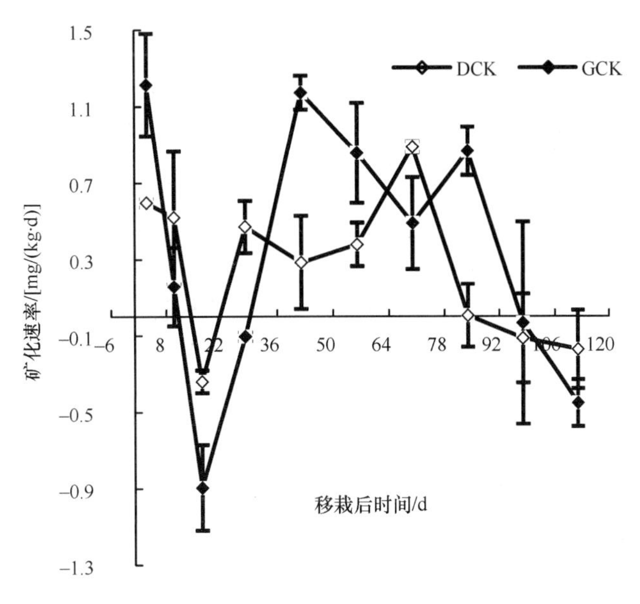

图 3-4　休闲土壤氮素矿化动态图

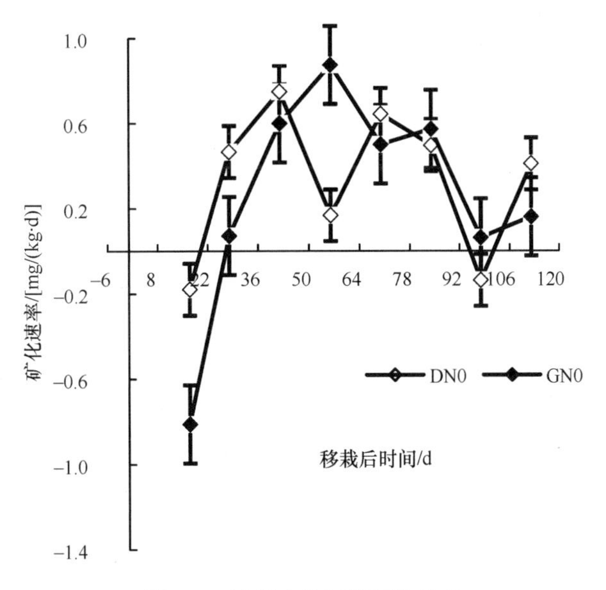

图 3-5　植烟土壤氮素矿化动态

另一试验田（Y 田）土壤 2007 年的原位矿化培养结果如图 3-6 中 PK 曲线。研究结果显示，进入烤烟旺长期后，不施肥植烟土壤矿化速率较高，21～35 天的净矿化速率平均为 1.0 mg/（kg·d），35 天后由于降水量的减少，矿化速率开始下降，至烤烟打顶降至 0.3 mg/(kg·d)，之后土壤氮矿化速率再次上升，64～77 天的土壤氮矿化速率回升至 0.7 mg/（kg·d），烤烟移栽 11 周后，温度开始下降，随之土壤矿化速率急剧下降。与 2006 年 G 田和 D 田土壤矿化动态相比较，除 G 田烤烟移栽 49～63 天的矿化速率高于 Y 田和 D 田土壤外，三者的矿化动态趋于一致，表明尽管土壤氮素矿化受多种因素影响，矿化速率差异较大，但整体趋势具有相似性。

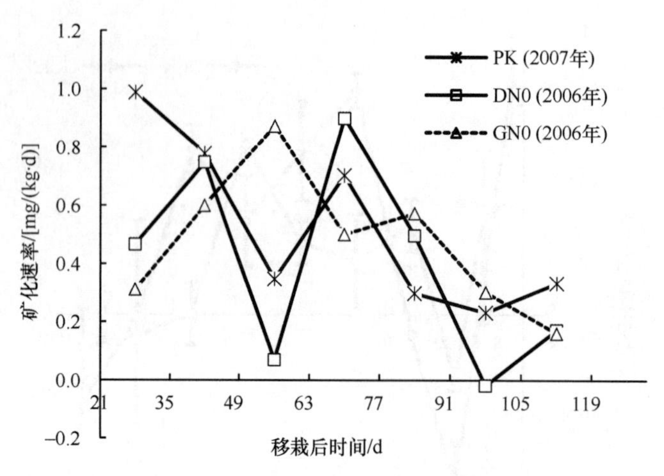

图 3-6　不同年份土壤氮矿化动态比较

3. 施氮肥后植烟土壤氮素矿化动态

研究结果显示，施肥（硝酸铵）后土壤净矿化速率急剧下降，如 GN6 处理 3 周土壤矿化速率降至–2.63 mg/（kg·d），之后矿化速率增加；D 田对施肥的反应更为强烈，基肥和追肥施用后均致使矿化速率急剧降低，DN6 在 3 周和 7 周的矿化速率分别为–2.93 mg/（kg·d）、–1.63 mg/（kg·d）。3 周后矿化速率增加，在 D 田矿化速率的增加尤为显著，DN6 在 4～5 周矿化速率达到 2.31 mg/（kg·d），显著高于不施肥土壤，而 G 土壤 3 周后的矿化速率较不施肥土壤矿化速率有所增加，但矿化速率增加相对缓和（图 3-7）。

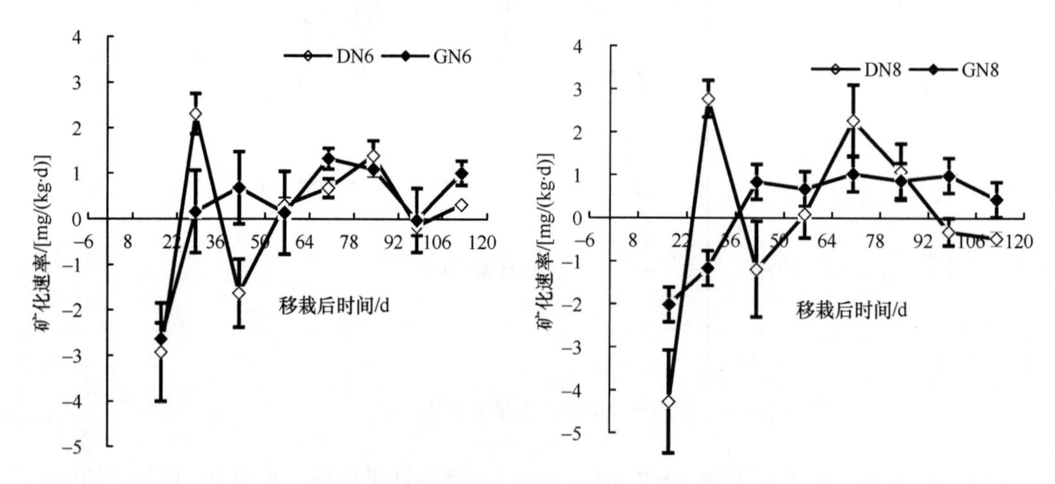

图 3-7　无机氮肥对土壤氮素矿化动态的影响

（三）烤烟不同生育阶段土壤氮素矿化量

不同轮作方式土壤的矿化氮累积结果显示，烤烟生长季内累积矿化氮量为 57.6～88.5 kg/hm^2。其中旱地轮作土壤（G 田）矿化氮累积量高于水旱轮作土壤（D 田），这可能与土壤有机质含量呈正相关。植烟土壤矿化氮累积量高于休闲土壤，表明烤烟的种植促进土壤氮素矿化。施肥植烟土壤矿化氮累积量低于植烟不施肥土壤，但方差分析显示两者差异不显著，因此施肥对土壤总矿化量无显著影响。

休闲土壤烤烟打顶后矿化氮累积量为总矿化氮累积量的 37%～44%，植烟不施肥土壤为 58%～65%。施肥植烟土壤在烤烟打顶前土壤净矿化为负值，氮肥对土壤氮素矿化产生显著负激发效应，但施肥显著增加烤烟打顶后土壤氮素矿化累积量，如图 3-8 所示，GN6、GN8 烤烟打顶后净矿化氮累积量达到 98.1 kg/hm^2、111.0 kg/hm^2，GCK、GN0 净矿化氮累积量则仅为 29.2 kg/hm^2、51.6 kg/hm^2，GN6、GN8 烤烟打顶后净矿化氮累积量显著高于 GCK、GN0。这是由于施入土壤的氮肥会被土壤固定一部分，成为土壤新固定的铵，这部分铵对作物较为有效，可在烟草生长期间释放出来。因此，施肥增加前期土壤无机氮浓度，但也同时增加烟草生长后期氮素供应过量的危险。

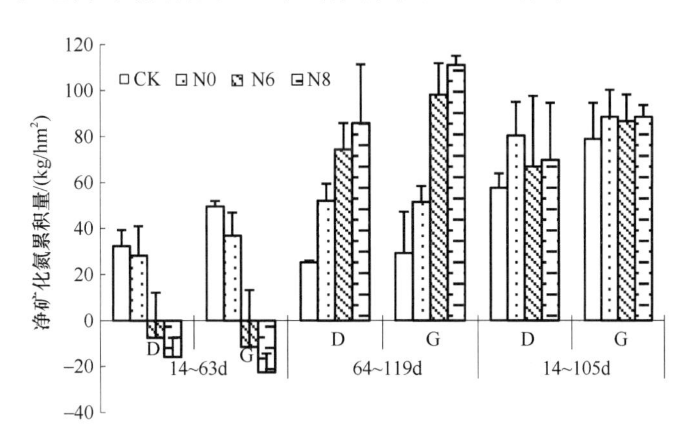

图 3-8　烟草不同生长阶段土壤矿化氮累积量

二、施肥及种植方式对烤烟的影响

（一）施肥及种植方式对烤烟干物质累积的影响

烟株干物质累积量是反映烟株生长发育状况的重要指标。研究结果显示，轮作方式对烤烟生长有显著影响（图 3-9），在旱地轮作土壤上（G），烤烟移栽 35 天内，烤烟生长缓慢，之后烤烟干物质累积量急剧增加，91 天烤烟干物质累积量达到最大，91 天后烤烟停止生长，进入成熟期。从图 3-9 可以看出 GN6、GN8 在 105 天后干物质累积量明显下降，这可能是由于 105 天后，烤烟充分发育，进入过熟期，造成烟株体内养分的过度消耗，干物质累积量下降；另外一方面是由于烤烟停止生长后，根系活力下降，部分细胞开始死亡腐烂，特别是一些细根，使干物质重下降。整个生长趋势呈现慢—快—持平型。而水旱轮作土壤上（D），烤烟移栽 35 天内干物质累积量缓慢，35 天后进入旺长阶段，烟株干物质累积量呈线性缓慢增加，直至烟叶成熟期，烤烟仍在生长。从旱地轮作和水旱轮作烤烟生长的对比可以看出，在烤烟移栽 35 天进入旺长期后，旱地轮作土壤上烟株生长速度显著高于水旱轮作烟株，较早进入成熟期，而水旱轮作土壤上烤烟进入旺长期，烟株生长的暴发力较弱，延迟了烤烟的生长。由此可以看出旱地轮作土壤更适合烟株品质的形成。

图 3-9 为不同轮作制度、不同施肥量下，烤烟干物质的累积动态，可以看出不同处理对烟叶、烟根和整株烟株干物质积累的影响一致。在相同轮作方式下，不同施肥处理

（90 kg/hm²、120 kg/hm²）烤烟干物质累积动态趋势一致，干物质累积量差异不显著，但高于不施肥处理，DN6、DN8 的干物质累积量显著高于 DN0，表明施肥虽然可以增加干物质累积量，但对干物质的累积动态影响不显著；且施肥超过一定量时增产效果不显著，如图 3-9 中 GN8 与 GN6、DN8 与 DN6 的干物质累积量无显著差异。

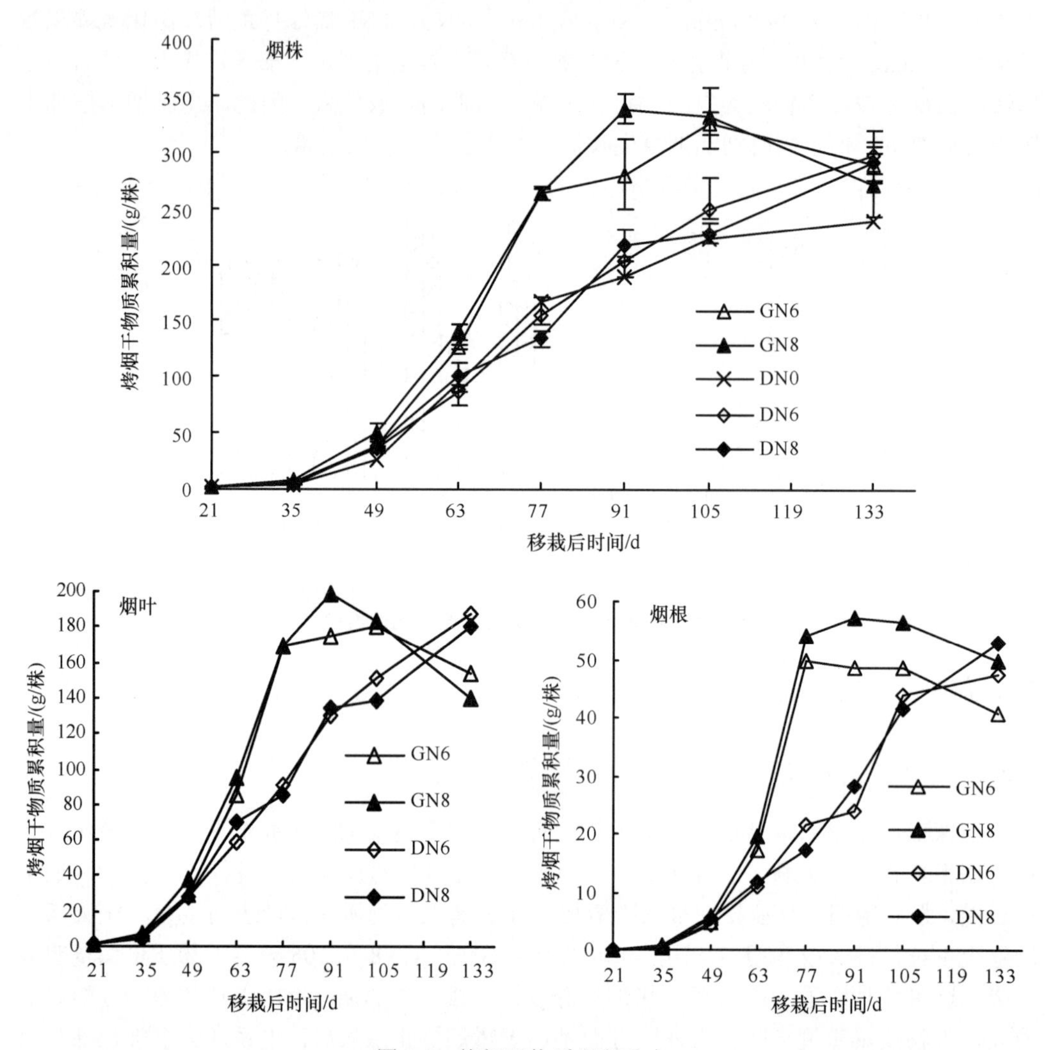

图 3-9　烤烟干物质累积动态

BPK. 饼肥配施磷肥钾肥；JPK. 油菜秸秆配施磷肥钾肥；StrPK. 稻草秸秆配施磷肥钾肥；PK. 磷肥钾肥

（二）施肥及种植方式对烤烟氮素累积动态的影响

烤烟氮累积动态与相应处理干物质累积动态一致。在旱地轮作土壤上氮素累积呈现慢—快—持平趋势，水旱轮作土壤上烤烟氮素累积动态呈现慢—持续增长型，两种轮作方式土壤上烤烟氮素累积存在显著差异。随着肥料氮施用量的增加，烤烟氮素累积量增加，如图 3-10 所示，GN8、DN8 总氮素累积量在整个烤烟生长期高于 GN6、DN6，因此肥料氮可以增加烟株氮素的累积量，但对烤烟氮素累积动态无显著影响。

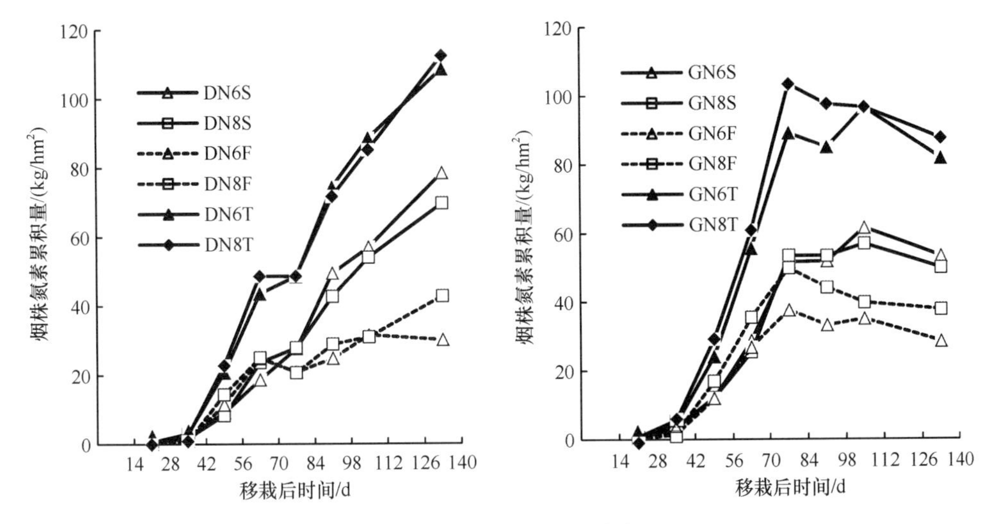

图 3-10　烤烟氮素累积动态

D. 水旱轮作土壤；G. 旱地轮作土壤；S. 土壤氮；F. 肥料氮；T. 总氮

肥料氮与土壤氮是烟株氮素的主要来源，各处理中肥料氮、土壤氮在烟株内的累积动态与总氮累积趋势一致（图 3-10）。在旱地轮作土壤上，烤烟移栽 11 周后，烤烟对土壤氮、肥料氮的吸收量均达到最大值；在水旱轮作土壤上，各处理打顶后烤烟对土壤氮和肥料氮的吸收均持续增加，直至烤烟生长结束。在烤烟生长结束时，GN6、GN8、DN6、DN8 的氮素累积总量分别为 81.7 kg/hm^2、87.6 kg/hm^2、108.5 kg/hm^2、112.3 kg/hm^2，打顶后烤烟氮素累积量分别占其总氮累积量的 32%、32%、60%、57%。表明两种轮作方式下，烤烟生育后期均存在氮素累积过多的现象，但这种现象在水旱轮作土壤上表现得更为显著。从图 3-10 可以看出，水旱轮作土壤上，烤烟打顶前对土壤氮和肥料氮的吸收大致为 1∶1，但打顶后烤烟对土壤氮的吸收比例显著大于对肥料氮的吸收比例。

（三）烤烟中肥料氮与土壤氮分配特征

土壤氮和肥料氮是烤烟氮素营养的来源，两者在烤烟体内的分配比例（表 3-1）显示，烤烟吸收的氮素 57.0%～72.3%来自土壤氮。不同轮作方式下，烤烟吸收土壤氮、肥料氮的比例不尽相同，水旱轮作土壤 DN8、DN6 处理烟株 62.0%、72.3%的氮来自土壤，而旱地轮作土壤 GN8、GN6 处理烟株中土壤氮比例分别为 57.0%、65.2%，表明水旱轮作土壤上烤烟吸收土壤氮的比例高于旱地轮作土壤。

烤烟移栽后烟株内肥料氮比例急剧升高，至 49 天或 63 天达到高峰，此时 GN6、GN8、DN6、DN8 处理肥料氮占烟株总氮的比例分别为 49.6%、58.2%、57%、63.3%，之后烤烟吸收氮中肥料氮的比例开始下降，土壤氮的比例开始增加。整个生育期呈现出前后期以土壤氮为主、中期以肥料氮为主的烟株氮素累积动态。烟株生长前期不同处理肥料氮累积比例为 DN6＞GN6、DN8＞GN8，表明旱地轮作土壤上更有利于烤烟生长前期对土壤氮的吸收；烤烟生长后期，水旱轮作土壤上，烟株肥料氮的比例持续下降，致使旱地土壤上烟株肥料氮积累比例显著高于水旱轮作土壤上烟株，说明水旱轮作土壤烟株生长后期吸收大量土壤氮。不同施肥量下，烟株中土壤氮和肥料氮的分配比例也不相同，GN8、

DN8 烟株中肥料氮的比例显著大于 GN6、DN6，随着施肥量的增加，烟株中肥料氮的比例也在增加。

表 3-1 烟株肥料氮与土壤氮分配特征的影响 （%）

处理	氮源	移栽后天数							
		21 天	35 天	49 天	63 天	77 天	91 天	105 在	119 天
GN6	肥料氮	31.3	31.1	49.6	48.3	42.1	39.0	36.3	34.8
	土壤氮	68.7	68.9	50.4	51.7	57.9	61.0	63.7	65.2
GN8	肥料氮	32.3	34.4	58.0	58.2	48.3	45.2	41.1	43.0
	土壤氮	67.7	65.6	42.0	41.8	51.7	54.8	58.9	57.0
DN6	肥料氮	26.8	33.0	55.6	57.0	45.6	41.2	28.7	27.7
	土壤氮	73.2	67.0	44.4	43.0	54.4	58.8	71.3	72.3
DN8	肥料氮	27.4	33.1	63.3	51.4	51.2	40.3	36.4	38.0
	土壤氮	72.6	66.9	36.7	48.6	48.8	59.7	63.6	62.0

注：GN6、GN8、DN6、DN8 分别代表旱地轮作土壤+90 kg/hm^{2}N，旱地轮作+120 kg/hm^{2}N，水旱轮作土壤+90 kg/hm^{2}N，水旱轮作+ 120 kg/hm^{2}N。

（四）烤烟不同部位肥料氮与土壤氮分配特征

结果表明，烟株不同部位累积氮素中，来源于土壤氮的比例均大于肥料氮（表 3-2），最高达到吸氮量的 80%，因此土壤氮是烤烟氮素的主要来源。不同部位肥料氮与土壤氮的分配比例差异显著，土壤氮比例为上部叶＞烟茎＞烟根＞中部叶＞下部叶，表明随着叶位的升高，肥料氮的比例降低，土壤氮的比例升高，以上部叶受土壤供氮的影响最大。不同轮作方式下，各个部位中肥料氮的比例表现为 GN6＞DN6、GN8＞DN8，不同施氮量下 GN8＞GN6、DN8＞DN6，表明水旱轮作土壤增加了成熟烟株各个部位中土壤氮的比例，肥料氮的比例下降；相同轮作方式土壤上，随着施氮量的增加，烟株各部位肥料氮比例相应增加。

表 3-2 不同器官土壤氮和肥料氮的分配

处理	氮源	不同器官氮分配/%				
		上部叶	中部叶	下部叶	根	茎
DN6	肥料氮	20.0c	31.9b	37.8a	30.7b	28.5b
	土壤氮	80.0	68.1	62.2	69.3	71.5
DN8	肥料氮	33.5ab	39.9a	48.1a	39.2ab	36.9a
	土壤氮	66.5	60.1	51.9	60.8	63.1
GN6	肥料氮	30.8b	34.5ab	41.6a	34.4ab	32.8ab
	土壤氮	69.2	65.5	58.4	65.6	67.2
GN8	肥料氮	40.2a	44.6a	50.4a	43.0a	41.4a
	土壤氮	59.8	55.4	49.6	57.0	58.6

注：同一测试指标每一列数字后相同字母表示差异不显著（Duncan，5%）。

（五）氮输入量对烟叶氮含量的影响

研究结果显示（表 3-3），各处理上部烟叶氮浓度均在 2.5%以上。统计分析显示，在水旱轮作土壤烤烟 N0 中部叶、下部叶氮含量显著低于旱作土壤烤烟的氮含量，上部叶差异不显著，而水旱轮作上 N8 处理烤烟下部叶、中部叶氮含量差异不显著，上部叶 DN8 显著高于 GN8。表明旱地轮作有利于提高下部、中部烟叶氮含量，也有利于上部烟叶品质的形成。肥料氮显著提高下部叶、中部叶氮浓度。在耕作制度和肥料氮的双重作用下，相关分析显示烤烟生长季的总矿化氮与烟叶氮含量相关不显著，与打顶后期土壤净矿化氮量呈显著相关，与上部叶和下部叶的相关性较中部叶高。

表 3-3　氮素供应与烟叶氮含量

处理	部位 N/%								
	上部叶			中部叶			下部叶		
	N0	N6	N8	N0	N6	N8	N0	N6	N8
G	2.61a	2.54a	2.92b	1.8a	1.62b	1.93a	1.33a	1.65a	1.88a
D	2.51a	3.04a	3.3a	1.6b	2.21a	2.38a	1.2b	1.66a	1.76a

注：每一列数字后相同字母表示差异不显著（Duncan，5%）。

第二节　有机肥对土壤供氮特征及烤烟的影响

有机肥在改善土壤的物理性能、创造良好的团粒结构、增加土壤微生物的活力、为作物提供较完全的养分等方面具有特别的优势。但由于有机肥属于缓效肥，在烟草栽培使用中尚存在争议。本研究在贵州金沙县良种繁殖基地进行，试验田为黄壤，选择菜籽饼肥、菜籽秸秆和稻草秸秆作为有机物料研究对象，采用 ^{15}N 示踪方法研究有机物料对烤烟氮素营养的贡献，采用田间取样及原位培养方法研究土壤供氮特征。

一、有机肥对土壤供氮特征的影响

（一）有机物质对植烟土壤无机氮动态的影响

从图 3-11a 可以看出，在烤烟移栽后 28～49 天及 77～112 天，饼肥配施 PK 肥（BPK）、稻草秸秆还田配施 PK 肥（StrPK）土壤无机氮含量高于对照（PK，单施 PK 肥），这可能是由于有机物质矿化增加了土壤无机氮含量所致。BPK、StrPK、PK 在烤烟移栽后 35 天内，土壤无机氮含量相对较高，7 周后土壤无机氮含量基本稳定。表明单施饼肥及稻草秸秆对土壤无机氮含量动态无影响。

从图 3-11b 可以看出，BNPK、StrPK、NPK 在追肥（25 天）后土壤无机氮含量增加，35 天之后 NPK 土壤无机氮含量迅速下降，BNPK、StrPK 处理土壤无机氮含量下降较 NPK 缓慢，这一方面与添加有机物的矿化有关，另一方面可能是由于添加的有机物降低了土壤氮损失。由此可以看出在 186 kg/hm² 饼肥施用量及 1650 kg/hm² 稻草秸秆还田量下，饼肥及稻草秸秆还田使烤烟生长前期的土壤无机氮含量降低，使烤烟生长后期的无机氮含量增加。

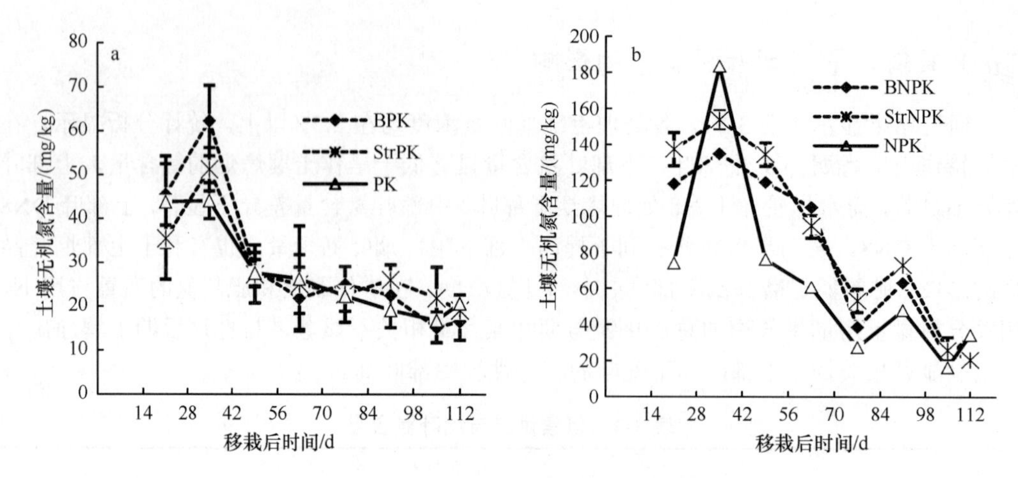

图 3-11　有机物质对土壤无机氮的影响

BPK、StrPK、PK、BNPK、StrNPK、NPK 分别为饼肥配施 P、K；稻草秸秆配施 P、K；单施 P、K；饼肥配施 N、P、K；稻草秸秆配施 N、P、K；施 N、P、K

（二）添加有机物植烟土壤氮素矿化动态

通过施用菜籽饼肥（BPK）、菜籽秸秆（JPK）、稻草秸秆（StrPK），研究有机添加物对土壤氮素矿化动态的影响。研究结果显示，饼肥提高土壤净矿化速率和土壤持续供氮能力，但对土壤氮素矿化动态无显著影响。烤烟进入旺长期后，饼肥已开始矿化释放无机氮，在 21～35 天的矿化速率高于不施氮对照（PK），提高了烤烟生长前期的土壤供氮能力。同时由于饼肥的缓效性，烤烟生长后期 BPK 的土壤氮矿化速率高于 PK，表明饼肥可以在整个生长季持续供氮。烤烟生长期间，BPK 的平均矿化速率为 0.52 mg/（kg·d），略高于 PK［0.47 mg/（kg·d）］。尽管饼肥对土壤氮素矿化产生正激发效应，使 BPK 的矿化速率高于 PK，但 BPK 的矿化动态与 PK 一致。

与饼肥不同，稻草还田显著抑制土壤氮素矿化。如图 3-12 所示，在稻草还田（StrPK）土壤上，烤烟移栽后 21～49 天，StrPK 处理土壤矿化速率显著低于 PK ，平均为 0.45 mg/（kg·d）；之后土壤净矿化速率迅速增加，49～63 天矿化速率达到高峰，表明还田的稻草

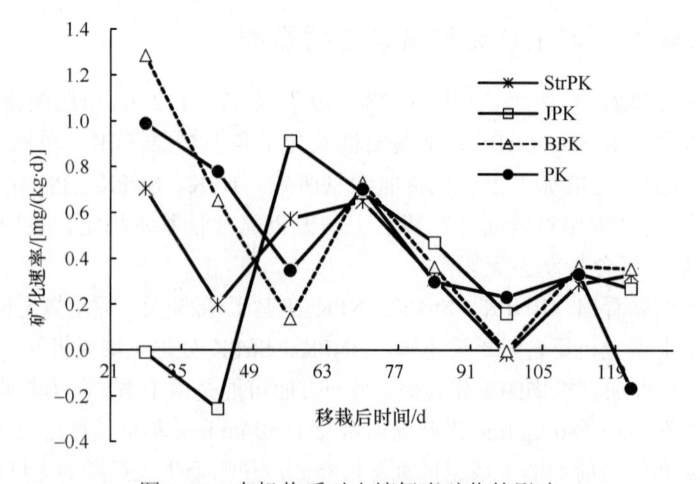

图 3-12　有机物质对土壤氮素矿化的影响

秸秆在烤烟移栽 49 天开始释放无机氮。烤烟打顶之后矿化速率缓慢下降，但在烤烟成熟期仍有一个小的供氮高峰，形成前低后高的土壤供氮趋势。StrPK 在烤烟生长季的平均矿化速率为 0.41 mg/（kg·d），低于不施肥土壤［PK：0.47 mg/（kg·d）］。

油菜秸秆还田（JPK）显著影响土壤氮素矿化动态。在烤烟移栽 49 天内，对土壤氮素矿化产生显著的负激发效应，使土壤氮素矿化产生净固定。烤烟移栽 49 天后，JPK 处理土壤氮矿化速率开始增加，表明油菜秸秆可能在烤烟移栽 49 天产生净矿化，烤烟打顶期矿化速率达峰值［0.9 mg/（kg·d）］，之后缓慢下降，但在烤烟生长后期的土壤氮素矿化速率 JPK 显著高于 PK。这与 StrPK 的土壤氮矿化趋势相同，但油菜秸秆的前期固定大于稻草秸秆，这与有机物的碳氮比有关。饼肥、稻草秸秆、油菜秸秆的全氮含量分别为 4.46%、1.39%、0.98%，随着有机物质氮比例的降低，有机物质的前期固定能力增强，矿化分解延缓。据此，可以选用碳氮比低的有机物质在烤烟移栽前施用，促进其分解；选用碳氮比大的有机物质在烤烟移栽后使用，使其能够固定烟草生长后期过剩的土壤氮，促进烟草品质的形成。

（三）有机物质对土壤氮素矿化的影响

有机物质试验研究显示（图 3-13），烤烟生长季（22～126 天）土壤净矿化量为 86.3～130.8 kg/hm^2，其中饼肥处理（BPK）土壤矿化量达到 130.8 kg/hm^2，高于对照（PK），表明饼肥对土壤氮素矿化产生正激发效应。稻草秸秆（StrPK）、油菜秸秆（JPK）的净矿化氮累积量分别为 102.2 kg/hm^2、86.3 kg/hm^2，显著低于 PK，表明稻草秸秆、油菜秸秆还田当季对土壤净矿量产生显著负激发效应。

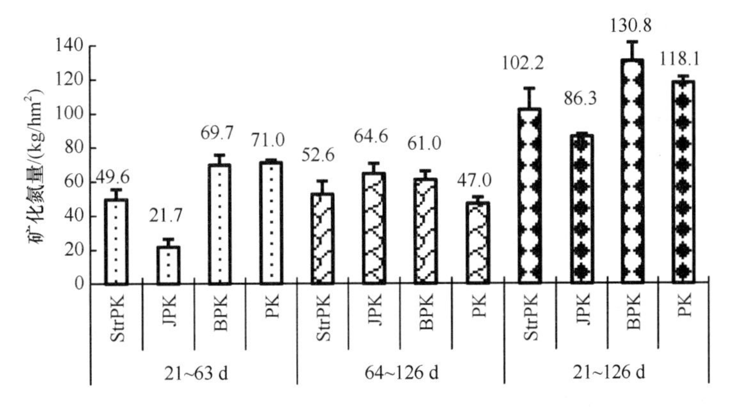

图 3-13 有机物质对土壤氮素矿化累积量的影响

烤烟生长的不同阶段，有机物质对土壤氮素矿化的作用不同。烤烟旺长期（烤烟移栽 21～63 天）土壤净矿化量为 21.7～69.7 kg/hm^2，占总矿化量的 25.2%～60.2%。不同处理在烤烟旺长期的矿化量依次为 PK、BPK、StrPK、JPK，其中饼肥在烤烟旺长期的土壤净矿化量略低于对照，但差异不显著。稻草还田、油菜秸秆还田土壤在旺长期的净矿化量显著低于 PK。表明稻草秸秆、油菜秸秆还田在旺长期对土壤氮素矿化产生显著负激发效应。

与此相反，在烤烟生长后期饼肥、稻草秸秆、油菜秸秆均增加土壤净矿化量，矿化量依次为 61.0 kg/hm²、52.6 kg/hm²、64.6 kg/hm²，其中油菜秸秆的正激发效应最大。烤烟打顶后土壤净矿化量占总矿化量的 39.8%～74.8%。由此可见，烤烟移栽时施用有机物质不利于烤烟品质的形成。

二、有机肥对烤烟的影响

（一）不同来源氮素对烤烟氮素营养的贡献及利用率

1. 饼肥与无机肥配施

饼肥与无机肥配施处理中，成熟烟株累积氮素以土壤氮为主（图 3-14），占烟株氮素总量的 75.8%；其次是肥料氮，为总氮比例的 23.2%；来源于饼肥氮的比例很低，仅为 1.0%。烟株不同部位来源于饼肥氮的比例差异显著，根、茎、下部叶、中部叶和上部叶的比例分别为 1.5%、0.9%、1.2%、0.7%和 0.6%。由此可见 225 kg/hm² 的饼肥用量对烟株氮素的贡献很小。随着叶位的升高，饼肥及肥料氮在累积氮中比例逐渐降低，土壤氮的比例逐渐增加。在饼肥用量为 225 kg/hm²、化肥氮用量为 90 kg/hm² 下，饼肥氮的利用率为 19.5%，肥料氮的利用率为 41.1%，饼肥的氮素利用率显著低于无机氮肥。

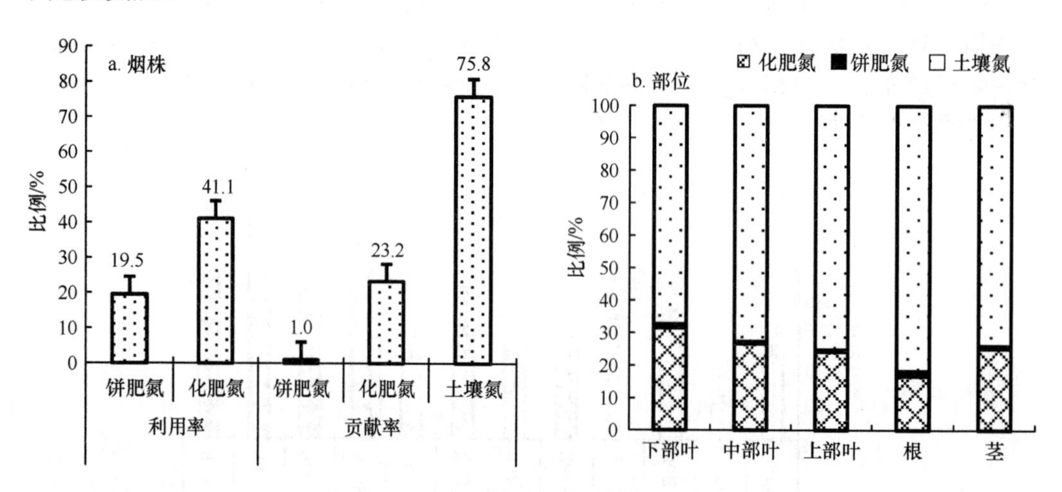

图 3-14 成熟期烤烟氮素来源及分配

2. 稻草秸秆与无机肥配施

稻草秸秆与无机氮配施处理中，成熟烟株累积氮素中 71.2%来自土壤，26.3%来自肥料，仅有 2.4%来自稻草秸秆，稻草秸秆对烤烟的贡献显著高于饼肥（$P<0.05$）。稻草秸秆氮对烟株不同部位的贡献为 2.8%～4.1%，根、茎、下部叶、中部叶和上部叶来自稻草秸秆氮素比例分别为 4.1%、2.5%、2.8%、2.5%和 2.3%，随着叶位的升高，来自稻草秸秆及肥料的氮素比例逐渐下降。稻草秸秆无机肥配施（StrNPK）与饼肥无机肥配施处理（BNPK）相比较，有机物质氮（稻草秸秆、饼肥）利用率、肥料氮的利用率差异不显著，在稻草还田用量为 1650 kg/hm²、肥料氮量为 90 kg/hm² 下，稻草秸秆氮的利用率为 15.5%。肥料氮利用率为 42.7%。

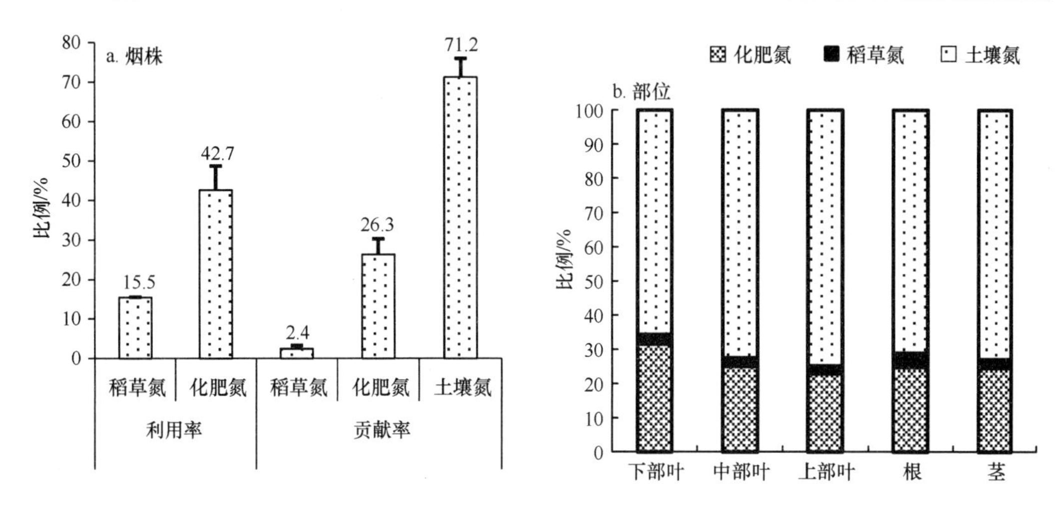

图 3-15　成熟期烤烟氮素来源及分配

3. 油菜秸秆与无机氮肥配施

与饼肥、稻草秸秆相同，油菜秸秆与无机氮肥配施处理中，成熟烟株累积氮中来自有机肥比例甚小，绝大部分来自土壤氮。如图 3-16 所示，成熟烟株累积氮素中 75.6%的氮素来自土壤氮，21.7%来自肥料氮，仅有 2.7%来自油菜秸秆氮。JNPK 处理肥料氮的利用率显著低于 BNPK、StrNPK；油菜秸秆对烤烟氮的贡献显著高于菜籽饼。根、茎、下部叶、中部叶和上部叶来自油菜秸秆的氮素比例分别为 5.0%、3.1%、3.2%、1.8%、1.6%，随着叶位的升高，来自油菜秸秆及肥料的氮素比例逐渐下降。在油菜秸秆还田量为 4950 kg/hm^2、肥料氮用量为 90 kg/hm^2 下，油菜秸秆的利用率仅为 8.1%，肥料氮的利用率为 35.7%，显著低于稻草秸秆、饼肥的氮素利用率。

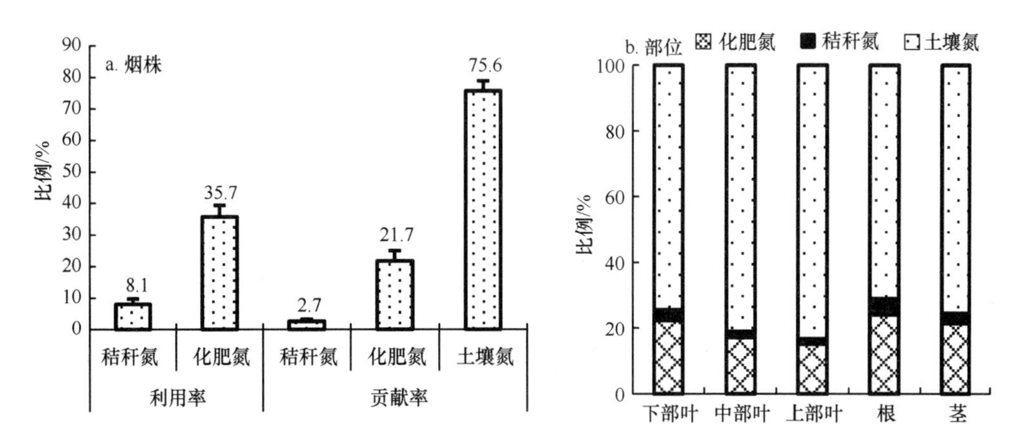

图 3-16　成熟期烤烟氮素来源及分配

从以上分析可以看出，不同有机肥的利用率差异显著，其中饼肥的利用率最高，其次为稻草秸秆，油菜秸秆最低，由此可见有机肥的利用率与其碳氮比密切相关，碳氮比越小的有机肥利用率越高。但不同有机肥对烤烟氮素营养的贡献率与有机肥的利用率并不一致，在本研究中饼肥的利用率最高，对烤烟氮的贡献却最小，相反油菜秸秆的利用率最低，对烤烟的贡献率最高。有机肥对烤烟氮的贡献与施用有机肥的折算纯氮量呈正相关，饼肥、稻草秸秆、油菜秸秆折算的纯氮量分别为 8.3 kg/hm^2、22.9 kg/hm^2、48.6 kg/hm^2，相应有机肥的贡献率依次为 1.0%、2.4%、2.7%。因此饼肥及秸秆类对烤烟氮素的贡献取决于有机肥的分解速率及施用量。但饼肥及秸秆类对烤烟氮的整体贡献较小，甚至可以忽略不计。

（二）烤烟氮素累积动态

研究结果显示，稻草还田配施 PK 肥（StrPK）、油菜秸秆还田配施 PK 肥（JPK）、饼肥配施 PK 肥（BPK）、单施 PK 肥（PK）处理烤烟氮素累积动态基本一致，即在移栽 35 天内，烤烟氮素累积量增长缓慢，35 天后烤烟进入旺长期，氮素累积量迅速增加，至 11 周烤烟基本停止对氮素的吸收。添加有机肥处理在烤烟打顶前的氮素累积量略低于对照（PK），但未达到显著水平。烤烟生长结束时，StrPK、JPK、BPK、PK 处理烟株氮累积量分别达到 123.1 kg/hm^2、102.6 kg/hm^2、95.0 kg/hm^2 和 106.1 kg/hm^2，其中稻草还田处理烤烟氮素累积量显著高于其他处理。StrPK、JPK、BPK、PK 处理烤烟打顶后的氮素累积量占其相应处理烤烟累积比例分别为 45.8%、35.8%、38.3%、26.4%。由此可见，单施饼肥、秸秆类增加烤烟生长后期的氮素吸收量。

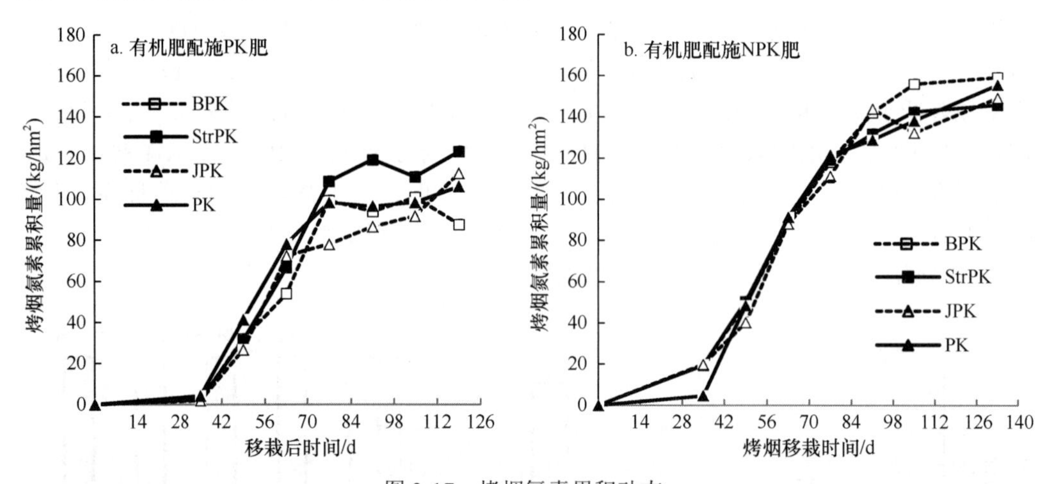

图 3-17 烤烟氮素累积动态

有机肥与无机肥配施及单施无机肥处理均显著增加烤烟氮素累积量，在烤烟生长结束时，StrNPK、JNPK、BNPK、NPK 处理分别达到 145.7 kg/hm^2、149.1 kg/hm^2、159.1 kg/hm^2、155.5 kg/hm^2，方差分析显示饼肥、稻草秸秆、油菜秸秆与无机氮肥配施对成熟烟株氮素累积量无显著影响。从图 3-17 可以看出，烤烟移栽 35 天内，有机肥与无机肥配施处理烟株氮素累积量显著高于单施无机氮肥处理（NPK），表明饼肥、稻草秸秆、油菜秸秆与无机肥配施可以促进烤烟缓苗期的生长。烤烟移栽 56 天后，有机肥与无机肥配施处理烤烟氮素累积动态与单施无机肥无显著差异，烤烟移栽 91 天后，烤烟氮素累积增加趋势趋于缓和，但仍在持续增加，表现出较强的后期增长力。烤烟打顶后，StrNPK、JNPK、BNPK、NPK 处理氮素累积量分别为相应处理氮素累积总量的 44.3%、37.9%、41.0%、41.3%，不同处理差异不显著，表明在饼肥、稻草秸秆、油菜秸秆与无机肥配施中，饼肥、稻草秸秆、油菜秸秆对烤烟氮素营养的作用不显著。

（三）烤烟不同来源氮累积动态

有机肥与无机氮肥配施中，有机肥氮在烟株体内的累积动态如图 3-18 所示。3 种有机肥氮在烟株内的累积动态基本一致，即随着烟株生育期的推进，有机肥氮累积量在烤烟移栽后 77 天趋于缓和，饼肥、稻草秸秆、油菜秸秆对成熟烟株的供氮量分别为 1.6 kg/hm²、3.5 kg/hm²、3.6 kg/hm²。烟株打顶后（63 天）饼肥、稻草秸秆、油菜秸秆的供氮量分别占其供氮总量的 4.4%、20.8%、18.9%。表明有机肥氮对烤烟生长后期氮素贡献不大。

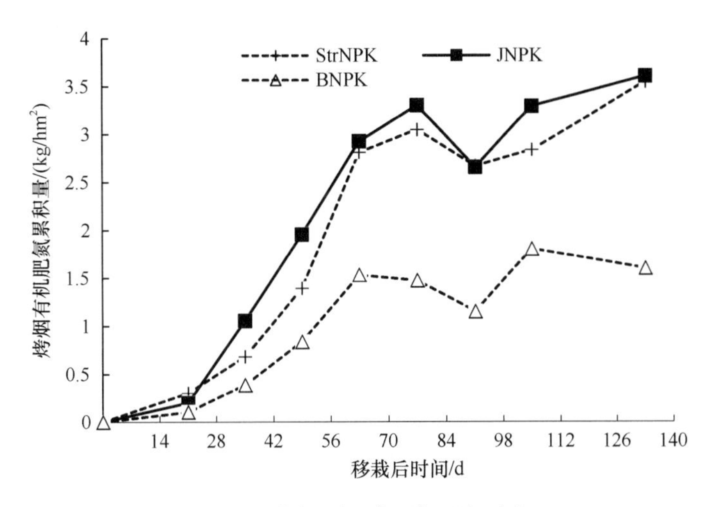

图 3-18　烤烟不同来源氮累积动态

（四）有机肥对烟叶品质的影响

1. 单施有机肥对烟叶品质的影响

烟叶内在化学成分含量适宜及各化学成分之间协调，是优质烟形成的必要条件。优质烟化学成分指标适宜含量范围一般为烟碱适宜含量为 1.5%～3.5%，总氮浓度为 1.5%～3.0%，还原糖浓度为 18.0%～22.0%，总糖浓度为 20.0%～24.0%，糖碱比（还原糖/烟碱）为 6.0～10.0，糖氮比（还原糖/总氮）为 6.0～10.0，氯含量为 0.3%～0.8%。

表 3-4 为不同处理烟叶品质特征。研究结果显示，对照处理（单施 PK 肥）上部叶、中部叶、下部叶烟碱、总氮含量、糖氮比、糖碱比均在适宜范围内，不足的是上部叶氯含量严重超标，影响烤烟的可燃性，表明在此烟田土壤供氮可以满足烤烟氮素营养的需求。稻草还田（StrPK）处理各部烟叶烟碱含量、总氮含量适宜，与对照相比烟碱含量略有下降；下部叶、中部叶的糖氮比、糖碱比偏高，而且各部位烟叶均存在烟叶氯含量超标的问题，因此单施稻草还田不利于烟叶品质的形成。油菜秸秆还田处理（JPK）显著降低下部叶和中部叶烟碱含量，显著增加上部叶烟碱含量，使上部叶烟碱含量偏高；下部叶总糖及还原糖含量偏低，氯含量过高的问题也同样存在。饼肥处理烟碱含量适宜，且有助于降低烟碱；总糖、还原糖的比例也较为适宜，但下部叶糖氮比、糖碱比偏高。总体而言，稻草还田、油菜秸秆还田、饼肥等有机物质可以降低烟碱含量，降低烟碱程度依次为油菜秸秆＞稻草秸秆＞饼肥。

表 3-4　不同处理烟叶品质特征

部位	处理	烟碱/%	总糖/%	还原糖/%	总氮/%	氯/%	糖氮比	糖碱比
B	StrPK	2.81	20.74	20.56	2.57	1.50	8.00	7.32
	JPK	3.67	20.26	18.87	2.82	1.43	6.68	5.14
	BPK	2.82	24.14	23.60	2.37	1.09	9.97	8.36
	PK	3.06	23.95	23.47	2.47	1.58	9.49	7.68
C	StrPK	2.02	25.24	23.93	1.95	1.48	12.25	11.87
	JPK	1.97	20.46	19.37	1.95	1.60	9.91	9.83
	BPK	2.54	24.23	23.80	2.27	1.52	10.49	9.38
	PK	3.12	21.11	19.73	2.24	0.96	8.80	6.31
X	StrPK	1.81	21.12	20.71	2.11	1.49	9.79	11.42
	JPK	1.55	16.47	14.80	2.29	1.43	6.48	9.57
	BPK	1.55	20.82	19.63	1.88	1.36	10.44	12.64
	PK	2.75	17.94	16.37	2.18	0.60	7.49	5.94

注：B、C、X 分别代表上部叶、中部叶、下部叶；StrPK、JPK、BPK、PK 分别为稻草还田处理、油菜秸秆还田、饼肥处理、对照。

2. 有机肥与无机肥配施对烟叶品质的影响

有机肥与无机氮肥配施及单施无机氮肥各处理的烟叶品质特征如表 3-5 所示。与不施氮肥处理（表 3-4：PK）相比，无机氮肥显著提高各部位烟叶烟碱含量。由于土壤供氮能力较高，能够满足优质烟叶生产的需要，因此无机氮肥的施用，使氮素供应过量，导致上部叶、中部叶烟碱含量偏高，而总糖、还原糖含量偏低。稻草秸秆与无机氮肥配施（StrNPK）处理烟碱含量低于单施无机肥处理（NPK），提高总糖、还原糖含量，使糖碱比更为适宜。油菜秸秆与无机氮肥配施（JNPK）对烤烟品质的影响和 StrNPK 处理相似，可以降低烟叶烟碱含量，提高还原糖、总糖含量，使烟叶化学成分更为协调。与 StrNPK 处理相比，JNPK 处理烟碱含量、总糖、还原糖含量略高。饼肥与无机氮肥配施，提高下部叶烟碱含量，降低上部叶及中部叶烟碱含量，但糖碱比及氮碱比低于优质烟标准。

表 3-5　不同处理烟叶品质特征

部位	处理	烟碱/%	总糖/%	还原糖/%	总氮/%	氯/%	糖氮比	糖碱比
B	StrNPK	3.63	18.82	17.88	2.95	0.86	6.11	4.97
	JNPK	3.66	20.56	19.88	2.85	0.92	6.97	5.48
	BNPK	3.77	18.40	17.24	2.99	0.76	5.79	4.59
	NPK	3.83	19.26	17.41	2.89	0.90	6.03	4.54
C	StrNPK	2.88	23.42	22.01	2.30	0.96	9.80	7.78
	JNPK	3.13	23.97	23.36	2.18	0.89	10.73	7.51
	BNPK	3.30	20.93	19.59	2.58	0.86	7.62	5.93
	NPK	3.56	22.61	21.04	2.58	0.80	8.14	5.91
X	StrNPK	2.25	19.79	17.93	2.30	0.85	7.86	7.96
	JNPK	2.28	19.10	17.71	2.11	0.73	8.58	7.70
	BNPK	3.03	15.76	14.31	2.61	0.84	5.45	4.70
	NPK	2.93	17.02	16.09	2.62	0.79	6.13	5.50

注：B、C、X 分别代表上部叶、中部叶、下部叶；StrNPK、JNPK、BNPK、NPK 分别代表稻草秸秆无机氮肥配施、油菜秸秆与无机氮肥配施、饼肥与无机氮肥配施及单施无机氮肥处理。

BNPK、StrNPK、JNPK 相比，稻草与无机氮肥配施对降低烟碱的作用幅度最大，其次为油菜秸秆，对降碱作用最小的是饼肥。从以上分析可以看出施用有机肥对当季烟叶品质无不良影响，反而可以作为降低烟叶烟碱含量的措施。

第三节　套作对土壤供氮特征及烤烟的影响

烟地间作小麦和套种绿豆、甘薯等是烤烟常见的栽培措施之一。从粮烟争地角度出发，烟地间作小麦、套种绿豆等，能充分利用土地、时间及光能等自然资源，有效地解决粮烟争地矛盾，又能提高单位面积的产量及产值。套种的农作物能与烤烟竞争吸收养分，从而减少土壤养分在烤烟生长中后期对烟株的供应量，达到提高烟叶品质的目的。并不是套种每一种作物对烟叶质量都有利，如套种豆科作物（绿豆），其固氮作用会增加对烟株氮素供应量，降低烟叶质量。套种非豆科作物对烤烟产量、质量的影响还未见报道，因此，选用籽粒苋和黑麦草、高丹草等非豆科作物，研究不同时间套种非豆科作物对植烟土壤矿化能力、烟株养分累积及烟叶产量和质量的影响，为减少烟株后期吸氮提供技术储备。

一、烤烟套种黑麦草和籽粒苋

（一）套种黑麦草和籽粒苋对供氮特征的影响

2007 年贵州省大方县黄壤烤烟套种黑麦草和籽粒苋的试验结果表明，烤烟移栽后 5 周套种黑麦草处理 43～70 天的土壤无机氮含量较对照高，7 周、9 周套种黑麦草表层土壤无机氮含量与对照差异不显著；5 周套种籽粒苋处理 43～70 天土壤无机氮含量低于对照，7 周、9 周套种籽粒苋土壤与对照差异较小。烤烟移栽 85～112 天，套种黑麦草与籽粒苋处理土壤无机氮含量均高于对照，表明套种作物使烤烟生长后期表层土壤无机氮含量增加（图 3-19）。

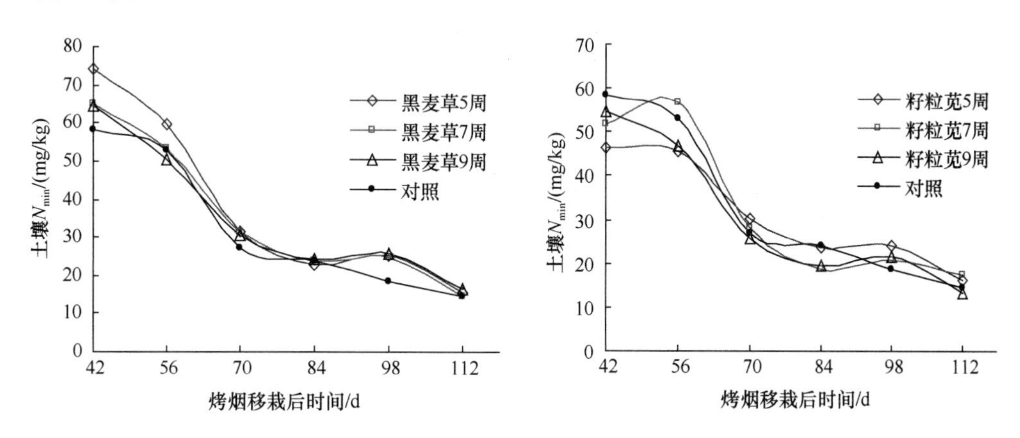

图 3-19　套种黑麦草和籽粒苋对表层土壤无机氮的影响

（二）套种对土壤氮素矿化特征的影响

田间原位培养结果显示，2007 年烤烟移栽后 43～112 天，此试验田黄壤的矿化以氮素净固定为主，套种作物减小氮素固持量，增加土壤氮素的释放，这在籽粒苋套种上尤为显著。在烤烟移栽后5周、7周、9周套种籽粒苋处理土壤烤烟移栽43～112天内土壤氮素释放速率均高于对照，并且氮素净固持量5周套种>7周套种>9周套种（图3-20）。

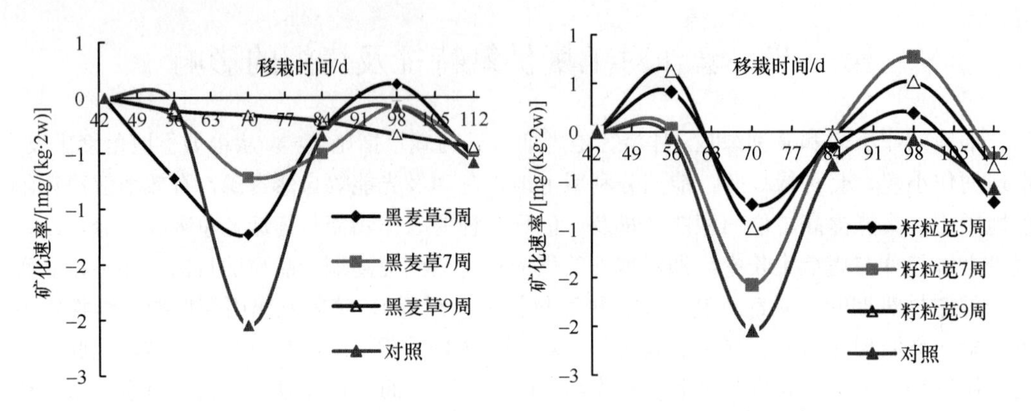

图3-20　套种黑麦草和籽粒苋对表层土壤氮素矿化的影响

（三）套种作物对氮素的吸收

2007年，不同处理对套种作物干物质产量的影响见图3-21。套种黑麦草的干物质产量以第5周套种为最高，平均达725.5 kg/hm^2，其次是第7周套种，平均为424.1 kg/hm^2，最低为第9周套种，平均干物质产量只有288 kg/hm^2，套种黑麦草的各处理差异明显，达到极显著水平（$P<0.01$）。套种籽粒苋的干物质产量与套种黑麦草的干物质产量相似，表现出第5周套种的干物质产量最高，达2206.3 kg/hm^2，随后逐渐降低，并且差异也达到极显著水平（$P<0.01$）。套种作物的氮素吸收量也随套种时间的推移而降低，表现为5周套种>7周套种>9周套种。

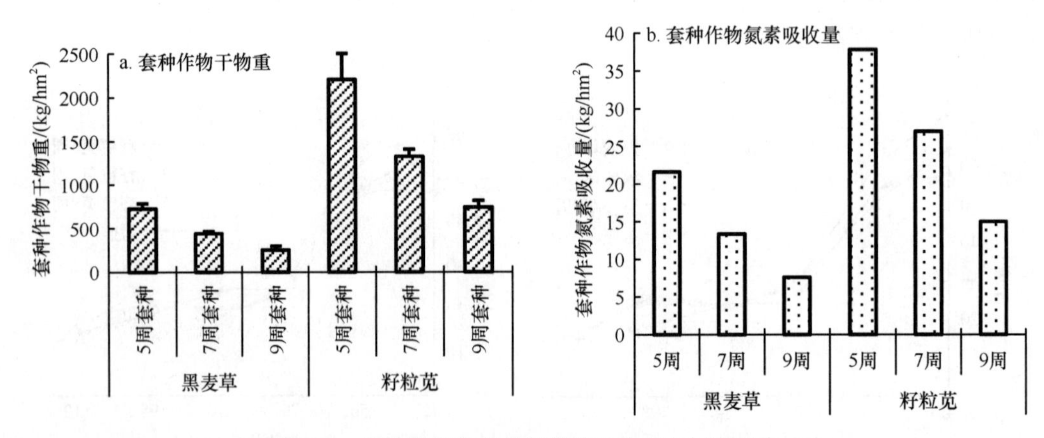

图3-21　套种黑麦草和籽粒苋的干物重及氮素吸收

（四）套种作物对烟叶化学成分的影响

2007年，各处理烟叶的产量和产值结果见表3-6。由表3-6可见，套种黑麦草的3个处理中，烟叶产量、产值、中上等烟率和均价以第5周套种黑麦草为最高，分别为149.64 kg/亩、

1393.61 元/亩、73.42%、9.36 元/kg；烟叶产量、产值、上等烟率和均价最低的是第 7 周套种黑麦草，为 140.73 kg/亩、1239.64 元/亩、31.74%和 8.83 元/kg；中上等烟率则以第 9 周套种黑麦草为最低，为 66.11%。套种籽粒苋烟叶产量以第 9 周套种最高，为 152.27 kg/亩，最低为第 5 周套种，为 136.76 kg/亩，具有随套种时间的推移而产量增加的趋势。烟叶的产值、上等烟率、中上等烟率和均价均以第 5 周套种为最高，分别为 1330.79 元/亩、37.33%、74.62%、9.75 元/kg，第 9 周套种的均为最低，分别为 1209.71 元/亩、26.69%、58.90%、8.04 元/kg，烟叶的产值、上等烟率、中上等烟率和均价均具有随套种时间的推移而明显降低的趋势。

表 3-6　2007 年不同处理对烤烟产值量的影响

处理	产量/（kg/亩）	产值/（元/亩）	上等烟率/%	中上等烟率/%	均价/（元/kg）
移栽后 5 周套种籽粒苋	136.76	1330.79	37.33	74.62	9.75
移栽后 7 周套种籽粒苋	139.8	1326	33.51	71.81	9.51
移栽后 9 周套种籽粒苋	152.27	1209.71	26.69	58.9	8.04
移栽后 5 周套种黑麦草	149.64	1393.61	34.45	73.42	9.36
移栽后 7 周套种黑麦草	140.73	1239.64	31.74	71.19	8.83
移栽后 9 周套种黑麦草	145.94	1314.98	34.62	66.11	9.04
对照	140.27	1161.8	23.72	68.02	8.33

二、烤烟套种黑麦草和高丹草

（一）套种黑麦草和高丹草对土壤无机氮的影响

云南红壤的套作结果显示，在烤烟移栽 28 天之前套作高丹草处理土壤无机氮含量低于对照，烤烟移栽 43 天后，5 周套种高丹草、7 周套种高丹草处理土壤无机氮高于对照和 9 周套种高丹草处理，且 5 周套种处理高于 7 周套种处理。烤烟套种黑麦草处理表现出相同规律，表明烤烟套种高丹草、黑麦草之后，可以增加表层土壤无机氮含量（图 3-22）。

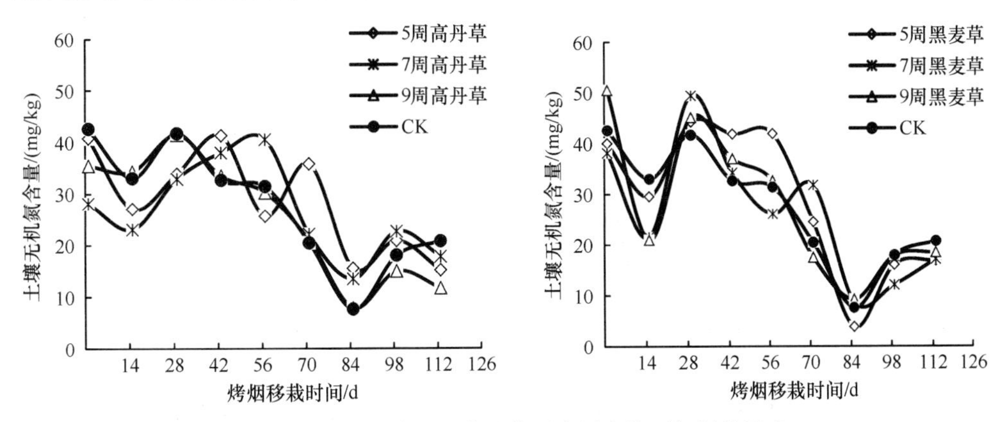

图 3-22　套种黑麦草和高丹草对表层土壤无机氮的影响

（二）套种黑麦草和高丹草对烤烟干物质累积的影响

烟叶采收结束后，各处理的烟株干物质累积量如图 3-23 所示。研究结果显示，各套种处理烟株干物质累积量均低于对照，以7周套种高丹草和黑麦草的干物质累积量最小。但统计分析显示，各处理间干物质累积量差异不显著。

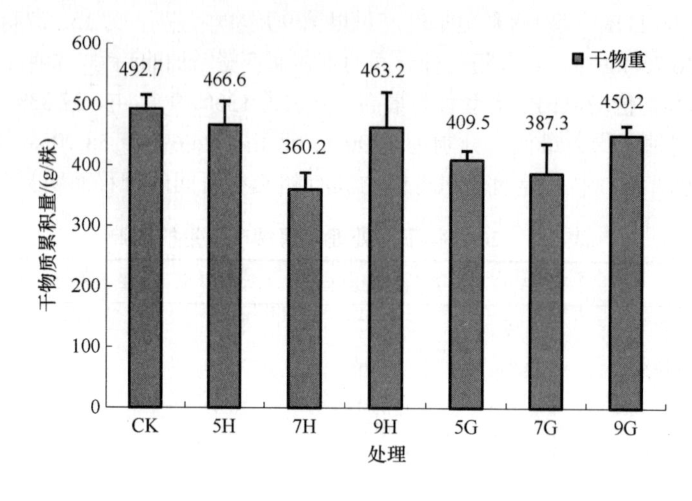

图3-23　套种黑麦草和高丹草烤烟干物质累积的影响
G. 高丹草；H. 黑麦草

（三）套种黑麦草和高丹草对烤烟经济产量的影响

对各处理烟叶的经济性状统计结果显示，7周套种高丹草烟叶均价、产量、产值高于对照，以7周套种高丹草的经济指标最高；5周套种黑麦草处理烟叶的各经济性状高于对照，7周、9周套种黑麦草处理烟叶产量和产值低于对照。但统计分析显示，各处理间干物质累积量差异不显著（表3-7）。

表3-7　套种黑麦草和高丹草烤烟经济性状的影响

套种作物	套种时间	产量/（kg/hm^2）	产值/（元/hm^2）	均价/（元/kg）	上等烟比例/%
高丹草	5周	1 920.6	22 966.7	12.0	67.9
	7周	2 512.4	30 769.0	12.2	74.4
	9周	2 342.5	28 806.3	12.2	71.4
黑麦草	5周	2 429.4	29 607.1	12.2	76.8
	7周	2 090.6	25 217.3	12.2	75.9
	9周	2 246.8	27 111.6	12.0	70.6
对照	CK	2 406.3	29 143.3	12.0	68.5
总计		2 278.3	27 660.2	12.1	72.2

第四节　农艺措施对土壤供氮特征的影响

一、不同农艺措施下植烟土壤氮素矿化动态

从图3-24可以看出，起垄方式、覆盖地膜、覆盖稻草等农艺措施对土壤氮素矿化动

态无显著影响，不同处理均呈现出前期固定后期土壤氮矿化速率增加的相同趋势，即追肥后土壤氮素矿化形成净固定，烤烟移栽49天后矿化速率增加，打顶期矿化速率达到最大，之后矿化速率开始下降，12～13周矿化速率进入低谷，但13周后土壤氮素矿化速率再次增加。

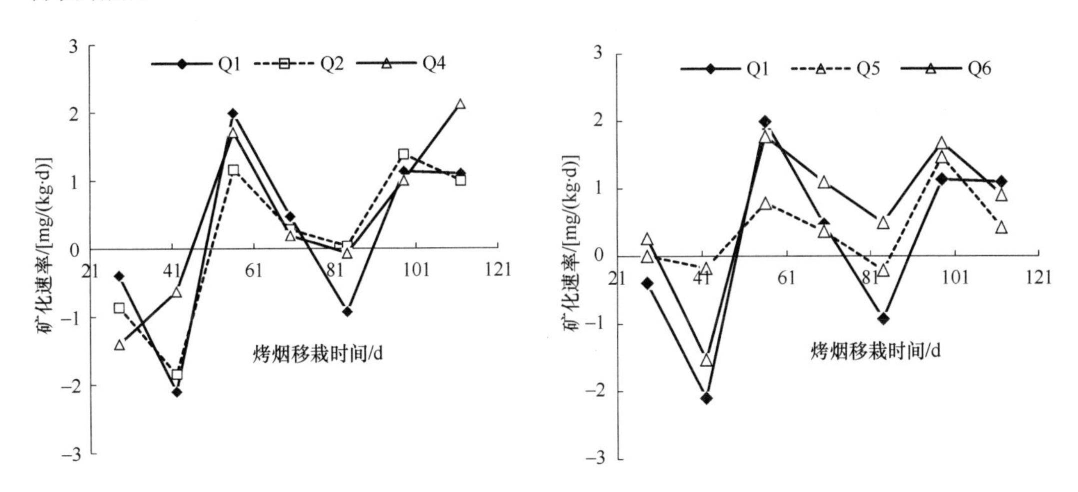

图3-24 不同农艺措施下土壤氮素矿化动态

Q1、Q2、Q4、Q5、Q6分别表示起低垄+高上厢、起高垄、覆盖稻草、起高垄+覆盖地膜、起高垄+覆盖地膜并减少20%施氮量

烤烟生长前期，起高垄（Q2）土壤氮矿化速率低于起低垄+高上厢（Q1），烤烟生长后期相反，Q2的矿化速率高于Q1。稻草覆盖（Q4）处理前期土壤矿化量和烤烟生长后期土壤矿化量均高于起低垄+高上厢（Q1），对总矿化量产生显著正激发效应。提前一个月起垄覆盖地膜并减少20%施氮量处理（Q6）整个生长季的土壤氮素矿化速率均高于Q1，尤其是打顶后覆盖地膜提高了土壤氮素矿化速率。提前一个月起高垄覆盖地膜（Q5）处理在烤烟生长后期的矿化量显著低于Q6。从优质烤烟的需氮规律来考虑，可以采用烤烟移栽前起高垄覆盖地膜，烤烟生长后期应及时揭膜。

二、农艺措施对土壤氮素矿化量的影响

在施肥条件下，起低垄+高上厢（Q1）、起高垄（Q2）、覆盖稻草（Q4）、起高垄+覆盖地膜（Q5）、起高垄+覆盖地膜并减少20%施氮量（Q6）处理在烤烟生长期间矿化氮总量为43.1 kg/hm^2、39.6 kg/hm^2、98.8 kg/hm^2、89.9 kg/hm^2、157.9 kg/hm^2。起高垄（Q2）与常规（起低垄+高上厢，Q1）相比较，Q2对烤烟生长前期土壤氮矿化产生负激发效应，对烤烟生长后期的土壤净矿化量则产生正激发效应，两者烤烟生长季的总矿化量差异不显著。稻草覆盖（Q4）处理前期土壤矿化量和烤烟后期土壤矿化量均高于起低垄+高上厢（Q1），对总矿化量产生显著正激发效应。提前一个月起高垄地膜覆盖（Q5）处理烤烟生长前期矿化量和后期矿化量显著高于Q1，对总矿化量的激发效应显著。提前一个月起高垄覆盖地膜并减少20%施肥量（Q6）处理烤烟生长前期的土壤矿化量与Q5差异不显著，烤烟生长后期土壤净矿化量Q5显著低于Q6，但高于Q1（图3-25）。

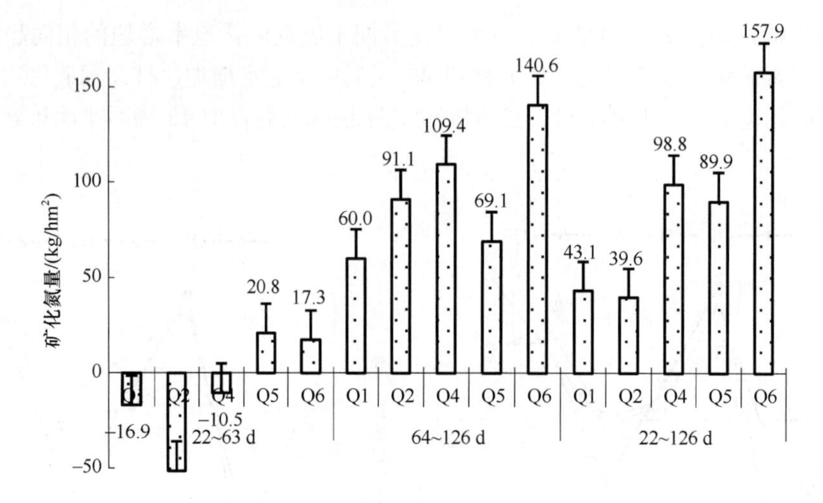

图 3-25　农艺措施对土壤氮素矿化的影响

Q1、Q2、Q4、Q5、Q6 分别表示起低垄+高上厢、起高垄、覆盖稻草、起高垄+覆盖地膜、起高垄+覆盖地膜并减少20%施氮量

第五节　植烟土壤氮素调控探讨

一、掌握植烟土壤矿化动态及矿化量

（一）植烟土壤矿化动态

通过对 D、G、Y 3 块植烟土壤氮矿化动态研究发现，三者的矿化动态趋于一致。三者的平均矿化速率及矿化氮累积量曲线如图 3-26 所示。从土壤氮素矿化速率曲线可以看出，在烤烟生长期间，土壤矿化氮供应存在两个高峰，一个是在烤烟旺长期（烤烟移栽 7 周左右），一个在烤烟打顶后（烤烟移栽 11 周左右）。翟昆（2005）认为土壤供氮动态在烤烟移栽后 40 天左右时出现第一次供氮高峰，土壤氮素大量矿化期出现第二次供氮小高峰。这与本节的研究相呼应。从矿化氮累积曲线可以看出，在烤烟生长期间，随着时间的推移矿化氮增加，至烤烟移栽 13 周左右，矿化氮累积量趋于平缓。王鹏（2007）

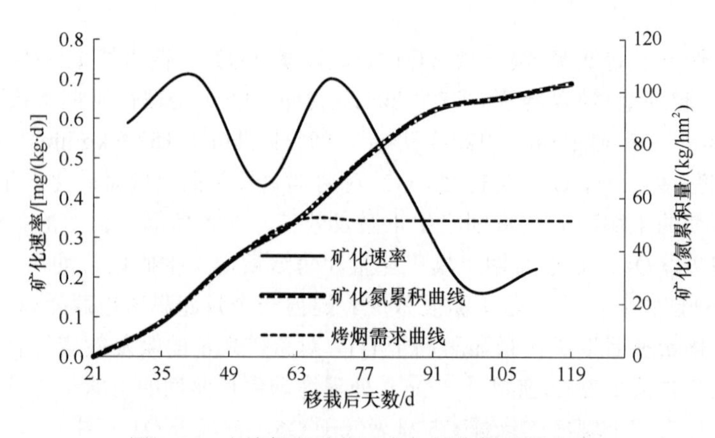

图 3-26　土壤氮素矿化速率与矿化氮累积曲线

对黄壤矿化的研究结果与此一致。烤烟打顶后土壤矿化氮累积量仍在持续增加，导致后期矿化氮供应量较大，这与烤烟需氮（土壤氮）曲线不相吻合。

（二）烤烟生长季土壤矿化氮量

表 3-8 总结了植烟土壤氮素矿化量结果，烤烟生长季内土壤氮素矿化量为 37.2～164.3 kg/hm^2，平均为 88.8 kg/hm^2，为土壤有机质含量的 0.10%～0.32%，平均为 0.17%，若以土壤有机质含氮量为 5%计算，有机氮烤烟生长季的矿化率为 3.4%，对多数矿质土壤而言，有机氮的矿化率为 1%～3%（黄昌勇，2000）。因此植烟土壤有机氮在烤烟生长期间的矿化率相对较高。

表 3-8　植烟土壤素矿化量

土壤类型	有机质/（g/kg）	矿化量/（kg/hm^2）		矿化率/%	数据来源
		休闲土壤	植烟土壤		
黄壤	15.7	57.6	80.4	0.21	本研究
	23.0	78.9	88.5	0.16	
黄壤性水稻土	33.8	—	118.1	0.15	
黄壤性水稻土	25.3	—	37.2	0.06	郭群召（2004）
	33.2	—	88.7	0.11	
黄壤	19.2	79.5	80.7	0.18	王鹏（2007）
	25.7	83.4	81.6	0.13	
	40.7	122.8	96.6	0.10	
红壤	8.0	61.8	62.2	0.32	焦永鸽（2008）
	15.6	83.4	65.5	0.17	
	20.2	75.5	68.5	0.14	
红壤性水稻土	22.9	—	122.3	0.22	谷海红等（2008）
	27.2	—	164.3	0.25	
平均	23.9	80.4	88.8	0.17	

土壤有机质是土壤肥力的重要参数，同时有机质又是土壤氮素矿化的底物，因此土壤有机质含量的高低对土壤氮素矿化量有重要的影响。本研究中 D、G、Y 3 块土壤的矿化结果表明，高有机质土壤氮素矿化量高于低有机质土壤氮素矿化量，而且有机质含量越高，在烟草生长后期土壤矿化氮的供应能力就强。将相关研究结果综合分析（表 3-8），发现土壤有机质含量与休闲土壤氮素矿化氮量极显著正相关（r=0.907，P<0.01）。在烤烟生长期间，各研究植烟土壤氮素矿化量与土壤有机质含量正相关，但将各试验结果综合分析显示，土壤有机质含量与植烟土壤矿化氮量的相关性未达到显著水平（r=0.43，P>0.05）。这可能与各试验所采取的不同栽培措施有关。

（三）烤烟生长不同阶段土壤氮素矿化量

本研究结果显示，有机质含量为 15.7 mg/kg、23.0 mg/kg 的休闲土壤，烤烟打顶后矿化氮量为总矿化氮量的 37%、44%，有机质含量为 15.7 mg/kg（D 田）、23.0 mg/kg（G 田）、33.8 mg/kg（Y 田）的不施氮肥植烟土壤烤烟打顶后矿化氮积量为总矿化氮量的 58%、65%和 38.0%，Y 田低于 D 田和 G 田。这可能是由于 2007 年烤烟生长期间温度显著高于

2006 年，促进了 Y 田烤烟生长前期土壤氮素矿化，使烤烟生长后期矿化氮比例降低。谷海红等（2008）认为植烟不施肥土壤烟株打顶后矿化氮量占总矿化氮量的 46.53%～50.80%。焦永鸽（2008）研究显示，打顶（移栽后 9 周）后土壤氮素矿化量占总矿化量的 50.71%～74.98%。因此不施肥植烟土壤烤烟打顶后矿化氮量占总矿化氮量的 50%左右，烤烟打顶后土壤仍具有较强的供氮能力。

二、施肥对土壤供氮的影响

（一）肥料氮对土壤氮素矿化的影响

无机氮肥的施用导致土壤氮的净矿化动态波动幅度变大。施肥后，烤烟生长前期土壤净矿化速率降低，烤烟生长后期土壤矿化增加，整个生长季矿化总量降低，这与甘建民等（2003）和王启现等（2004）的研究结果相一致。赵明宇等（1996）通过对施用无机氮肥后耕层土壤中固定态铵的测定，认为施肥后，土壤中固定态铵均有一定幅度增加，以后由于大豆苗期吸氮而使固定态铵含量减少（图 3-27）。万大娟等（2007）对湖南省的代表性旱耕地土壤固定态铵的研究显示，作物生育前、中期，由于氮肥的施入和土壤有机氮的矿化，土壤中固定态铵含量迅速上升；作物生育后期，由于作物的生长对土壤有效氮的吸收使土壤有效氮含量降低，促进了土壤固定态铵的释放。这与本研究中土壤矿化量的变化动态相吻合。焦永鸽（2008）、谷海红等（2008）认为施肥土壤的净矿化氮量低于不施肥土壤，但并未发现大量净固定，这是黄壤、红壤、水稻土的黏土矿物组成不同造成的。黄壤黏土矿物以蛭石为主、红壤黏土矿物以高岭石为主，因此，黄壤对氮肥的固定能力大于红壤的固定能力。

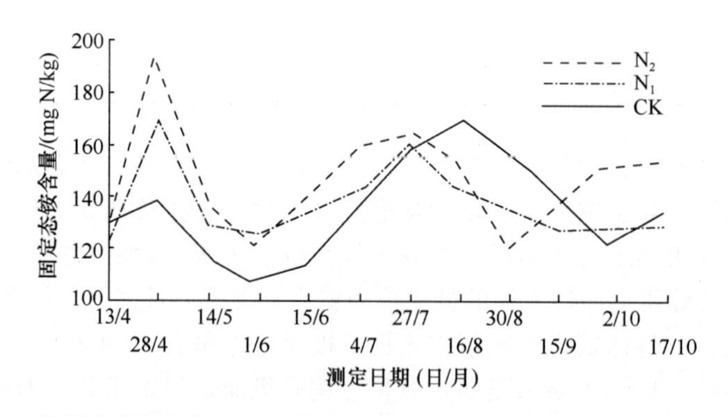

图 3-27　施用化学氮肥各处理土壤固定态铵含量的季节变化（赵明宇，1996）

（二）有机物质对土壤氮素矿化的影响

饼肥施入土壤后 21 天已开始产生净矿化，可以在整个烤烟生长季持续供氮，提高土壤矿化速率。王鹏（2007）通过培养试验研究发现，饼肥在施入土壤后 60 天，土壤无机氮含量趋于稳定，吴雪萍等（2007）将风干土壤与风干饼肥混合后装入沙滤管在田间培养发现，烤烟生长前期（50 天）释放氮 71. 03%～85.93%，占烟草整个生育期氮素释放量的 79.67%～90.49%。但施用饼肥对土壤净矿化动态无显著影响。稻草秸秆与油菜秸秆在施入土壤初期形成矿化氮的净固持，49 天开始矿化释放无机氮，增加了烤烟生长后期的土壤氮矿化速率，形成前低后高的矿化速率动态。这与以往的研究有相似之处，如娄运生和徐本生（1998）的试验发现，不同时期玉米秸秆还田对土壤氮素养分的影响不同，无论单施还是与化肥配施，前期（沙土 50 天，黏土 85 天）均不释放矿化氮，土壤碱解氮含量低于空白土壤，但是后期均大于单施化肥处理。总之，饼肥对土壤氮素矿化量产生正激发效应，增加土壤氮素矿化量；稻草还田、油菜秸秆还田对烤烟生长前期的土壤氮素矿化产生负激发效应，降低土壤氮矿化量；对烟草生长后期产生显著正激发效应，增加土壤氮矿化量。

（三）有机添加物与烤烟氮素营养

饼肥、稻草秸秆、油菜秸秆 3 种有机肥氮在烟株内的累积动态基本一致，有机肥氮累积量在烤烟移栽 77 天供应量达到最大，之后有机肥氮累积量不再增加。烟株打顶后（63 天）饼肥、稻草秸秆、油菜秸秆的供氮量分别占其供氮总量的 4.4%、20.8%、18.9%。表明烤烟对有机肥氮的吸收规律基本符合优质烟的需氮规律。这与刘卫群等（2003）的研究结果一致。通过对烟叶品质分析发现，有机肥与无机肥配施可以降低烟碱含量，增加糖碱比，提高烟叶品质。武雪萍等（2007）研究发现，饼肥能够满足烟草最大吸收期对氮的需要，后期释放出较少的氮量，既有利于烟叶成热期落黄又不会因缺肥造成烟叶早衰而影响品质，这与本研究结果不谋而合。瞿兴等（2004）研究认为秸秆配施适量化肥是一项调控高肥力植烟土壤氮素过剩的有效措施，配施秸秆增加烟株茎围和可采收叶片数，降低烟株炭疽病及赤星病发生率，还可提高下、中、上部烟叶中总糖含量，降低烟碱、总氮及蛋白质含量，并使香气质、香气量、杂气、余味和刺激性等指标优于不加秸秆处理。由此可见秸秆与化肥配施可以作为降低烟叶烟碱含量的一项措施。但应注意以前一直种植玉米的土壤改种烟草后，土壤氯含量及秸秆中氯的问题。

三、通过农艺措施调控土壤供氮

（一）套种对土壤氮素矿化及烤烟的影响

套种黑麦草、籽粒苋和高丹草等非豆科作物，可以减少土壤无机氮的固定，土壤氮的净释放量提高，增加了表层土壤无机氮含量；同时由于套种作物对土壤氮的竞争吸收，减少了烤烟生长后期的氮素吸收量，但对烤烟干物质累积量无显著影响，改善了烟叶品质，提高了烟叶经济性状。以 5 周套种黑麦草和籽粒苋、7 周套种高丹草的烟叶产值最高。

（二）农艺措施与土壤氮素矿化动态

烤烟生长前期，起高垄（Q2）土壤氮矿化速率低于起低垄+高上厢（Q1），烤烟生长后期相反，Q2 的矿化速率高于 Q1，这是由于土壤有机氮的分布具有层次性，不同层次矿化率是不同的，一般是耕层土壤有机氮含量高，矿化快，下层含量低，矿化慢而稳定，起高垄较起低垄使土壤层次深，因此在烤烟移栽初期矿化相对较慢，而起低垄+高上厢则在烤烟生长后期矿化速率较慢。提前一个月起垄覆盖地膜处理整个生长季的土壤氮素矿化速率均高于 Q1，尤其是打顶后覆盖地膜提高土壤氮素矿化速率。这一方面是由于地膜覆盖后增加土壤温度和水分，其次是起高垄土壤经过一段熟化过程，提高矿化速率。烤烟生长后期，移栽前一个月起高垄覆盖地膜并减少 20%施肥量（Q6）较 Q5 的矿化速率高，这是由于土壤施肥量减少，前期土壤固定减少，后期固定氮的释放降低，导致矿化速率的下降。覆盖稻草（Q4）与稻草还田不同，覆盖稻草对土壤氮素矿化没有产生显著影响，烤烟生长后期的矿化速率较覆盖地膜低。移栽前起高垄覆盖地膜符合烤烟生长前期对氮素的需求，但覆盖地膜也同时增加烤烟生长后的土壤氮矿化量，因此从优质烤烟的需氮规律来考虑，可以采用烤烟移栽前起高垄覆盖地膜，但在烤烟生长后期应及时揭膜，减少土壤矿化氮供应。

四、通过轮作调控土壤供氮

（一）肥料氮与轮作方式对烤烟干物质及氮素累积动态的影响

肥料氮增加烤烟干物质及氮素累积量，但对干物质的累积动态影响不显著，刘泓（1998）研究也认为施肥只提高干物质累积量，但是不影响干物质累积规律，这与本节的结论相一致。不同轮作方式对烤烟干物质及氮素累积动态差异显著，旱地轮作土壤上烤烟干物质及氮素累积动态呈慢—快—持平型，水旱轮作土壤上烤烟干物质及氮素累积动态呈慢—缓慢持续增加型。这可能是由于水旱轮作土壤质地黏重、偏酸，影响烟草根系生长，造成烤烟生长期生长缓慢，氮素累积量低。与本研究类似，蓟红霞（2006）研究发现，在砂质土壤上，低、中、高 3 种有机质水平上烤烟地上部干物质累积分别出现在 5～9 周、9～13 周和 7～11 周，壤质土壤上，低、中有机质水平上均出现在 7～11 周；而在粉砂质壤土上，中有机质水平上地上部干物质累积在 13 周后有所下降，低和高有机质水平上到采收结束时仍表现出较强累积强度。

（二）肥料氮与轮作方式对烤烟氮素吸收的影响

本研究结果显示，旱地轮作土壤有利于烤烟生长前期对土壤氮素的吸收，水旱轮作土壤增加了烤烟生长后期对土壤氮的吸收。李忠佩和林心雄（2002）通过对红壤性水稻土研究发现，不同轮作方式下，作物本身吸氮特性的差异及前后茬作物的相互作用，均会影响其生长土壤的有机氮矿化水平。因此旱地轮作与水旱轮作土壤上烤烟氮素吸收的差异可能是土壤氮素矿化的差异造成的。

优质烟叶生产要求打顶后烟株吸氮量不超过总氮量的 10%。本试验发现，水旱轮作黄壤上打顶后烟株吸氮量是累积氮量的 56.6%～57.8%，而打顶前烟株吸收的土壤氮量仅是打顶后氮素吸收量的 7.9%～19.6%；旱地轮作黄壤上，打顶后烟株吸氮量是其累积氮量的 41.1%～42.5%，其中打顶前烟株吸收的土壤氮量仅是打顶后氮素吸收量的 30.1%～38.6%，因此打顶后烟株吸收的氮绝大部分来自土壤氮，这与以往的研究结果相同。因此在两种轮作方式土壤上均存在烤烟生长后期氮素累积过多的现象，但这种现象在水旱轮作土壤上表现得更为显著。

参 考 文 献

甘建民, 孟盈, 郑征, 等. 2003. 施肥对热带雨林下种植砂仁土壤氮矿化和硝化作用的影响. 农业环境科学学报, 22(2): 174–177.

谷海红, 刘宏斌, 王树会, 等. 2008. 应用 ^{15}N 示踪研究不同来源氮素在烤烟体内的累积和分配. 中国农业科学, 41(9): 2693–2702.

郭群召. 2004. 氮及土壤氮素矿化对烤烟生长及品质的影响. 河南农业大学硕士学位论文.

黄昌勇. 2000. 土壤学. 北京: 中国农业出版社.

蓟红霞. 2006. 土壤条件对烤烟生长、养分累积和品质的影响. 中国农业科学院硕士学位论文.

焦永鸽. 2008. 红壤供氮特性及对烤烟氮素营养的贡献. 中国农业科学院硕士学位论文.

李跃武, 黄其华. 1999. 南方水稻田生产国际型优势烤烟探讨. 烟草科技, (4): 37–39.

李忠佩, 林心雄. 2002. 田间条件下红壤水稻土有机碳的矿化量研究. 土壤, 34(6): 310–314.

刘泓. 1998. 有机肥与化肥配施对烤烟 K 吸收和干物质积累的影响. 福建农业大学学报, 27(3): 337–341.

刘卫群, 李天福, 郭红祥, 等. 2003. 配施芝麻饼肥对烟株氮素吸收及其在烟碱、蛋白质和醚提物中分配的影响. 中国烟草学报, 9(1): 30–34.

娄运生, 徐本生. 1998. 玉米秸配施氮磷肥对其腐解及潮土供氮磷特性的影响. 土壤肥料, (2): 22–25.

瞿兴, 王毅, 左天龙, 等. 2004. 秸秆和氮肥配合施用对高肥力土壤烤烟产量和品质的影响. 华中农业大学学报, 23(4): 426–430.

万大娟, 张杨珠, 杨曾平. 2007. 作物生育期间旱地土壤固定态铵的动态变化与释放. 湖南农业科学, (6): 70–72.

王鹏. 2007. 土壤与氮营养对烤烟氮吸收分配及品质影响. 中国农业科学院博士学位论文.

王启现, 王璞, 翟志席, 等. 2004. 施氮期对夏玉米土壤无机氮变化及净矿化量的影响. 干旱地区农业研究, 22(2): 11–16.

武雪萍, 钟秀明, 刘增俊. 2007. 饼肥在植烟土壤中的矿化速率和腐殖化系数分析. 中国土壤与肥料, (5): 32–35.

赵明宇, 韩晓日, 郭鹏程. 1996. 不同施肥条件下土壤固定态铵含量的动态变化. 土壤通报, 27(2): 79–81.

第四章 烤烟农田生态系统氮素评价

土壤氮在烤烟氮素营养中占有重要地位（左天觉，1993；晁逢春，2003），特别是后期土壤氮素矿化量对烟叶品质起着至关重要的作用。预测土壤供氮量，是有效管理养分所必需的。通过模型预测氮素供应，可以使田间的劳动强度、成本等最小化，对许多研究者及管理者来说不失为一种好的选择。但对植烟土壤氮素矿化动态的模拟研究还很少见。为此本研究通过室内培养和田间培养，模拟植烟黄壤有机氮矿化，为田间土壤有机氮矿化的预测及烟草氮素营养的调控提供依据。

第一节 植烟土壤潜在供氮能力评价

矿化势（No）是指在既定条件下经过无限长时间后，土壤氮素矿化可释放的最大氮量，是土壤氮素矿化的重要参数。它反映了土壤的潜在供氮能力，与植物吸氮量呈显著正相关（唐玉琢等，1991；杜建军等，2005），可作为土壤供氮能力的指标（叶优良和张福锁，2001）。近年来，针对旱地粮田土壤供氮量的研究相对较多。白志坚和赵更生（1981）的研究结果显示，黄绵土、黑垆土、娄土、黄泥田的潜在矿化潜力分别为（73±19）mg/kg、（85±12）mg/kg、（97±23）mg/kg、69 mg/kg。吕珊兰等（1996）应用好气培养方法研究了山西土壤氮矿化势并对土壤供氮量进行预测，发现耕层土壤（0～20 cm）可矿化氮量平均为 73.2 kg/hm^2N，可以用土壤有机碳含量来预测土壤供氮量。朱兆良和文启孝（1992）总结以往的结果，认为我国土壤供氮量变动于 34.5～126 kg/hm^2 N，占高产作物吸氮量的 45%～83%。我国植烟土壤类型复杂，许多烟田土壤质地黏重，有机质含量偏高。据我国植烟土壤养分状况普查成果，全国50%以上的植烟土壤有机质含量超过25 g/kg（李志宏等，2004），加之烤烟生长期间高温高湿的气候条件，因此推测我国植烟土壤氮的供应可能较高，对烟草氮素供应和品质形成产生重要影响。近年来虽然也开展了一些相关工作，但总体来看，我国植烟土壤供氮能力的研究尚较薄弱。因此本试验通过对我国主要烟草种植区大范围取样，采用好气间歇淋洗方法研究植烟土壤的潜在供氮能力，旨在为烟草施肥和种植区划提供依据。

一、植烟土壤矿化潜力整体状况

（一）植烟土壤矿化潜力

我国植烟土壤矿化势平均为 130.6 mg/kg（表 4-1），0～30 cm 表层土壤累积潜在供氮量达到 470.2 kg/hm^2，是我国烟草推荐施氮量（90 kg/hm^2）的 5 倍之多，表明土壤潜在供氮能力水平较高。这也是造成我国烟草后期供氮过量的主要原因之一。我国植烟土壤 No 变幅较大，分布在 5.5～372.4 mg/kg，最大值是最小值的几十倍，但 80%以上集中在

20～200 mg/kg，分散中呈现集中趋势。No 分布偏度（skewness）达到了其标准误的 2 倍以上，因此 No 属于偏正态分布，且峰度（kurtosis）高于正态分布。

表 4-1　植烟土壤氮素矿化势及矿化速率常数

参数		矿化势/（mg/kg）	矿化速率常数/天
样品数	N	561	117
平均值	Mean	130.6	0.017
标准差	Std.	64.6	0.006
偏度	Skewness	0.4	0.45
偏度标准误	Std. Error	0.1	0.23
峰度	Kurtosis	–0.3	–0.23
峰度标准误	Std. Error	0.2	0.033
最小值	Minimum	5.5	0.004
最大值	Maximum	372.4	0.033
变异系数/%	CV	49.5	37.2

植烟土壤矿化势（No）呈偏正态分布，这与其他报道相同。Cambardella 等（1994）发现 No 呈对数正态分布，Robertson 等（1993）认为净矿化氮也为对数正态分布。而且土壤的许多物理、化学、生物特征均类似对数正态分布（Parkin et al.，1988），近期研究表明，对这些数据进行对数转换后，也并非正态分布。有研究者认为非正态分布的原因是人为因素的影响造成的，但目前尚未有确切的研究结论。本研究中 No 的变异系数为 49.5%，高于其他研究者的报道。Goovaerts 和 Chiang（1993）在 0.16 hm^2 实验田中采集 73 个样品，两次采样的变异系数分别为 36.4%和 29.5%；Cambardella 等（1994）在 10 hm^2 的实验田中采集 72 个样品，变异系数为 24%；Mahmoudjafari 等（1997）在 1.7 hm^2 上采集 108 个点，变异系数仅为 15%。这可能与本研究取样的范围广、覆盖面积大、涉及土壤类型多有关。烟草是对氮素供应极其敏感的植物，土壤潜在供氮能力的变异，为生产上氮素的管理增加了难度。因此，如何更好地掌握不同区域和田块的土壤供氮能力，将是优质烟叶生产的氮素管理中必须要解决的关键问题。

（二）植烟土壤矿化潜力分布

解宏图等（2015）认为土壤有机碳和全氮与纬度有一定相关性，相关系数达到 0.70 和 0.76，从南到北随纬度增加而增加；王淑平等（2005）根据 2001 年中国东北样带土壤全氮和有效氮的实测数据发现，样带土壤表层全氮和有效氮的梯度分布与土壤有机碳的分布基本一致，沿经度呈现东高西低的趋势，局部由于土壤退化而出现低谷。那么在一定地域范围内土壤矿化势的分布可能与经纬度相关。从土壤矿化势的空间分布来看，我国主要植烟区土壤潜在供氮能力可以秦岭淮河为分界线，明显分为南北两大部分。秦岭淮河以南土壤矿化势多分布在 100～200 mg/kg，秦岭淮河以北土壤矿化势基本在 100 mg/kg 以下。我国南部烟区矿化势明显高于北部烟区（图 4-1），形成南高北低的供氮潜力分布趋势。

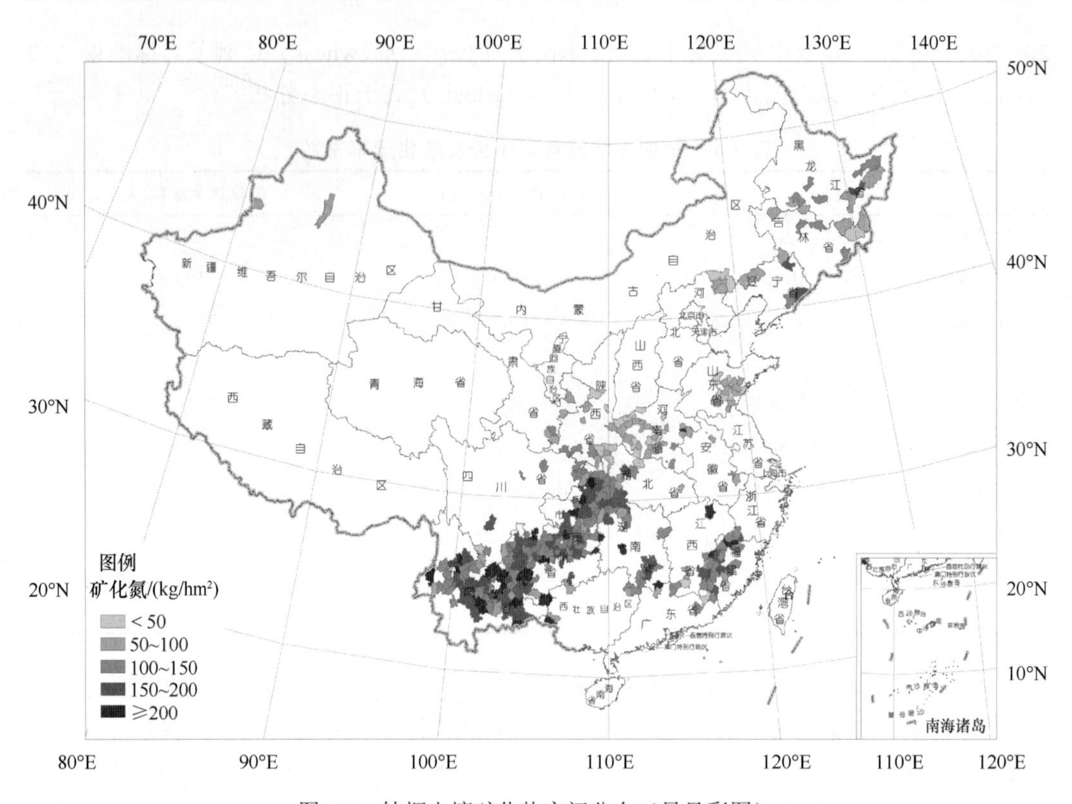

图 4-1　植烟土壤矿化势空间分布（另见彩图）

（三）植烟土壤潜在供氮能力区域分布

根据 1985 年烟草区划，我国植烟区划分为两大烟区（南方烟区和北方烟区），7 个一级烟区（北部西部烟区、东北烟区、黄淮烟区、长江中上游烟区、长江中下游烟区、西南烟区、南部烟区）。不同烟区的供氮潜力见表 4-2。从大烟区来看，南方烟区土壤的潜在供氮能力较高，No 平均为 141.7 mg/kg，其包含的南部烟区、长江中上游烟区、长江中下游烟区、西南烟区 4 个一级烟区的矿化势均在 110 mg/kg 以上，分别为 119.9 mg/kg、127.8 mg/kg、135 mg/kg、160.5 mg/kg，且南方烟区之间的差异不显著。北方烟区土壤 No 多数小于 100 mg/kg，其涉及的黄淮烟区、北部西部烟区、东北烟区土壤 No 分别为 64.1 mg/kg、78.8 mg/kg、99 mg/kg。北方烟区的一级烟区之间的差异未达到显著水平。而南方烟区土壤 No 显著高于北方烟区土壤。从 7 个一级烟区分布及其土壤 No 来看，我国植烟区的潜在供氮能力形成南北高中间低的分布趋势，这与我国土壤有机质含量的分布相同。从变异系数和标准差可以看出，各主产省植烟土壤供氮潜力的变异较大，各省不同区域供氮潜力的差异有待进一步研究。

（四）不同植烟土壤类型矿化潜力差异

我国南方烟区属于亚热带季风气候，北方烟区属于温带季风气候，分属于这两个气候带的土壤矿化势差异显著。Franzluebbers 等（2001）通过对湿热、湿冷、干热、干冷 4 种气候研究发现，湿热、湿冷有利于有机质累积，而干热有利于土壤有机质的矿化。

表 4-2 不同植烟区域土壤矿化潜力（No）

烟区		省份	样品数	平均值	标准差	变异系数
北方烟区	黄淮烟区	山东	19	55.6a	15.2	27.3
		内蒙古	14	56.6a	14.8	26.2
		河南	38	63.8ab	42.5	66.7
		陕西	16	70.5abc	28	39.7
		安徽	5	74.1abc	20.5	27.6
	北部西部烟区	新疆	2	76.8abcd	10.6	13.8
		甘肃	8	80.9abcd	17.6	21.8
	东北烟区	辽宁	35	90.2abcde	61.6	68.3
		吉林	25	100.5abcdef	58.4	58.1
		黑龙江	14	106.3abcdef	24.8	23.3
南方烟区	南部烟区	广东	10	113bcdefg	62.5	55.4
		广西	6	126.8cdefg	69.5	54.8
	长江中上游烟区	重庆	23	161fg	50.1	31.1
		四川	13	127.8cdefg	52.1	40.8
	长江中下游烟区	江西	8	120.0cdefg	80.4	67
		湖北	31	135.5defg	46.1	34
		福建	31	141.7efg	49.6	35
		湖南	27	142.7efg	41.9	29.4
	西南烟区	贵州	72	147.2efg	50.8	34.5
		云南	164	172.6g	60	34.8
	Sig.			0.05		

注：采用 Duncan 多重比较，表中同列相同字母表示不同水平之间差异不显著；不同字母表示差异显著，$P<0.05$。

因此南方烟区气候湿热，土壤有机质和矿化势都较高；北方烟区干冷，也有利于有机质累积，土壤矿化势也较高；而以黄淮烟区为代表的中部烟区，气候干热，土壤有机质累积少，矿化势低。周克瑜和施书莲（1992）对我国不同气候带土壤氮素形态分布研究的结果表明，寒温带土壤氨基酸氮的平均值明显高于热带土壤，也说明不同气候条件下，土壤有机质存在差异。由于气候影响了土壤的形成和发育，因此造成我国不同类型的土壤矿化潜力存在显著差异，褐土、棕壤的供氮能力显著低于石灰土、黄壤、紫色土、红壤、水稻土。这与严德翼等（2007）、陈家宙和丘华昌（1996）基于 No 的大小认为不同土壤类型的矿化潜力存在差异的结论不谋而合。

从表 4-3 可以看出不同类型土壤矿化势差异显著。各类型土壤 No 从小到大依次为潮土、褐土、黄褐土、暗棕壤、棕壤、黑土、草甸土、黄棕壤、石灰土、红壤、紫色土、黄壤、水稻土。其中中部的主要植烟土壤——潮土、褐土、黄褐土的 No 差异不显著，平均为 51.9 mg/kg；北部主要植烟土壤——暗棕壤、棕壤、黑土、草甸土、黄棕壤的 No 平均为 112.2 mg/kg，彼此之间也无显著差异；黄壤、紫色土、红壤、水稻土属于我国南部主要植烟土壤类型，平均矿化势都在 150.0 mg/kg 以上，除水稻土（177.7 mg/kg）的矿化势较高外，其余类型的南部主要植烟土壤也无显著差异。南部、北部和中部之间的差异显著。因此根据不同土壤类型的潜在供氮能力可以将我国植烟土壤供氮能力基本划分为南部、北部和中部。从各类型土壤的变异系数可以看出，即使是同一类型土壤，不同土壤的矿化势变异也很大，如黄棕壤的变异系数最低为 25.9%，棕壤的变异系数则达到了 55.8%，表明同一土壤类型在不同取样地的 No 也存在较大差异。

表 4-3　不同类型植烟土壤矿化潜力

土壤类型	样品数	平均值/（mg/kg）	标准差/（mg/kg）	变异系数/%
潮土 aquic soil	12	50.56a	26.08	51.58
褐土 cinnamon soil	33	51.93a	25.61	49.31
黄褐土 yellow cinnamon soil	11	53.06a	19.44	36.63
暗棕壤 dark brown soil	16	92.22b	46.53	50.45
棕壤 brown soil	29	101.04b	56.41	55.82
黑土 black soil	6	107.33bc	39.35	36.66
草甸土 meadow soil	10	130.09bcd	33.66	25.87
黄棕壤 yellow-brown soil	28	130.31bcd	44.70	34.31
石灰土 limestone soil	29	141.92cde	51.82	36.51
红壤 red soil	118	150.47de	57.31	38.09
紫色土 purple soil	32	153.59de	71.87	46.79
黄壤 yellow soil	82	154.84de	50.50	32.62
水稻土 paddy soil	47	177.76e	62.88	35.37

注：采用 Duncan 多重比较，表中同列相同字母表示不同水平之间差异不显著；不同字母表示差异显著，$P<0.05$。

（五）不同有机质含量土壤潜在供氮能力

目前土壤氮素矿化势多是通过室内培养方法获得，这种方法周期长、耗费工大。因此如何通过简单的指标来预测矿化势是现在研究的热点之一。研究显示，土壤氮素矿化势与土壤有机质含量显著相关，No 随有机质含量的增加而增加，两者呈极显著正相关（r=0.542）。当土壤有机质含量为 0～30 g/kg 时，矿化势随有机质含量增加迅速升高；有机质含量高于 35 g/kg 后，土壤氮素矿化势增加趋于缓和（图 4-2）。这可能与土壤有机质的质量有关。如图 4-3 所示，随着土壤有机质含量的增加，土壤单位有机质含氮量下降，单位有机质可矿化氮下降，土壤有机质含量高于 35 g/kg 时，单位有机质含氮量趋于稳定。

不少学者利用此关系来预测矿化势，如吕珊兰等（1996）分析了 26 个土壤样品，有机质含量为 6～24 g/kg，通过回归发现 No=13.21+1.2268 OM（r=0.7608）。马宏瑞和赵之重（1997）通过对 7 个土壤样品的分析发现 No=9.21+11.97 OM。本研究中利用 500 多个数据，通过曲线回归分析（SPSS）发现，指数函数 No= $e^{5.43-13.54/OM}$ 对数据的拟合效果最好（r=0.784）。由于土壤理化性质的差异，相同有机质含量土壤 No 差异显著，利用上述方程计算预测值与实测值间仍存有一定差距，两者平均差值为（9.0±45.4）mg/kg（p=0.000）。因此可以通过土壤有机质含量初步估测土壤氮素矿化势，土壤氮素矿化势的准确预测有待于进一步研究。

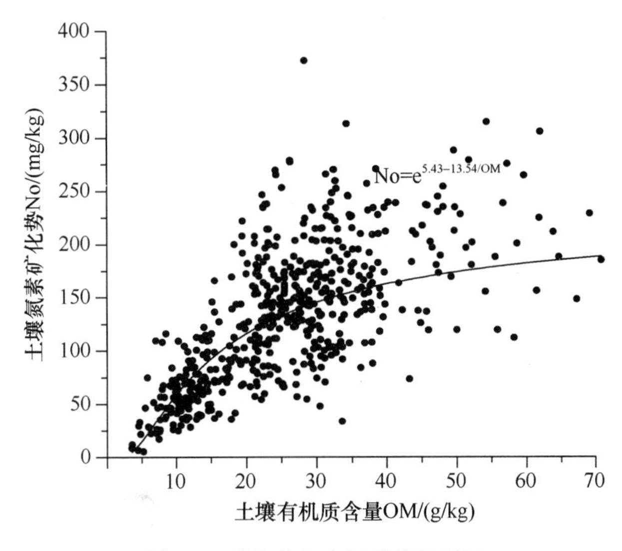

图 4-2 矿化势与有机质的关系图

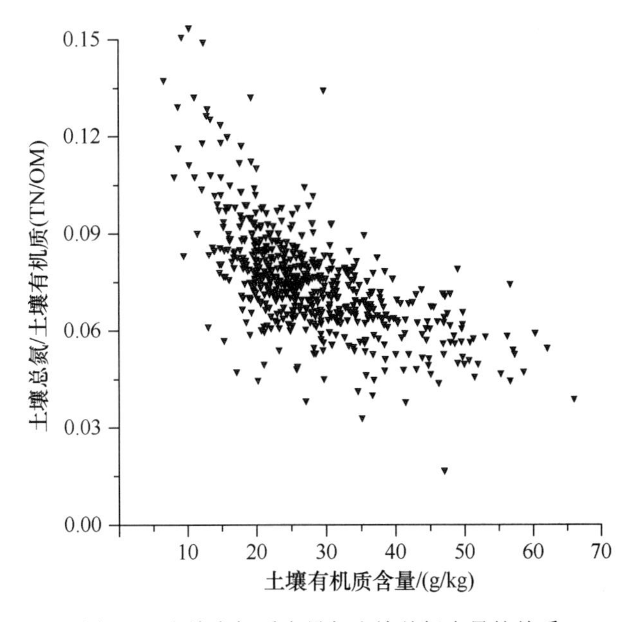

图 4-3 土壤有机质含量与土壤总氮含量的关系

二、区域植烟土壤供氮潜力

（一）贵州省植烟土壤供氮潜力

1. 贵州省植烟土壤全氮区域分布

土壤有机质及全氮含量表示土壤氮库的大小，本研究依据贵州省种植区划土壤样品测试数据，将贵州省 717 个植烟土壤样品，结合土壤全氮含量，利用 GPS 技术对土壤全氮进行分区，结果如图 4-4 所示，表明贵州省大部分土壤全氮含量为 1.5～2.5 g/kg，其中东部烟区大部分土壤全氮含量在 1.5 g/kg 以下，中部地区大部分分布在 1.5～2.0 g/kg，西部烟区主要以 2.0～2.5 g/kg 为主，部分地区大于 2.5 g/kg。土壤有机质含量的空间分布基本形成从西南向东北逐渐降低的全氮含量分布趋势。王鹏（2007）利用全国植烟土壤普查数据，将贵州省 4305 个植烟土壤样品，结合土壤有机质含量，利用 GPS 技术对有机质进行分区，如图 4-5 所示。表明贵州省大部分土壤有机质含量为 10～30 g/kg，其中东部烟区主要以 10～20 g/kg 为主，西部烟区主要以 20～30 g/kg 为主，小于 10 g/kg 数量较少，而大于 30 g/kg 数量分布不均等。

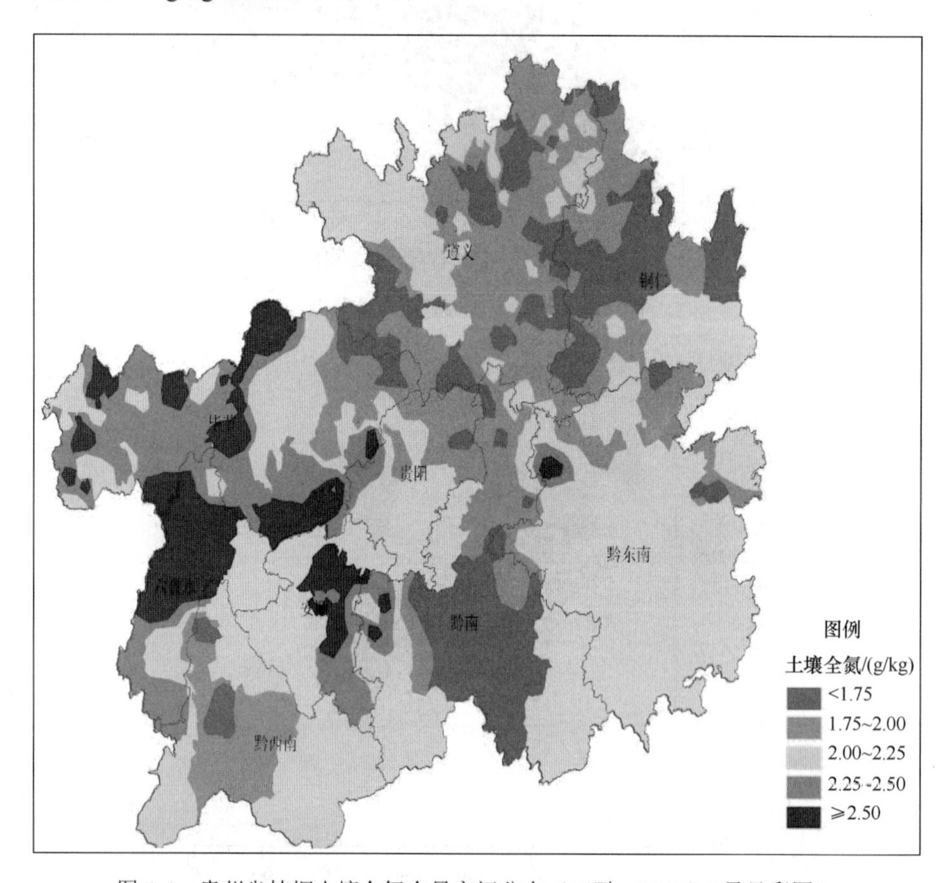

图 4-4　贵州省植烟土壤全氮含量空间分布（王鹏，2007）（另见彩图）

2. 贵州省植烟土壤潜在供氮能力空间分布

贵州省植烟土壤氮素矿化势平均为 170.2 mg/kg。从植烟土壤氮矿化势空间分布（图 4-6）可以看出，贵州省不同烟区供氮潜力依次为六盘水＞安顺＞黔南＞黔东南＞遵义＞毕节＞铜仁＞黔西南＞贵阳，其中以六盘水和安顺烟区土壤供氮潜力大于 200 mg/kg 的比例最高。矿化势的分布与土壤有机质含量、全氮含量分布差异显著。其中东北部烟区土壤矿化势以 138～176 mg/kg 为主，但部分烟区矿化势为 200～238 mg/kg；西北部烟区矿化势多分布在 177～200 mg/kg；东南部烟区矿化势最高，以 200～238 mg/kg 为主；以贵阳为中心的中部烟区矿化势最低，矿化势多在 137 mg/kg 以下。整体形成中心低周边高的分布趋势。

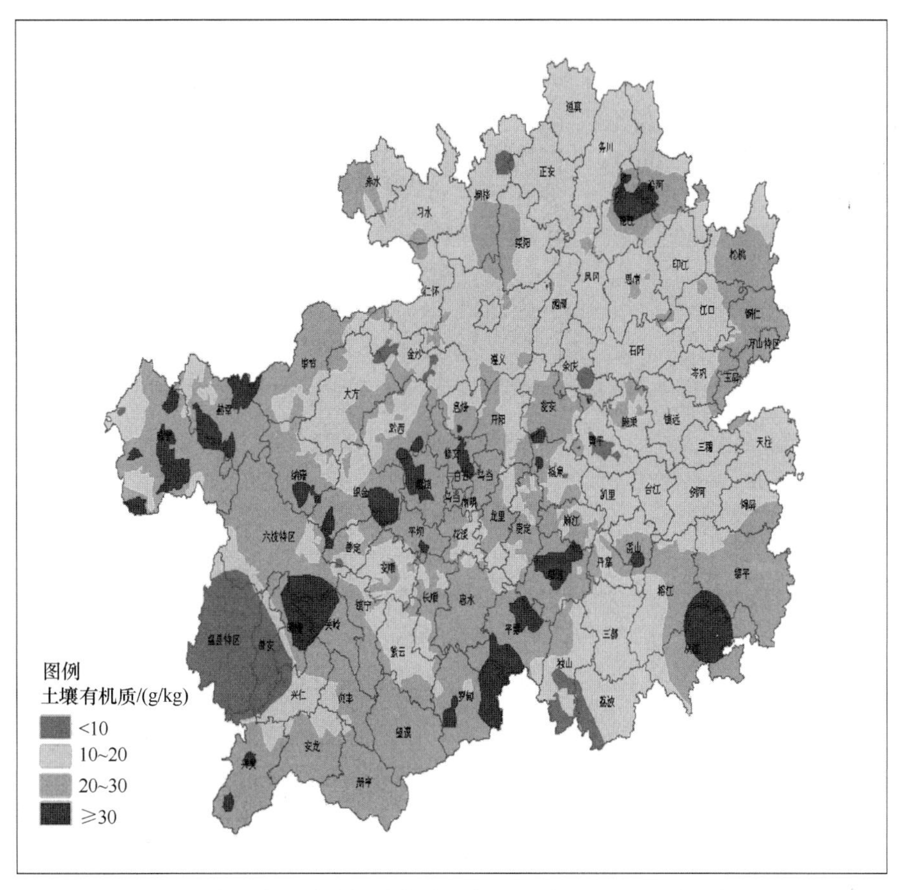

图 4-5　贵州省土壤有机质含量分布（王鹏，2007）（另见彩图）

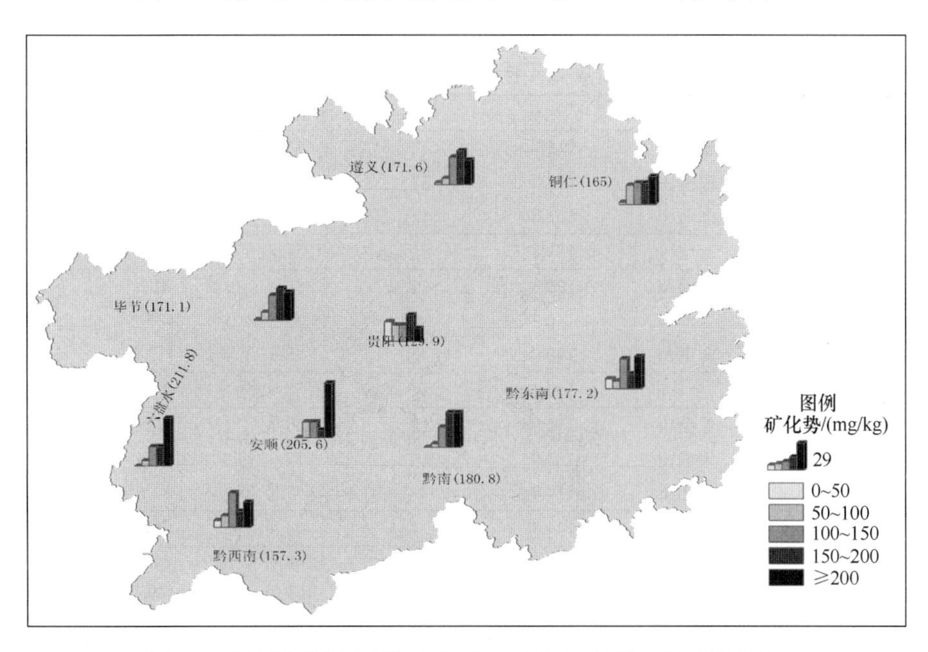

图 4-6　贵州省植烟土壤氮矿化势空间分布示意图（另见彩图）

（二）云南省植烟土壤潜在供氮能力空间分布

云南省植烟区 164 个表层土壤样品的短期好气结果显示，土壤氮素矿化势(No)为 40.4～372.4 mg/kg，平均为 172.5 mg/kg。其中土壤氮矿化势在 100～250 mg/kg 的占 80%以上，矿化势小于 100 mg/kg 的仅占 10.9%，矿化势大于 250 mg/kg 占样品数的 8.4%（图 4-7）。

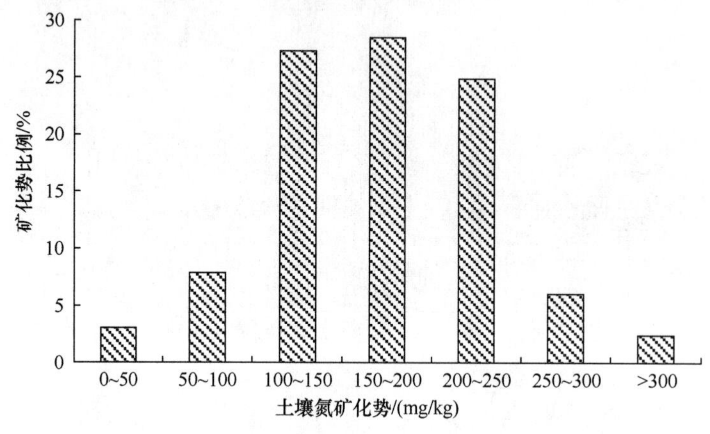

图 4-7　云南省植烟区土壤氮素矿化势分布

不同烟区氮素矿化势也存在差异（表 4-4），滇中高原植烟区（楚雄州、昆明市、玉溪市）土壤潜在供氮能力最高，矿化势为 40.4～372.4 mg/kg，平均为 193.7 mg/kg；其次为滇东高原植烟区（昆明市、曲靖市、邵通市），土壤氮素矿化势为 47.9～278.8 mg/kg，平均为 179.8 mg/kg；滇南高原植烟区（红河州、普洱市、文山州）土壤氮素矿化势为 41.6～246.4 mg/kg，平均为 153.1 mg/kg；滇西高原植烟区（保山市、大理州、丽江市）土壤氮素矿化势最低，变化幅度为 70.5～212.6 mg/kg，平均为 144.3 mg/kg。

表 4-4　云南省不同植烟区土壤氮素矿化势　　（单位：mg/kg）

二级烟区	地区	矿化势	计数	标准偏差	最小值	最大值
滇东高原植烟区	昆明市	215.1	12	55.5	109.3	278.8
	曲靖市	173.7	37	47.5	47.9	269.2
	邵通市	163.3	12	48.2	70.4	238.3
	合计	179.8	61	51.7	47.9	278.8
滇南高原植烟区	红河州	125.6	15	55.4	41.6	244.7
	普洱市	180.3	4	40.8	127.1	222.0
	文山州	190.9	8	48.3	112.0	246.4
	合计	153.1	27	58.9	41.6	246.4
滇西高原植烟区	保山市	132.9	12	50.1	75.8	210.0
	大理州	155.9	17	37.6	70.5	212.6
	丽江市	114.4	2	57.8	73.5	155.2
	合计	144.3	31	44.4	70.5	212.6
滇中高原植烟区	楚雄州	151.3	14	48.9	64.1	234.9
	昆明市	238.6	11	61.5	139.1	314.7
	玉溪市	198.7	20	73.9	40.4	372.4
	合计	193.7	45	70.8	40.4	372.4
总计		172.5	164	60.1	40.4	372.4

第二节 植烟土壤矿化动态研究

一、恒温条件下植烟土壤氮素矿化整体动态

通过对 120 余个植烟土壤样品长期培养发现，不同土壤矿化氮量差异显著，且变异幅度大，各时期矿化速率的变异数都在 50%左右，73 天时矿化速率变异系数高达 60%。这主要是由于我国烟草种植范围广、土壤类型丰富、有机质含量差异大等。但它们的变化动态趋势一致，即前期在适宜条件下迅速矿化，5 周累计矿化氮量占总矿化量的 60%；5 周以后渐趋稳定，之后 12 周矿化量仅占总矿化量的 40%（图 4-8）。表明土壤氮素在适宜条件下矿化量会猛增，预示着在田间条件下，温度的升高、湿度的加大造成土壤矿化氮的迅速增加，这使土壤中易矿化态有机质在短时间内迅速被消耗，造成之后矿化速率的下降。

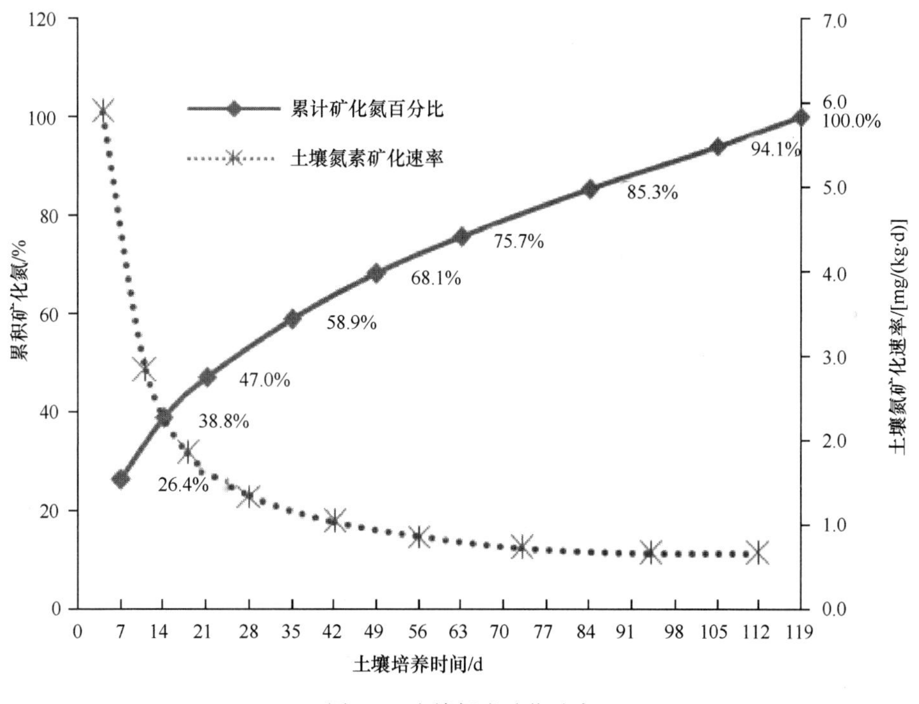

图 4-8 土壤氮素矿化动态

二、不同植烟区土壤氮素矿化动态

有机质含量 5～10 g/kg 的土壤（图 4-9a），以西南烟区土壤培养初期氮素累积速率最快，累积量也最高，120 天的累积量达到 72.3 mg/kg；其次为北方烟区，120 天的累积量达到 59.1 mg/kg；东南烟区在培养的前 7 天，无机氮的释放速率高于黄淮烟区，14 天后无机氮释放速率低于黄淮烟区，表明东南烟区的低有机质土壤释放无机氮的持续能力低于黄淮烟区。

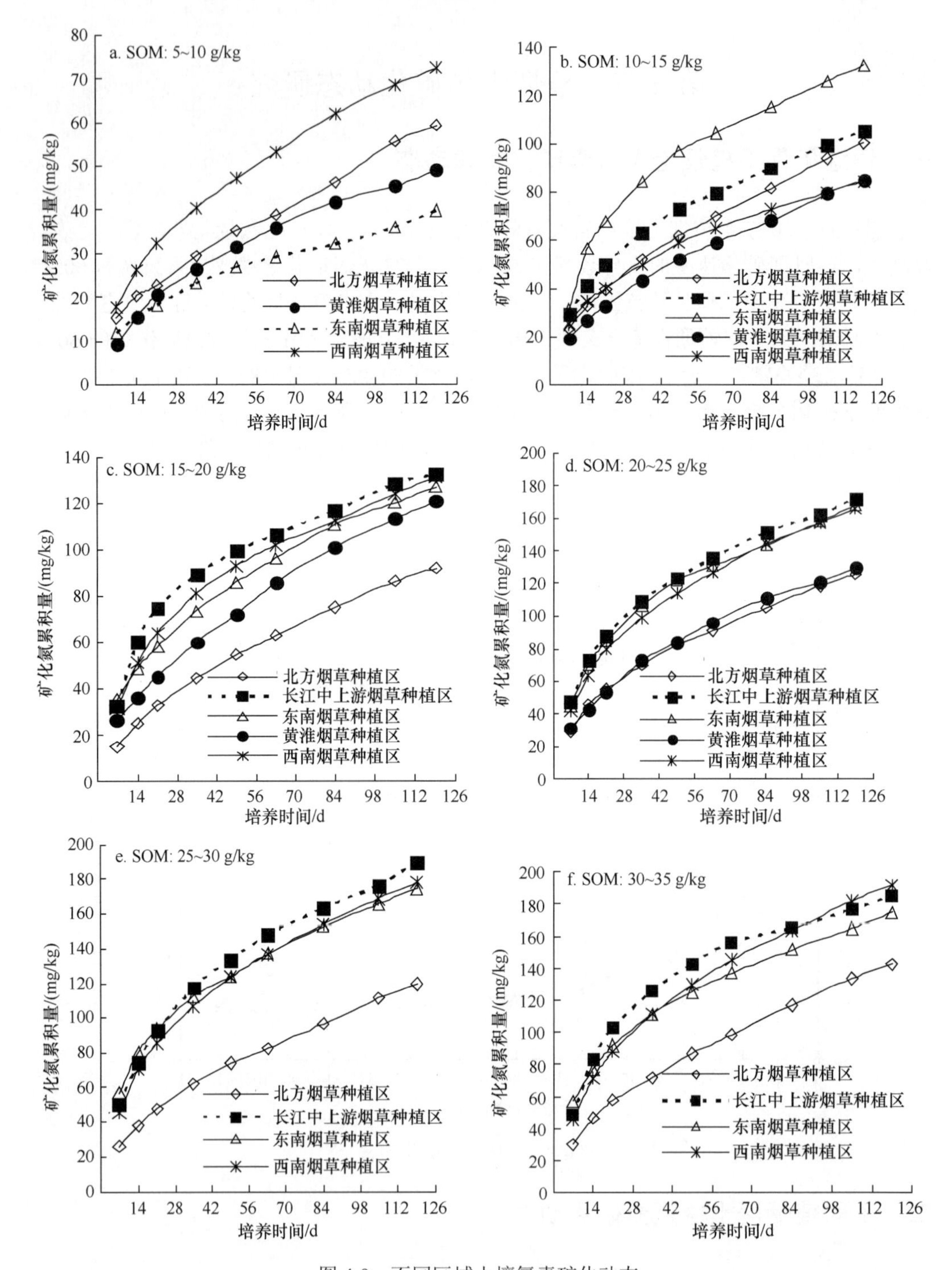

图 4-9　不同区域土壤氮素矿化动态

有机质含量 10～15 g/kg 的土壤（图 4-9b），以东南烟区土壤无机氮释放速率及累积量最高，120 天的累积量达到 132.6 mg/kg；其次为长江中上游烟区，120 天的累积量达到 105.6 mg/kg；在培养的 0～50 天内，西南烟区土壤释放无机氮速率与北方烟区差异不显著，50 天后西南烟区土壤释放无机氮速率显著低于北方烟区，黄淮烟区土壤无机氮释放速率最低。

有机质含量 15～20 g/kg 的土壤（图 4-9c），以长江中上游烟区土壤无机氮释放速率及累积量最高，120 天的累积量达到 132.5 mg/kg；其次为西南烟区，120 天的累积量达到 131.1 mg/kg；东南烟区释放无机氮速率及总量略低于长江中上游烟区和西南烟区，显著高于黄淮烟区和北方烟区，北方烟区无机氮释放速率和总量最低。

有机质含量 20～25 g/kg、25～30 g/kg、30～35 g/kg 的土壤（图 4-9d～e），长江中上游烟区、东南烟区、西南烟区土壤无机氮释放速率显著高于北方烟区和黄淮烟区。北方烟区和黄淮烟区土壤无机氮释放速率差异不大。表明我国有机质含量 20 g/kg 土壤无机氮释放速率可以明显分为两部分，我国南部植烟区土壤无机氮释放速率及释放总量显著高于北部烟区。

三、土壤氮素矿化区域动态分析

不同区域土壤在培养第 1 周，单位有机质释放无机氮速率呈现从北到南逐渐降低的趋势，第 2 周变化规律相同（图 4-10）。原因在于我国南部夏天时间长、温度高，易矿化有机物被分解，在较长的时间内仅有大部分难分解物质存留在土壤中；而北部土壤，易分解和难分解的有机物质都能在土壤中累积，从北向南土壤有机质的易分解成分逐渐降低。这与我们实验测定的易氧化有机质成分的变异规律一致。从以往的研究发现，易氧化有机质含量与有机质矿化速率是一致的，这三方面共同作用造成我国土壤有机质释放无机氮的速率呈现自北向南逐渐增加的整体趋势，依据易氧化有机质含量的变化局部波动。

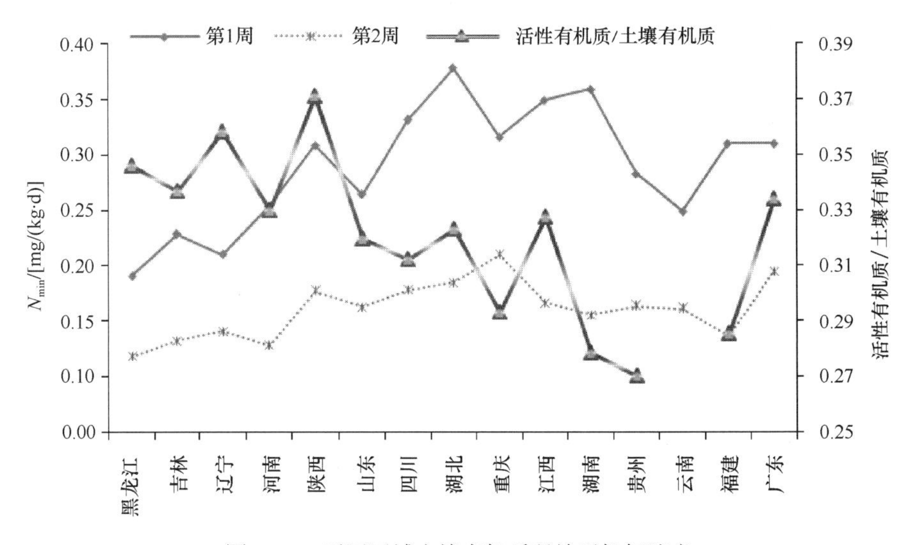

图 4-10　不同区域土壤有机质释放无机氮速率

四、不同土壤类型土壤氮素矿化动态

在自然界中，由于土壤成土环境和成土过程的差异，造成土壤形态及其理化、生物特性的不同，从而使土壤中有机物质的分解规律因土壤类型不同而产生分异，单位有机质释放无机氮的速率不同。如图 4-11 所示，不同类型土壤单位有机质释放无机氮速率依次为石灰土＞褐土＞紫色土＞棕壤＞黄壤＞水稻土＞红壤。这主要取决于土壤的腐殖化程度，腐殖化程度越高，单位有机质释放无机氮的速率就越大，如石灰土具有较好的颗粒组成和水稳性强的粒状结构，土壤有机质含量高且腐殖化程度也强，碳氮比值低，因此单位有机质释放无机氮的速率高；而红壤有机质总量中有 1/3 易矿化分解，腐殖质组成以富里酸为主，土壤腐殖化程度低，腐殖质的芳构化度、缩合度和分子质量也低，速率则低；水稻土土壤耕作层内的合成与分解，与同母质的表层相比，其含量明显趋于稳定。大部分水稻土耕作层土壤的胡富比与母质相比，显示出腐殖质的质量有所提高，但芳构化程度和分子质量趋于降低，因此水稻土腐殖化程度高于红壤低于石灰土。这也就造成石灰土有机质含量低，但矿化速率却高于其他土壤类型。

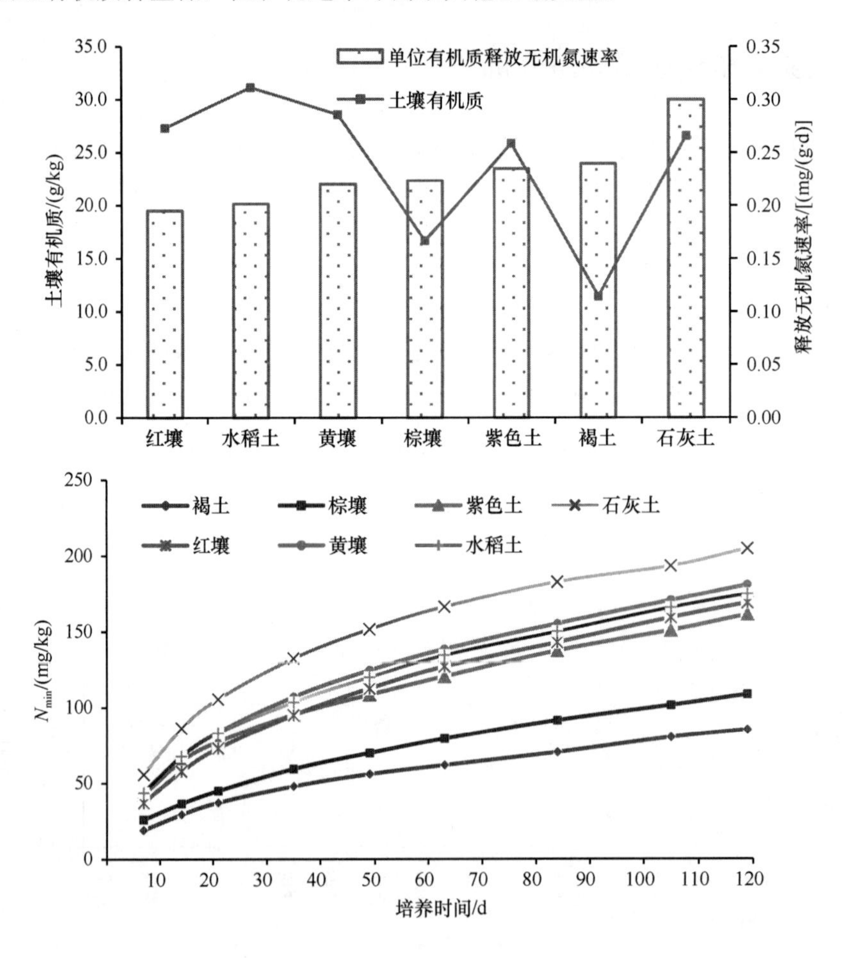

图 4-11　不同土壤类型土壤氮素矿化动态

五、不同有机质含量土壤氮素矿化动态

土壤有机质是土壤氮素矿化的底物，其含量及其质量直接影响土壤氮素矿化动态（图 4-12）。通过对有机质含量与矿化潜力的相关分析发现，两者呈极显著相关，相关系数达到 0.93。土壤中矿化氮的累积量随有机质含量的增加而升高，但将所有培养样品单位有

机质矿化出无机氮的速率与土壤有机质含量进行相关分析，二者呈极显著负相关（$r=-0.275$）。说明有机质含量越高单位有机质矿化出的无机氮速率呈现下降趋势，将培养样品依据有机质含量分类平均后，这种趋势更加明显（表 4-5）。此现象主要是由土壤微生物对有机质的利用引起，当土壤中有机质含量低时，土壤中的有机质被充分利用，随着有机质含量升高，利用率降低。

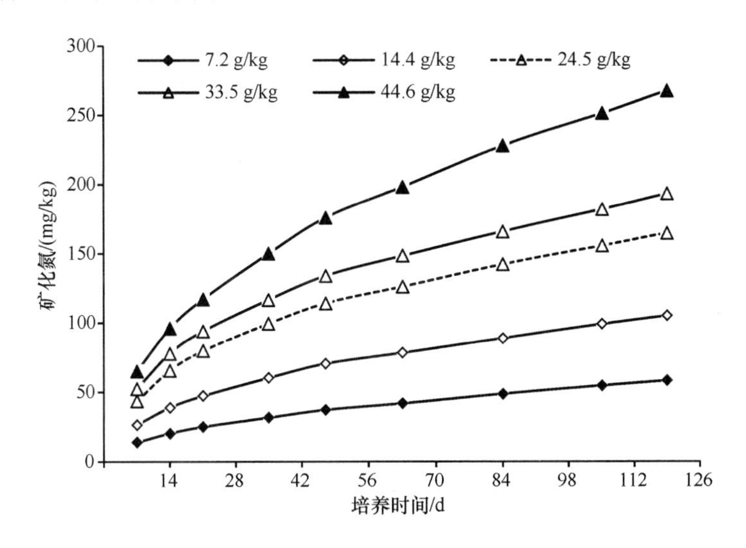

图 4-12　土壤氮素矿化动态与土壤有机质含量的关系

表 4-5　单位有机质释放矿化氮趋势　［单位：mg/（g·d）］

有机质含量/（g/kg）	时间								
	4 天	11 天	18 天	28 天	42 天	56 天	73 天	94 天	112 天
7.193	0.275	0.129	0.093	0.066	0.055	0.046	0.046	0.039	0.036
14.371	0.263	0.124	0.083	0.065	0.051	0.039	0.035	0.034	0.030
24.498	0.255	0.128	0.083	0.057	0.043	0.035	0.031	0.026	0.027
33.516	0.224	0.109	0.068	0.048	0.037	0.031	0.025	0.023	0.024
44.640	0.209	0.098	0.068	0.053	0.042	0.035	0.032	0.025	0.026
59.302	0.165	0.066	0.042	0.028	0.024	0.024	0.011	0.020	0.020

六、连续温度变动下植烟土壤氮素矿化动态

研究结果显示（图 4-13），在连续温度变化条件下，随着温度的升高，矿化速率呈波动式上升，随着温度的降低，矿化速率急剧下降。其中在小于 5℃条件下（第 1～第 2 周），红壤、黄壤矿化速率最高，其次为水稻土，石灰土矿化速率最低；而 10℃培养条件下（第 3～第 4 周），矿化速率依次为水稻土＞红壤＞黄壤＞石灰土；其后几周，在同一时间段、相同温度下培养，红壤、黄壤、水稻土、石灰土矿化速率高低次序并不相同，表明某一土壤短时间内的矿化速率大小，并不能说明此阶段矿化速率的大小。在降温条件下，红壤、黄壤、水稻土、石灰土的矿化速率持续下降。

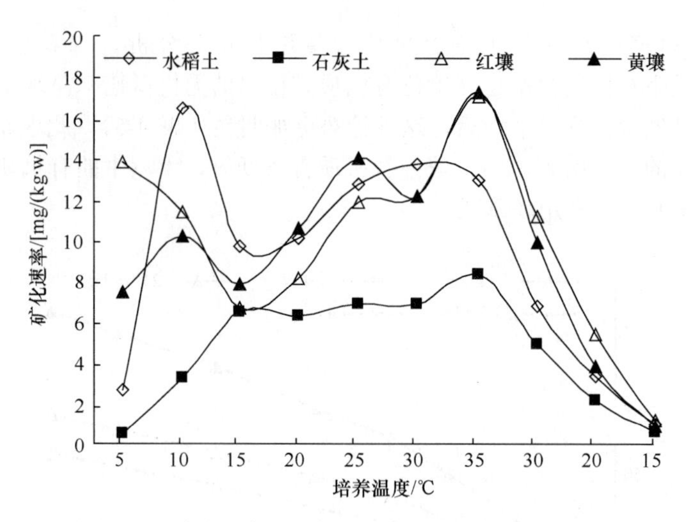

图 4-13　连续温度变动条件下植烟土壤氮素矿化动态

第三节　土壤氮素矿化反馈机制研究

自然界中，从宏观生态系统到微观酶催化反应，都存在反馈调节机制，来维持系统平衡。土壤氮素矿化是氮素循环的重要组成部分，因此从理论上来说，土壤氮素的矿化是存在反馈机制的。Sierra（1992）发现培养期间矿化氮产量与培养前的土壤矿质氮含量呈负相关，巨晓棠和李生秀（1996）发现在未种植作物区并没有发生矿化氮的累积，这都说明矿质氮对土壤氮素矿化可能有抑制作用。研究氮素矿化的反馈机制，可以为氮素矿化的调控措施提供理论依据，本节通过间歇淋洗培养和连续好气培养研究矿质氮对矿化的影响。

一、矿质氮对矿化动态的影响

从图 4-14 可以看出，无论是间歇淋洗培养还是连续好气培养，随着培养时间的延长矿化速率不断下降，但两者的矿化动态有所不同，红壤在 18 周累积矿质氮含量达到 252.9 mg/kg，黄壤在 16 周累积矿质氮含量达到 184.6 mg/kg，黑土在 18 周累积矿质氮含量达到 117.1 mg/kg 时，连续好气培养土壤氮矿化速率降到间歇淋洗培养之下，在此之前连续好气培养的矿化速率高于间歇淋洗培养。表明土壤中存在适量的矿质氮对土壤氮素矿化有促进作用，超过一定量时会对土壤氮素矿化产生抑制。不同类型的土壤其矿质氮对土壤氮素矿化的影响有所不同，通过 T 检验发现，红壤、黄壤的连续好气培养矿化动态与间歇淋洗培养矿化动态差异显著，而黑土差异不显著，最主要的原因在于黑土在培养过程中的累积矿质低于红壤和黄壤。

二、去除累积矿质氮对矿化动态的影响

将连续好气培养不同时间的土壤样品其累积矿质氮通过淋洗去除，去除后对氮素矿化的影响不同，不同土壤类型间也存在差异。如图 4-15 所示，红壤在 2～8 周去除其累

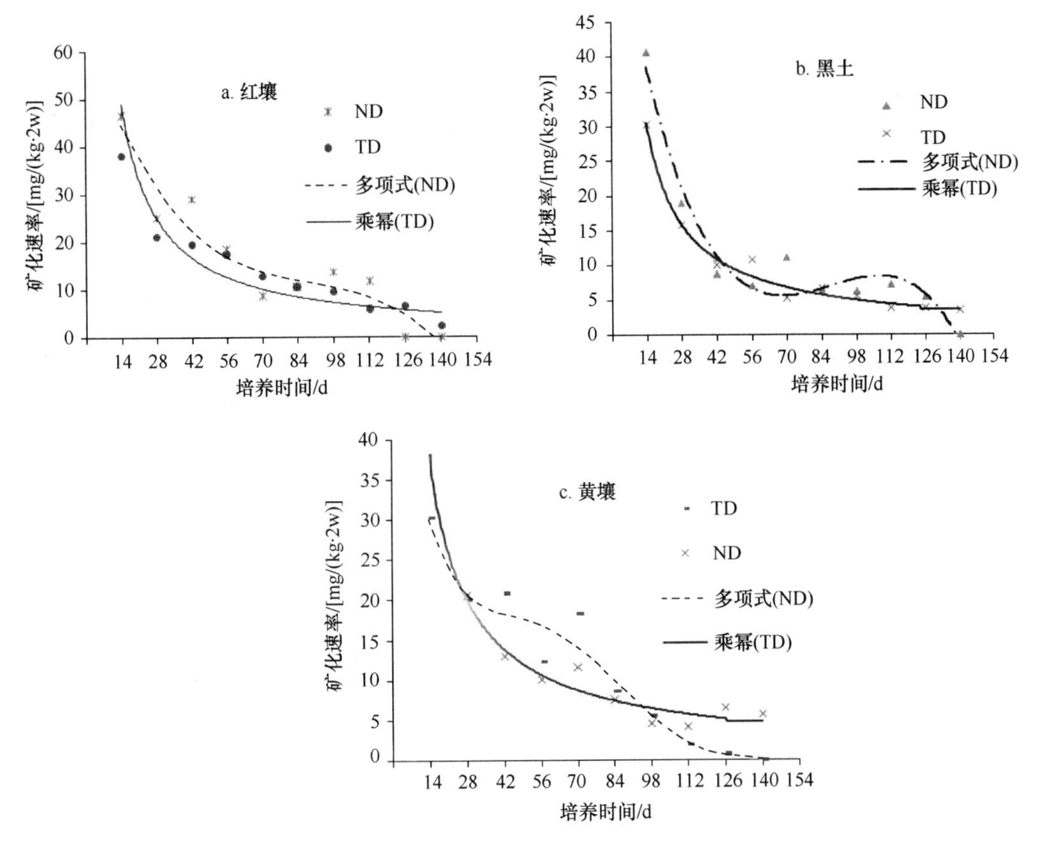

图 4-14　矿质氮对植烟土壤氮素矿化动态的影响

ND. 连续好气培养；TD. 间歇淋洗培养

积矿质氮，对其后土壤氮素矿化影响不大，而 8 周之后，去除累积矿质氮则可以显著提高之后的氮矿化速率；黄壤在整个培养过程则表现出去除累积矿质氮可以刺激土壤氮素的矿化；黑土相反，在整个培养过程中都没有出现上述现象。表明矿质氮达到一定量时去除，对土壤氮素矿化产生正激发效应。

三、去除矿质氮量对其之后氮素矿化的影响

从表 4-6 可以看出，培养过程中黑土矿化氮累积量比红壤和黄壤的同期累积量小，且在培养过程中去除矿质氮对矿化作用甚微，说明矿质氮对矿化产生影响需要达到一定量，而这个量就是淋洗后导致土壤氮素矿化动态发生改变时土壤中累积的矿化氮量。从间歇淋洗好气培养和连续好气培养的比值来看，红壤累积矿化量达到 163.06 mg/kg 时，淋洗后培养 2 周和连续培养同期矿化量相比，矿化氮增量为负值，在矿化氮累积量未达到此值之前，随着淋洗矿化氮量的增加，淋洗的促进作用减小，说明红壤累积矿化氮累积量达到 163.06 mg/kg 时，矿化氮的累积促进氮矿化；高于此值，随着淋洗量的增加，对其后矿化的促进作用越大。黄壤也有相同的趋势，抑制土壤氮矿化的矿质氮累积量为 150.24 mg/kg。

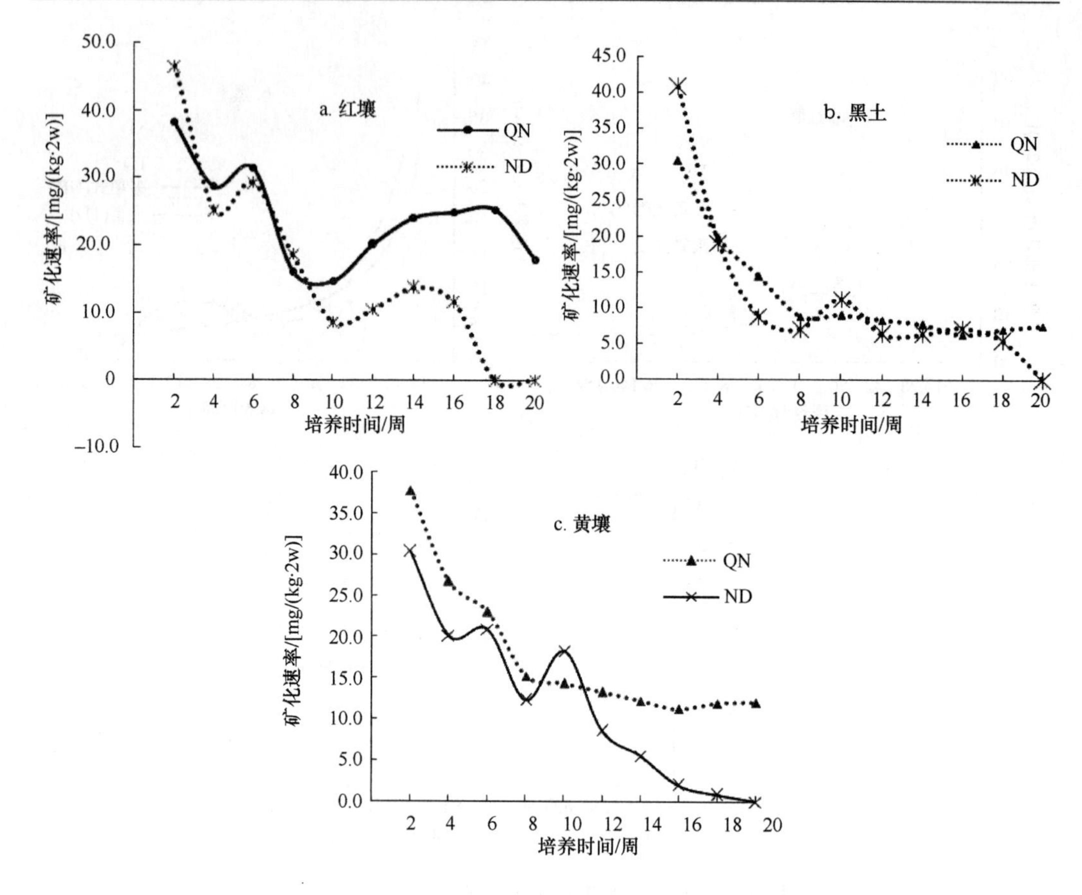

图 4-15 去除累积矿质氮对土壤氮素矿化动态的影响

QN. 去除矿质氮；ND. 连续好气培养

表 4-6 累积矿质氮量与其淋洗之后矿化增量的关系 （单位：mg/kg）

土壤类型		2 周	4 周	6 周	8 周	10 周	12 周	14 周	16 周	18 周	20 周
红壤	ZL	−8.19	3.52	2.20	−2.56	6.13	9.62	10.27	13.33	25.29	17.88
	N_{min}	62.41	108.83	133.91	163.06	181.61	190.17	229.93	243.65	255.20	252.90
黄壤	ZL	7.39	6.63	2.13	2.92	−3.92	4.76	6.67	9.29	11.15	12.08
	N_{min}	66.87	97.14	117.18	137.98	150.24	168.48	177.02	182.58	184.56	190.39
黑土	ZL	−10.30	0.65	5.66	1.67	−2.30	1.98	1.38	−0.89	1.61	7.51
	N_{min}	5.06	45.79	64.81	73.54	80.58	91.84	98.14	104.46	111.65	117.07

注：表中 ZL 为间歇淋洗好气培养与连续好气培养矿化量差值，N_{min} 为连续好气培养矿质氮累积量。

四、去除矿质氮对氮矿化总量的影响

一定量的矿质氮对土壤氮矿化有促进作用，去除这些矿质氮则抑制矿化，矿质氮超过一定量时，去除矿化氮可以提高矿化量。如图 4-16 所示，红壤在连续好气培养 12 周之后再进行间歇淋洗培养，20 周土壤矿化氮累积量最大；黄壤在连续好气培养 10 周之后再进行间歇淋洗培养，20 周累积矿化量最大；黑土则在连续好气培养 18 周之后再进行间歇淋洗培养，20 周土壤矿化氮量最大。

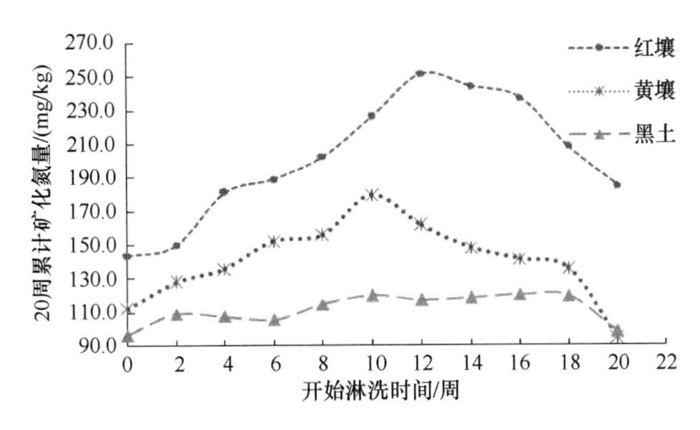

图 4-16　存在矿质氮对矿化总量的影响

第四节　土壤氮素矿化模型的构建

土壤氮素矿化的模型有许多，Stanford 和 Smith（1972）通过对美国 39 个土壤样品在 35℃下长期培养，拟合了一级动力学方程，相关性良好。一些学者用此方程或稍加修改后描述氮矿化过程（Campbell et al.，1974；Marion and Miller，1982；Griffin and Laine，1983）。还有些学者将土壤氮库分为两个或多个，以指数项的形式描述矿化，拓展了 Stanford 和 Smith 方程。此外，一些研究者认为，氮矿化也可以用 Parabolic 方程（Tabatabai and Al-Khafaji，1980；Broadbent，1986）、直线方程或双曲线方程（Juma et al.，1984）来拟合。鉴于环境对矿化的重要作用，基于温度和水分的环境模型也得到应用。有研究证明温度与水分对土壤氮矿化速率、矿化量存在明显的正交互作用，并建立了它们之间的回归方程。Wu 等（2008）利用生长季节的日积温和一阶动力学方程拟合了累积矿化氮，表明利用田间气象数据来模拟土壤氮素矿化已成为可能。

一、不同温度模式下土壤氮素矿化动态

采用黄壤进行长期培养研究结果显示，在不同温度模式培养下的土壤氮素矿化动态差异显著。在 H35 模式培养下，土壤氮素矿化初始速率最高，而后急剧下降，56 天后矿化速率基本平稳，呈波动式变化（图 4-17a-H35 曲线）；与此相比较，在 H20 条件下，土壤氮素矿化在培养初期有一个矿化速率上升的过程，而后开始下降，下降的速度较 H35 缓慢，98 天后下降幅度变得平缓，且培养 28 天后矿化速率开始高于 H35。在变温模式（BW）下，随着温度的梯度上升，矿化速率呈现波动上升，温度降低时，矿化速率迅速下降（图 4-17a-BW）。可见，变温条件下，不同时间的土壤有机氮矿化速率即使是在相同温度下也是有差异的。

3 种温度模式培养下的矿化氮累计曲线差异显著（图 4-17b）。恒温培养的 42 天内，H35 的累计矿化氮高于 H20，56 天后 H20 的累计矿化氮反超了 H35。BW 的累计动态与恒温培养下差异较大，70 天内，累计矿化氮小于恒温培养，70 天后，累计矿化氮显著高于恒温培养。经过 140 天的好气培养，H20 的矿化量是 H35 的 1.14 倍，这说明虽然 H35 下土壤起始矿化速率最高，但温度升高并不能增加土壤长期的矿化量；变温与恒温的矿化动态相比较，虽然两者都出现矿化速率高峰，且 H35 高于 BW，但是 BW 的平均矿化

速率高于 H20、H35，BW 处理 140 天累积矿化量，分别是 H35、H20 的 1.36 倍、1.55 倍。表明温度的变化有利于土壤氮素矿化。因此，在预测土壤氮素矿化动态时需要区别对待。

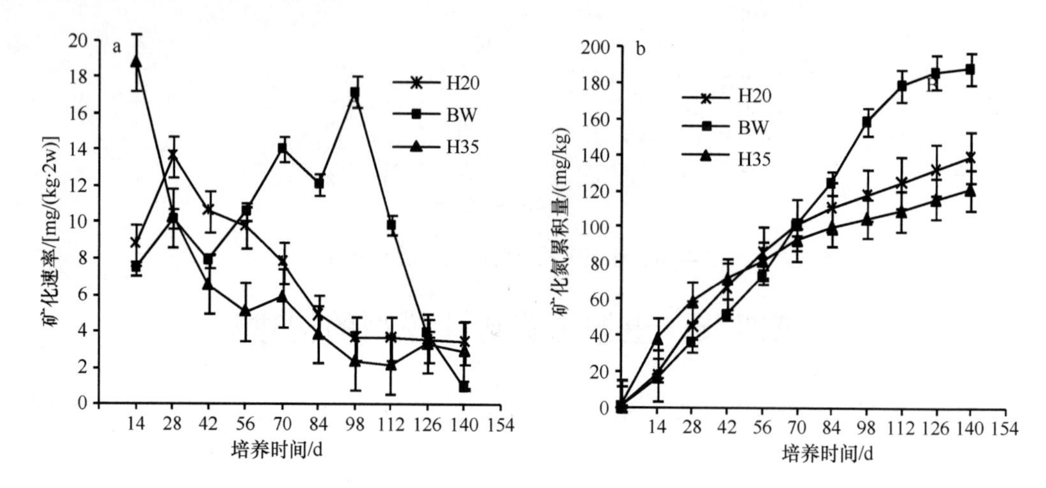

图 4-17　不同温度模式下土壤氮素矿化动态
a. 矿化速率动态；b. 矿化氮累积动态；H20. 恒温 20℃培养，H35. 恒温 35℃培养，BW. 变温培养

二、不同温度模式下土壤氮素矿化动态的模拟

在本研究中采用了一阶动力学模型［式（4-1)]、Parabolic 经验模型［式（4-2)］及有效积温模型［式（4-3)］来拟合不同温度模式培养下的试验数据，拟合结果如图 4-18 所示。3 种模型对 H35 过程拟合结果显示，Parabolic 模型及有效积温的模型拟合结果较一阶动力学模型好，前两者的判定系数 R^2 为 0.992、残差为 55.2，而后者的判定系数、残差分别为 0.983 和 109.8。对 H20 的累计动态拟合以一阶动力学为最好（R^2 为 0.992，残差为 122.4）。BW 与两者都不同，以有效积温模型的拟合效果最好（R^2 为 0.996、残差为 174.1），其次为 Parabolic 模型（0.975、988.6），一级动力学模型（0.974，1019.3）的拟合效果最差。因此在变温条件下土壤有机氮的矿化过程描述以选用有效积温模型为好。

$$Nt=No（1-e^{-kt}）\qquad (4\text{-}1)$$

式中，k 为一阶相对矿化速率常数；No 为有机氮矿化势；Nt 为矿化量；t 为时间。

$$Nt=A\times t^{B}\qquad (4\text{-}2)$$

式中，Nt 为矿化量；A、B 为常数；t 为时间。

$$N=k[\sum(T-T_0)]^{n}\qquad (4\text{-}3)$$

式中，N 为氮素矿化量；k 为速率常数；T_0 为基点温度；T 为土壤温度（℃）；n 为参数。

三、土壤含水量对土壤氮素矿化的影响及模型构建

Myers 等（1982）以加拿大、澳大利亚的土壤样品为基础建立一个较简单但实用的土壤氮素矿化的水分效应函数：$f(\theta)=(\theta-\theta_0)/(\theta_{max}-\theta_0)$（$\theta_0$ 为 4.0 MPa 时的土壤含水量，θ_{max} 为最大矿化时的土壤含水量）。此函数反映了土壤氮素矿化与土壤水分含量的

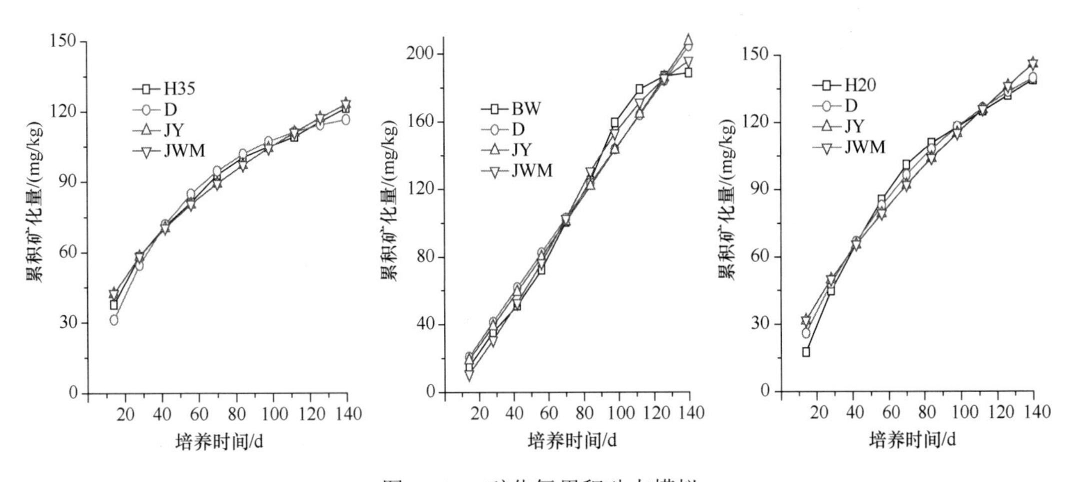

图 4-18　矿化氮累积动态模拟

D 为一阶动力学模拟动态；JY 为经验模型模拟动态；JWM 为有效积温模型模拟动态

线性关系。本研究中发现，在不同温度水平下，土壤氮素矿化与土壤含水量呈显著的非线性关系，土壤氮素矿化的最佳温度为 35℃。如图 4-19a 所示，土壤含水量在 0～40%，土壤含水量与土壤有机氮矿化量呈显著正相关，土壤含水量大于 40%，矿化量呈下降趋势，土壤氮矿化的最佳含水量为 40%。因此本研究在 Mayers 等（1982）建立的水分效应函数基础上做了改动，即采用方程式（4-4）拟合试验数据，结果显示模拟值与观测值显著相关（R^2=0.966，P＜0.01）（图 4-19b）。

$$f(\theta)=k(\theta/\theta_{\max})^n \tag{4-4}$$

式中，θ为土壤含水量；$\theta_{\max}$为最大矿化时的土壤含水量；k 为常数；n 为常数。

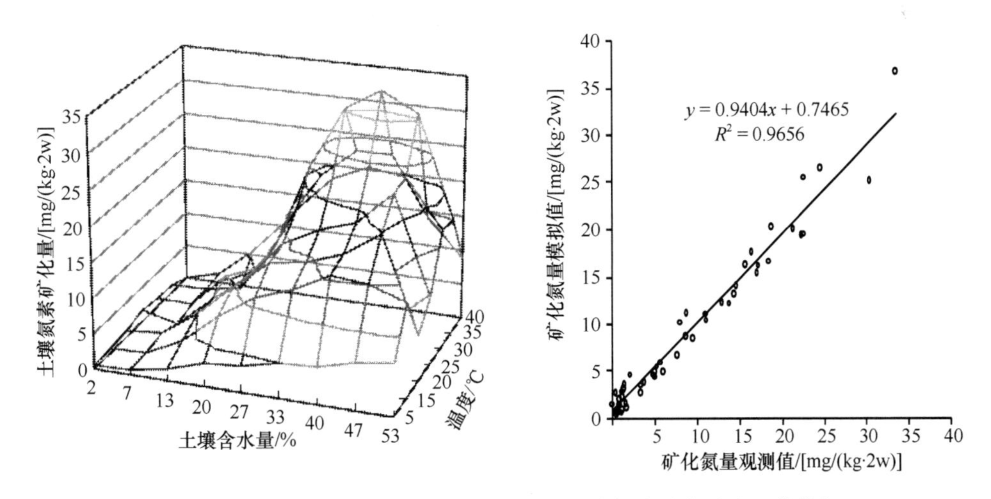

图 4-19　温度和土壤含水量交互作用下土壤氮素矿化动态及其模拟

四、田间土壤氮素矿化模型构建

基于上述矿化与温度、水分的关系，本研究中采用有效积温模型及方程式（4-4）的组合函数式（4-5）来模拟温度、土壤含水量不断变化下田间土壤矿化氮的累积动态。

$$N_{min}=k(\theta/\theta_{max})^m[\sum(T-T_0)^n] \tag{4-5}$$

式中，k、m、n 为常数；θ为土壤含水量；N_{min} 为生长季氮矿化量；θ_{max} 为最大矿化速率时土壤含水量；T 为温度；T_0 为矿化的起点温度。

五、田间土壤氮素矿化模型验证

（一）烟草生长期间土壤矿化氮累积动态及影响因子

烟草生长期间日均温和土壤含水量不断变化，影响了土壤微生物活性，致使土壤氮素矿化也出现较大的波动。烤烟移栽后 1～5 周矿化缓慢，3 周时还出现了净固定（或净固持），6～13 周矿化迅速增加，14～17 周由于温度及土壤含水量的急剧下降，土壤氮素矿化量迅速下降。两个试验点的矿化动态类似，但从净矿化氮的累积动态可以看出，G 田的矿化量远高于 D 田，这是由于有机质含量差异造成的。试验点土壤净矿化氮的累积曲线与变温下的矿化曲线类似（图 4-20），且田间条件下土壤水量是不断变化的，因此采用方程式（4-5）拟合田间土壤矿化氮累积动态。

（二）方程参数的确定

根据温度与土壤含水量互作试验的结果——黄壤最大矿化时的土壤含水量为 40.0%；从环境数据与土壤氮素矿化数据的对比中可以看出，田间土壤氮素产生净矿化的有效温度较室内培养高，15℃为产生净矿化氮的基点温度。因此在采用方程式（4-5）拟合田间矿化氮累积动态时，其参数分别为

θ为取样时土壤含水量；θ_{max} 为 40%；T 为田间原位培养期间的日均温度；T_0 为 15℃。

（三）模拟结果

由方程式（4-5）拟合田间 G、D 土壤矿化氮累积动态，拟合结果如图 4-20 所示。G 土壤上，矿化氮拟合值与观测值具有较好的一致性，回归关系极显著（$P<0.01$），回归方程解释了观测值 99.0%的变异；D 试验点上，矿化氮拟合值与观测值也具有较好的一致性，回归关系极显著（$P<0.01$），回归方程解释了观测值 95.9%的变异，表明方程对数据的拟合程度非常好。由方程式（4-5）模拟矿化速率动态时效果并不理想，这是因为由方程式（4-5）拟合的矿化值均为正值，不能显示土壤矿化氮产生的净固持作用。

六、植烟土壤田间矿化动态及模拟

进入烤烟旺长期后，植烟土壤氮素矿化累积量呈逐渐增加趋势（图 4-21），至烤烟移栽 91 天后矿化氮累积速度下降。采用方程式（4-5）模拟植烟土壤矿化氮累积动态的结果显示，回归方程解释了 Y 田土壤矿化氮累积量观测值 99.7%的变异，拟合值和观测值具有较好的一致性。回归方程对 G 田土壤矿化氮累积模拟结果解释了观测值 99.7%的变异，回归方程对 D 田的拟合效果不如 G 田和 Y 田，解释了观测值 97.6%的变异。总体来说，方程式（4-5）对植烟土壤矿化氮累积动态模拟效果良好。

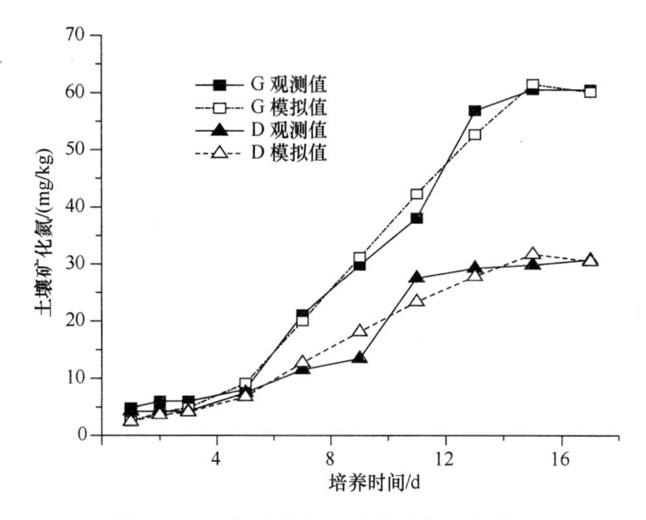

图 4-20 田间土壤氮素矿化动态及其模拟

由于原位培养方法测定的是土壤氮净矿化量，是土壤氮素矿化与氮素固定相互作用下的结果，净矿化量为负值是氮素固定造成的，因此在预测矿化氮量时，将负值以零来处理。G、D 观测值来源于田间试验

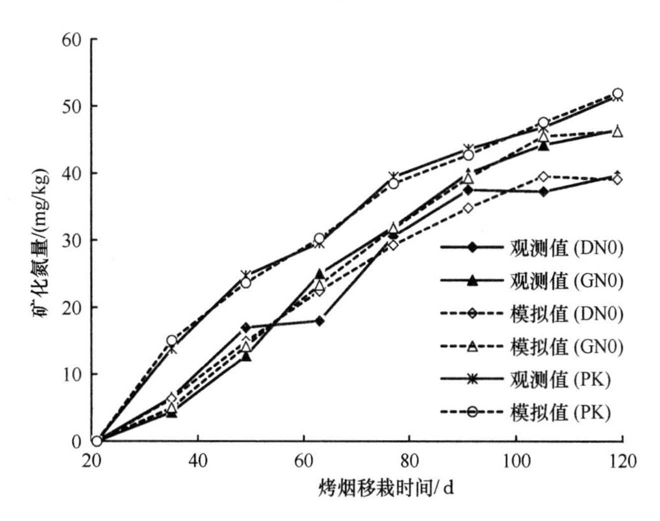

图 4-21 植烟土壤矿化氮累积动态及模拟

PK、GN0、DN0 分别代表 Y 田 2007 年累积矿化氮。G 田 2006 年累积矿化氮和 D 田 2006 年累积矿化氮

七、方程常数项的初步探讨

建立模型的最终目的是用于预测，因此方程式（4-5）虽然可以良好地拟合植烟土壤矿化氮累积动态，但需要确定方程中的 3 个常数项（k、m、n）才可以用于预测。在图 4-21 中 PK、GN0、DN0 的模拟方程参数如表 4-7 所示。3 个模拟方程的常数项具有相似性，即 m 值在 0.1 左右，n 值与 k 值呈负相关。将 n 值确定为 0.5，m 值确定为 0.1，对图 4-21 中 PK、GN0、DN0 再次进行拟合。结果显示拟合方程可以解释观测值 90.1%～99.7% 的变异，PK、GN0、DN0 的 k 值分别为 1.88、1.92、1.68。表明 m、n 可以取值 0.1、0.5，而 k 值可以通过土壤有机质含量来确定。

表 4-7　模拟方程常数项

常数	处理					
	PK	GN0	DN0	PK	GN0	DN0
k	1.79	0.18	0.42	1.88	1.92	1.68
m	0.13	0.10	0.09	0.10	0.10	0.10
n	0.51	0.89	0.73	0.50	0.50	0.50
R^2 决定系数	0.997	0.997	0.976	0.997	0.901	0.932

注：PK、GN0、DN0 的第二次模拟中 m、n 已确定为 0.1 和 0.5。

八、土壤有机质含量与土壤氮素矿化

对全国 115 个不同土壤样品 105 天（不包括预培养的 2 周）的室内培养结果显示，105 天的土壤氮素矿化量为 15.7～225.1 mg/kg，平均为 96.3 mg/kg，占土壤有机质含量的 0.49%。而田间植烟土壤矿化量为有机质含量的 0.17%（见第三章），室内培养 105 天矿化量是田间矿化量的 2.4 倍。可见室内培养的矿化量可以作为土壤供氮的指标，但不能作为田间土壤的实际供氮量。相关分析显示，土壤氮素矿化量与土壤有机质含量呈极显著正相关（R^2=0.815，P=0.000），线性回归方程为 N_{min}=2.509OM+ 31.98。此方程可以粗略估计植烟土壤的矿化氮供应能力。

依据土壤有机质含量将土壤分为 5 组，分别为 0～10 g/kg、11～20 g/kg、21～30 g/kg、31～40 g/kg、40～50 g/kg。各组土壤有机质平均值及矿化氮量累积动态如图 4-22 所示。结果显示不同有机质含量土壤矿化氮累积动态相同，这与田间的结果是一致的。以有效积温模型式（4-3）拟合长期培养数据，测定值和拟合值具有较好的一致性，决定系数为 0.997～0.999，常数 n 为 0.5。常数 k 与有机质含量极显著正相关，线性回归方程为 k=0.0857OM+0.374（R^2=0.993）。由此可见，土壤有机质含量可以作为田间土壤氮素矿化的修正参数。在本研究中，由于田间试验点的限制，尚不能应用土壤有机质含量对方程式（4-5）进行修正，有待于进一步研究。

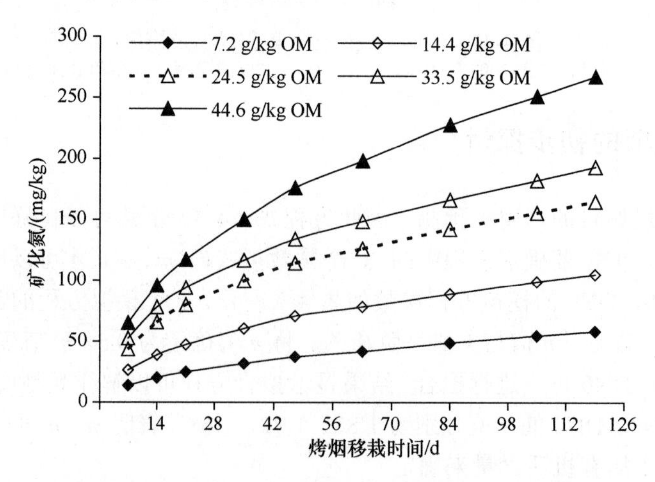

图 4-22　不同有机质含量条件下土壤氮矿化累积动态

九、讨论

温度和土壤含水量的变化在土壤氮素矿化预测中应予以考虑。研究发现，变温下的土壤氮素矿化动态与恒温条件下的土壤氮素矿化动态显著不同，矿化速率随着温度的改变，呈波动式变化。与以往的恒温培养试验相比，变动温度的培养更有利于反映大田条件下土壤氮素矿化。Sierra（1997）研究显示日温度的波动在很大程度上影响了土壤氮素的矿化，但在日温差较小（27.1～33.2℃）的地区可以利用日均温估算土壤氮素矿化。本研究中采用日均温作为田间矿化模拟参数，田间日温度变化对土壤氮素矿化的影响还有待于进一步研究。由于温度变化的顺序对矿化总量没有影响（Stanford et al.，1975），因此在本节的试验中没有予以考虑。

土壤累积矿化氮与有效积温密切相关。本研究发现，变温条件下土壤矿化氮累积动态以积温模型拟合效果最好。Wu 等（2008）通过一级动力学模型来描述土壤累积矿化氮与有效积温的关系。Dharmakeerthi 等（2005）也报道了累积矿化氮与有效积温的非线性关系。但在描述土壤累积矿化氮与有效积温的关系时，不同研究采用的模型有所不同，这可能与试验田的环境条件和土壤类型有关。因此有研究认为利用综合积温、累积降水量等气象数据预测土壤氮素矿化具有可行性（Kay et al.，2006）。

通过有效积温与土壤含水量可以有效预测土壤氮素矿化动态。研究发现，在两者的相互影响下，矿化对温度和水分均呈非线性反应，并据此建立了它们之间的回归方程式（4-5）。这与以往的研究结果相一致，但采用的参数及函数有所不同。Goncalves 和 Carlyle（1994）对不同温湿度组合的土壤样品进行室内培养，并拟合了方程式（4-6），其预测值解释了观测值 95%的变异；Sierra（1997）利用土壤原位培养的方法，研究了温湿度对矿化的共同作用，矿化与土壤温湿度的关系如方程式（4-7）所示（R^2=0.972）；O'Connell（1999）利用温湿双因素组合方程式（4-8）预测了澳大利亚东南部 3 个桉树种植园土壤氮素矿化，预测值与观测值显著相关（R^2=0.97）。尽管模型受到各种限制因素影响，但是它被认为是评估土壤氮素矿化的最好方法。

$$N_{min}=1/[a+b(M-c)]+d \quad \text{（矿化对水分的反应）}$$

$$N_{min}=\exp(a_1+b_1T) \quad \text{（矿化对温度的反应）}$$

$$N_{min}=A\times \mathrm{MF}\times \mathrm{TF} \tag{4-6}$$

式中，a=1/（asymptotic maximum N_{min}–d）；M 为相对土壤含水量；d 为 asymptotic minimum N_{min}；b 和 c 为常数，是 logistic 曲线的拐点；a_1、b_1 为常数，T 为温度；A 为常数；MF、TF 为温度、水分方程。

$$\mathrm{Rn}=m\,\Phi^n e^{(B/T)} \text{和} \mathrm{Rn}=p\,\Phi^q Q_{10}^{(T/10)} \tag{4-7}$$

式中，m、n、p、q 为常数；Φ为水势，T 为绝对温度；B 为活化能与理想气体常数比值；Q_{10} 为温差 10℃下矿化速率常数的比值。

$$N_{min}=k_i\times\exp(-aT_i)/[1+b\times\exp(-cM_i)] \tag{4-8}$$

式中，a、b、c 为常数；T_i 为温度；M_i 为充水空隙比例；k_i 为不同土壤层次的度量因子。

本研究中，模型评估仅在有限的试验点进行。最新的一些研究表明土壤氮素矿化具有很强的空间变异性，这些变异可能因不同的有机氮库和水热条件而不同，即各因子的作用都是最终通过对可矿化氮库的大小、质量以及环境因子的改变来影响氮矿化的。这表明除温度、水分等因子的重要影响外，土壤有机质含量对氮素矿化也起到举足轻重作用。本研究通过对 120 个不同有机质含量的土壤样品，进行长期室内培养发现，矿化氮累积量与土壤有机质含量显著正相关，因此土壤有机质含量与土壤氮素矿化动态的关系值得进一步研究。

十、小结

变温培养下土壤氮素矿化动态与恒温培养显著不同，变温下土壤矿化氮的累积动态以积温模型的拟合效果最好。指数模型能够较好描述土壤有机氮矿化对土壤水分含量的反应。在土壤氮素矿化积温模型和水分函数的基础上，建立变化温度与水分条件下的土壤氮素矿化模型。田间实测矿化数据验证了此模型的可行性。因此可以利用有效积温和土壤含水量来估测田间土壤氮素矿化量。土壤有机质含量与土壤矿化氮累积量显著相关，但田间土壤氮素矿化的修正参数，还有待于进一步研究。

参 考 文 献

白志坚，赵更生. 1981. 陕西省主要耕种土壤的氮矿化势. 土壤通报, 12(4): 26–29.
晁逢春. 2003. 氮对烤烟生长及烟叶品质的影响. 中国农业大学博士学位论文.
陈家宙，丘华昌. 1996. 5 种旱地土壤的供氮特点及其与土壤性质的关系. 华中农业大学学报, 15(3): 237–241.
杜建军，王新爱，王夏晖，等. 2005. 旱地土壤氮素、有机质状况及与作物吸氮量的关系. 华南农业大学学报, 26(1): 11–15.
巨晓棠,李生秀.1996. 土壤可矿化氮对作物吸氮量的贡献. 干旱地区农业研究, 14(4): 29–33
李志宏，徐爱国，龙怀玉，等. 2004. 中国植烟土壤肥力状况及其与美国优质烟区比较. 中国农业科学, 37(1): 36–42.
吕珊兰，杨熙仁，张耀东，等. 1996. 山西土壤氮矿化势与供氮量的预测. 中国农业科学,29(1): 21-26.
马宏瑞，赵之重. 1997. 青海农区钙层土氮矿化势和供氮速率常数估测. 青海大学学报：自然科学版, 15(2): 25–27.
唐玉琢，袁正平，肖永兰，等. 1991. 不同稻作制下红壤性水稻土氮矿化特性的研究. 湖南农业大学学报(自然科学版), 17(增刊): 233–241.
王鹏. 2007. 土壤与氮营养对烤烟氮吸收分配及品质影响. 中国农业科学院博士学位论文.
王淑平，周广胜，高素华，等. 2005. 中国东北样带土壤氮的分布特征及其对气候变化的响应. 应用生态学报, 16(2): 279–283.
解宏图，郑立臣，何红波，等. 2015. 东北黑土有机碳、全氮空间分布特征. 土壤通报, (6): 20–23.
严德翼，周建斌，邱桃玉，等. 2007. 黄土区不同土壤类型及土地利用方式对土壤氮素矿化作用的影响. 西北农林科技大学学报：自然科学版, 35(10): 103–109.
叶优良，张福锁. 2001. 土壤供氮能力指标研究. 土壤通报, 32(6): 273–277.
周克瑜，施书莲. 1992. 我国几种主要土壤中氮素形态分布及其氨基酸组成. 土壤, 24(6): 285-288.
朱兆良，文启孝. 1992. 中国土壤氮素. 南京：江苏科学技术出版社.
左天觉. 1993. 烟草生产，生理与生物化学. 上海：上海远东出版社.
Broadbent F. 1986.Empirical modeling of soil nitrogen mineralization.Soil Science, 141(3): 208–213.
Cambardella C, Moorman T, Parkin T, et al. 1994. Field-scale variability of soil properties in central Iowa soils. Soil Science Society of America Journal, 58(5): 1501–1511.
Campbell C, Stewart D, Nicholaichuk W, et al. 1974. Effects of growing season soil temperature, moisture, and NH_4-N on soil nitrogen. Canadian Journal of Soil Science, 54(4): 403–412.
Dharmakeerthi R, Kay B, Beauchamp E. 2005. Factors contributing to changes in plant available nitrogen across a variable landscape. Soil Science Society of America Journal, 69(2): 453–462.
Franzluebbers A J, Haney R L, Honeycutt C W, et al. 2001. Climatic influences on active fractions of soil organic matter. Soil Biology and Biochemistry, 33(7): 1103-1111.
Goncalves J L M, Carlyle J C. 1994. Modelling the influence of moisture and temperature on net nitrogen mineralization in a forested sandy soil. Soil Biology & Biochemistry, 26: 1557-1564.

Goovaerts P, Chiang C N. 1993. Temporal persistence of spatial patterns for mineralizable nitrogen and selected soil properties. Soil Science Society of America Journal, 57(2): 372–381.
Griffin G, Laine A. 1983. Nitrogen mineralization in soils previously amended with organic wastes. Agronomy Journal, 75(1): 124–129.
Juma N, Paul E, Mary B. 1984. Kinetic analysis of net nitrogen mineralization in soil. Soil Science Society of America Journal, 48(4): 753–757.
Kay B, Mahboubi A, Beauchamp E, et al. 2006. Integrating soil and weather data to describe variability in plant available nitrogen. Soil Science Society of America Journal, 70(4): 1210–1221.
Mahmoudjafari M, Kluitenberg G, Havlin J, et al. 1997. Spatial variability of nitrogen mineralization at the field scale. Soil Science Society of America Journal, 61(4): 1214–1221.
Marion G, Miller P. 1982. Nitrogen mineralization in a tussock tundra soil. Arctic and Alpine Research: 287–293.
Myers R J K,Weier K L,Campbell C A.1982. Quantitative relationship between net nitrogen mineralization and moisture content of soils.Canadian Journal of Soil Science, 62(1):111-124.
O'Connell A M, Rance S J. 1999. Predicting nitrogen supply in plantation eucalypt forests. Soil Biology and Biochemistry, 31: 1943-1951.
Parkin T, Meisinger J, Starr J, et al. 1988. Evaluation of statistical estimation methods for lognormally distributed variables. Soil Science Society of America Journal, 52(2): 323–329.
Robertson G P, Crum J R, Ellis B G. 1993. The spatial variability of soil resources following long-term disturbance. Oecologia, 96(4): 451–456.
Sierra J. 1992. Relationship between mineral N content and N mineralization rate in disturbed and undisturbed soil samples incubated under field and laboratory conditions.Australian Journal of Soil Research 30, 477–492.
Sierra J. 1997. Temperature and soil moisture dependence of N mineralization in intact soil cores. Soil Biology and Biochemistry, 29(9): 1557–1563.
Stanford G, Frere M, Vander Pol R A. 1975. Effect of fluctuating temperatures on soil nitrogen mineralization. Soil Science, 119(3): 222–226.
Stanford G, Smith S. 1972. Nitrogen mineralization potentials of soils. Soil Science Society of America Journal, 36(3): 465–472.
Tabatabai M, Al-Khafaji A. 1980. Comparison of nitrogen and sulfur mineralization in soils. Soil Science Society of America Journal, 44(5): 1000–1006.
Wu T Y, Ma B, Liang B. 2008. Quantification of seasonal soil nitrogen mineralization for corn production in eastern Canada. Nutrient Cycling in Agroecosystems, 81(3): 279–290.

第五章　烤烟农田生态系统氮素利用与去向

在农田生态系统中，氮素去向可以粗略地分为作物吸收、土壤残留和损失。以往的研究显示，大田作物水稻、小麦、玉米的氮肥利用率为 28.3%、28.2%、26.1%（张福锁等，2008），稻田氮肥损失率为 30%～70%，旱地氮肥损失率为 20%～50%。当季作物收获后，有相当数量的肥料氮残留于土壤中（约 30% 以上）供第二季及以后各季作物利用（李世清和李生秀，2000）。因此合理施肥，必须考虑土壤中的氮素平衡及其前作后效。目前，利用 ^{15}N 同位素示踪技术对烤烟农田生态系统不同移栽期和海拔（谢志坚等，2009）、不同前作（徐照丽和杨宇虹，2008）等条件下的土壤无机肥料氮利用率进行研究，苏帆等（2008）和封幸兵等（2006）对饼肥及秸秆氮利用率进行研究，但这些研究多是基于无机氮或有机氮的吸收利用，对烤烟农田生态系统的氮素平衡及肥料的后效考虑较少。

第一节　烤烟氮肥利用率影响因素

近年来，针对烤烟氮肥利用率的研究较多，不同研究结果间氮肥利用率差异较大。这是由于氮肥的利用受土壤（土壤类型、质地等）、环境（水分、温度等）、作物（品种、前茬作物等）、管理（施肥、种植制度）等多种因素的影响。

一、土壤对烤烟氮肥利用率的影响

凡是影响氮肥转化的土壤因素均可能对氮肥利用率产生影响，如土壤氮素状况、酸碱度、有机质、土壤质地等。另外，土壤微生物的活动也对利用率有重要影响，而上述因子也通过影响土壤微生物的活动对氮肥转运构成间接影响。陈江华等（2008）研究显示，云南玉溪（研和试验基地）、昆明（宜良）、文山（平远）、曲靖（寻甸）、楚雄等不同土壤类型上烤烟的氮肥利用率差异很大，其中以文山红壤最高，烤烟氮肥利用率可达 73.63%，其次是昆明水稻土，也高达 61.49%，玉溪的水稻土和楚雄的紫色土也能达到 54.12%和 52.61%，而曲靖的黄壤最低，仅为 31.70%（表 5-1）。土壤有机质对肥力利用率也有较大影响，一般随着土壤有机质的增加，氮肥实际利用率上升、表观利用率有下降趋势。

表 5-1　不同土壤种类上烤烟氮肥利用率

地点	土类	pH	有机质/（g/kg）	全氮/（g/kg）	速效氮/（mg/kg）	氮肥利用率/%
玉溪	水稻土	7.3	14.7	0.81	78.9	54.12
昆明	水稻土	6.3	20.1	1.10	102.5	61.49
文山	红壤	6.4	16.4	0.78	106.5	73.63
曲靖	黄壤	7.2	22.0	1.26	93.6	31.70
楚雄	紫色土	5.9	7.5	0.78	38.1	52.61

注：烤烟品种为 K326。

资料来源：陈江华等，2008。

二、环境对烤烟氮肥利用率的影响

土壤水分状况与肥料利用率关系密切。氮肥的溶解、水解、吸收、残留、淋溶、逸失都与水分直接相关。在一定范围内，随着土壤水分含量增加，作物的氮肥效果和吸氮量相应提高。水分含量越高，氮肥增产作用就越大，吸氮量越高（穆兴民，1999）。胡明芳和田长彦（2002）的研究表明，在不同的水分条件下，施肥都使水分利用率提高。在一定范围内，无论作物处于水分充足还是胁迫状况下，施肥都能明显促进作物对水分的吸收与利用，此外在水分充足条件下施肥对水分利用率的提高幅度要大于干旱胁迫情况下，表现出明显的“以肥补水，以水促肥”的效应。

三、作物对烤烟氮肥利用率的影响

（一）品种对氮肥利用率的影响

不同品种具有不同的栽培与生理生化特性，因此，对肥料的需求、吸收和利用也是不相同的，生产中往往更具不同的需肥特点。陈江华等（2008）在云南进行不同品种养分利用率的研究，结果表明，在同等施肥水平下，红花大金元的氮肥利用率最高，达到43.28%，其次是 G28 和 K326，分别为 38.45%和 24.82%。以上结果说明不同的品种对氮肥吸收与利用率有明显差异，肥料利用率高的品种对肥料吸收和利用能力强，相应对肥料的需求量较少，即通常所说的耐肥性弱，反之则耐肥性强。

（二）前作对氮肥利用率的影响

烤烟作为一种不耐连作的作物，在种植的过程中，轮作成为烟草种植制度的主要内容。通过合理轮作，可以改善烤烟的生长环境，均衡地利用土壤养分，减少病虫害的发生，提高烤烟产量和质量。对于不同的前作来说（表 5-2），前作为油菜和大麦时，烤烟的氮肥利用率较高，前作为洋葱时的氮肥利用率最低，仅为前作为油菜时的 73%（徐照丽和杨宇虹，2008）。

表 5-2　不同前作烤烟氮肥利用率

前作	氮水平/（g N/株）	氮肥利用率/%		
		不同前作不同氮水平	不同前作	不同氮水平
油菜	4	27.86 aA	21.38 Aa	4 g N/株
	8	14.89 deC		21.35 aA
大麦	4	22.64 bB	19.76 bA	
	8	16.89 cdeC		
甜脆豌豆	4	17.51 cC	16.57 cB	8 g N/株
	8	15.63 cdeC		15.45 bB
洋葱	4	17.39 cdC	15.90 cB	
	8	14.40 eC		

注：同列数字后小写和大写字母分别代表 5%和 1%的显著性差异。

四、施肥对烤烟氮肥利用率的影响

(一)施氮量对氮肥利用率的影响

土壤有效氮含量较低的土壤上，烤烟氮肥利用率随施肥量增加而降低，如楚雄紫色土和玉溪水稻土；在昆明的水稻土和文山的红壤上，烤烟氮肥利用率与施肥量呈二次曲线关系；在曲靖的有效氮含量较高的黄壤上，烤烟氮肥利用率随施肥量增加而增加。平均来看，以施氮量 135～165 kg/hm^2 的肥料利用率较高，平均为 56.61%（表 5-3）。

表 5-3　不同土壤与施氮量的氮素利用率　　(%)

地点	土类	施氮量				
		75 kg/hm^2	105 kg/hm^2	135 kg/hm^2	165 kg/hm^2	195 kg/hm^2
玉溪	水稻土	65.20	64.57	55.11	42.36	43.38
昆明	水稻土	34.60	46.14	76.11	81.91	68.69
文山	红壤	83.40	69.86	68.11	76.00	70.77
曲靖	黄壤	29.20	29.43	31.00	33.91	35.15
楚雄	紫色土	59.80	54.29	51.33	50.27	47.38
平均		54.44	52.86	56.33	56.89	53.07

资料来源：陈江华等，2008。

(二)氮素形态对氮肥利用率的影响

在云南不同土壤种类进行氮素形态比例对烤烟氮肥利用率的研究表明，在红壤和紫色土上，不同硝态氮比例对肥料利用率的影响不大，但以硝态氮比例在 40%～60%较高；在水稻土上，当硝态氮比例超过 40%，肥料利用率就会降低（图 5-1）。所以，水稻土上烤烟肥料配方中的硝态氮比例一般不宜超过 40%，而红壤和紫色土以 40%～60%较为适宜。

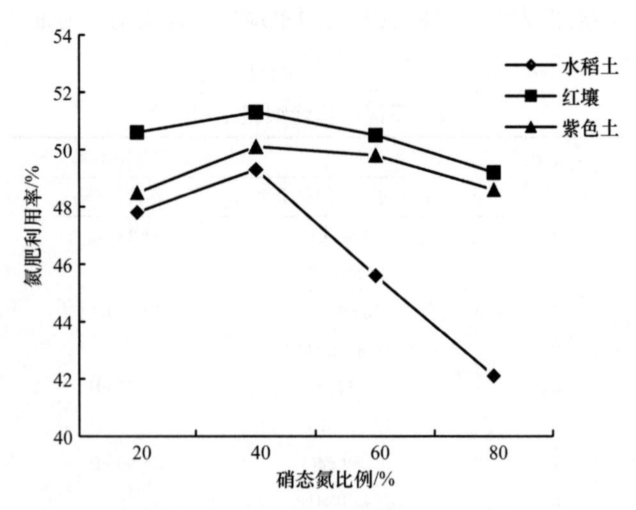

图 5-1　不同土壤上硝态氮比例对氮肥利用率的影响（陈江华等，2008）

（三）磷钾用量对氮肥利用率的影响

在云南寻甸、楚雄、宜良、晋宁等进行不同磷钾配比对烤烟氮肥利用率影响的研究。结果表明，氮磷配比越高，明显地降低氮肥的利用率，N∶P_2O_5 由 1∶1 到 1∶2，氮肥利用率平均降低 18.50 个百分点；氮钾配比增加，氮肥的利用率也有一定程度下降，相对而言氮的利用率下降较少（表 5-4）。

表 5-4　磷、钾配比对烤烟氮肥利用率的影响

	配比	氮肥利用率/%
N∶P_2O_5	1∶1	55.11
	1∶1.5	51.00
	1∶2	36.61
N∶K_2O	1∶2	49.37
	1∶3	45.78

注：施氮量为 135 kg/hm^2。

资料来源：陈江华等，2008。

（四）基追肥比例对氮肥利用率的影响

不同基追肥比例对氮肥利用率的影响结果表明，随着追肥比例的提高，氮肥利用率明显提高，当追肥比例增加到 30%以上时，氮肥利用率的增加幅度减小，当追肥比例增加到 50%以上时，氮肥利用率基本不增加（图 5-2）。

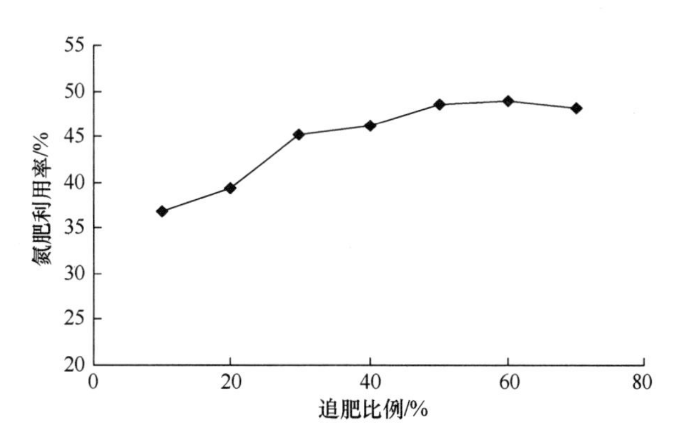

图 5-2　不同追肥比例的肥料利用率

（五）施肥方法对氮肥利用率的影响

在云南玉溪的红砂壤土上，以 ^{15}N-双标记硝酸铵，研究不同施肥方法对肥料利用率的影响。研究结果表明（图 5-3），烤烟对氮素营养的吸收，随着生育进程的推进逐渐增加，移栽后第一次取样（40 天）的吸收量较少，移栽后 100 天的吸收量较多，氮肥利用率也较高。3 种不同施肥方法处理中氮肥利用率以 100%基肥处理较低，67%基肥、33%追肥处理居中，33%基肥、67%追肥最高。

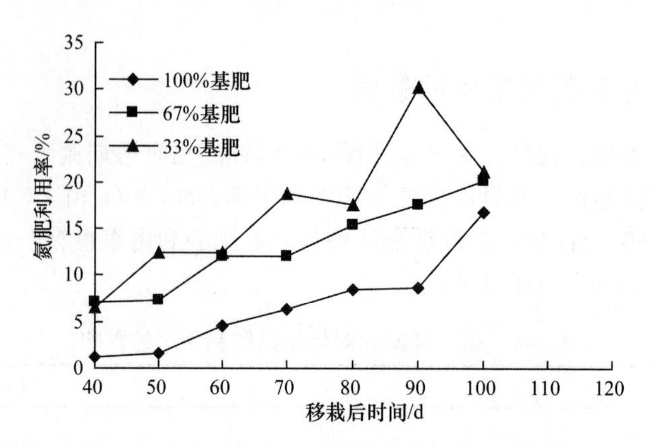

图 5-3　不同施肥方法对氮肥利用率的影响（陈江华等，2008）

五、连作对烤烟氮肥利用率的影响

不同连作年限对烤烟氮肥利用率研究结果表明，随着连作年限的增加，肥料利用率明显降低。开始第 1 年肥料利用率为 53%，到连作第 7 年时肥料利用率仅为 35%，平均每年下降 3 个百分点（图 5-4）。

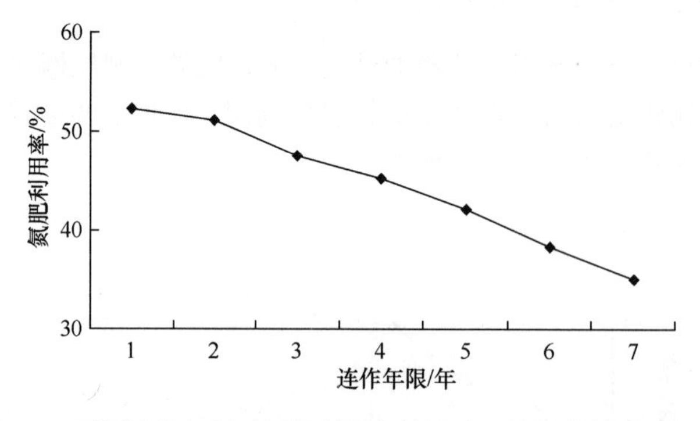

图 5-4　不同连作年限对氮肥利用率的影响（陈江华等，2008）

第二节　无机氮肥利用及残效

传统的氮肥利用率，是指作物吸收的肥料氮占所施肥料总氮的比例。通常的研究中，它仅局限于氮肥施入后的当季利用效率，而不包括其对后季的叠加效益（刘巽浩和陈阜，1990）。根据氮肥利用率的定义，测定氮肥利用率的方法有两种：同位素示踪法及非同位素示踪差值法。在此基础上又派生出区间差值法和导数法。由于氮肥施入土壤的激发效应，差值法测得的值往往大于示踪法。一般认为，在研究肥料氮施入土壤后的行为时，以示踪法较可靠。而当氮肥利用率作为衡量施用氮肥后植株体内营养水平提高的指标及确定适宜的施肥量时用差值法。导数法从吸氮量与施氮量的函数关系求导获得，故求出的氮肥利用率（NUE）比较符合实际，能更好地反映报酬递减率（党萍莉和肖俊璋，1992）。

一、不同类型土壤无机氮肥利用率

（一）红壤无机氮肥利用率

红壤上烤烟氮肥利用率（图 5-5）为 25.42%～30.61%，中有机质土壤（M）上氮肥利用率最大达 30.61%，其次为高有机质土壤（H），低有机质土壤（L）最小，M 与 H 差异不大，仅相差 1.57 个百分点，M 和 H 与 L 差异较大，分别相差 5.19 个和 3.62 个百分点。表明土壤有机质含量较低时，氮肥利用率也较低，有机质含量较高时氮肥利用率也相对较高。烤烟氮肥表观利用率为 20.35%～50.78%，L 水平上氮肥表观利用率最高达 50.78%，其次为 M，H 最小。在 L、M 水平下，氮肥表观利用率高于实际利用率，分别为实际利用率的 199.8%和 116.8%，H 水平上氮肥表观利用率低于实际利用率，仅为实际利用率的 70.1%。

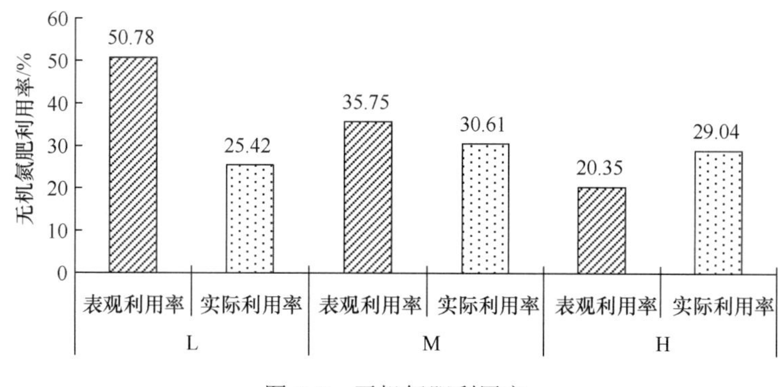

图 5-5　无机氮肥利用率

（二）黄壤无机氮肥利用率

3 种有机质含量的黄壤上，氮肥利用率随生育期的增加而提高（表 5-5），13 周时达到高峰，到烟叶进入成熟期后，氮利用率呈逐渐降低的趋势。烤烟移栽后 3～5 周氮利用

表 5-5　不同有机质含量土壤烤烟氮肥利用率

移栽后周数	氮肥利用率/%		
	土壤有机质 19.2 g/kg	土壤有机质 25.7 g/kg	土壤有机质 40.7 g/kg
3	1.24a	1.22a	1.11a
5	7.34a	6.81a	6.20a
7	16.13a	17.23ab	18.94b
9	25.15A	26.41B	29.66B
11	29.21a	30.05a	34.21b
13	30.55A	32.64AB	36.68B
15	28.16a	29.33ab	34.33b
17	27.06a	27.67a	32.18b
表观利用率	17.4	16.7	15.4

注：同行数字后不同大小写字母表示差异达 0.01 和 0.05 显著水平。

率较低，3 种有机质（低、中、高）含量土壤氮利用率分别为 1.24%～7.34%、1.22%～6.81%和 1.11%～6.20%。移栽后 7～13 周氮利用率明显增加，低有机质含量的土壤氮利用率分别为 16.13%、25.15%、29.21% 和 30.55%；中有机质含量土壤分别为 17.23%、26.41%、30.05%和 32.64%；高有机质含量氮利用率分别为 18.94%、29.66%、34.21%和 36.68%；烤烟成熟期 15～17 周氮利用率逐渐降低，17 周低、中、高 3 种有机质含量土壤氮利用率分别为 27.06%、27.67%、32.18%，氮利用率随有机质含量的增加而提高。17 周低、中、高 3 种有机质含量土壤肥料氮表观利用率分别为 17.4%、16.7%、15.4%，氮肥表观利用率随有机质含量的增加而降低，氮肥表观利用率分别为实际利用率的 64.3%、60.4%和 47.9%。

（三）水稻土无机氮肥利用率

水稻土 A 田烤烟氮肥实际利用率低于 B 田（图 5-6），分别为 35.34%和 37.11%。烤烟氮肥表观利用率显著高于氮肥实际利用率，为氮肥实际利用率的 137.3%和 150.7%。而 A 田有机质含量高于 B 田，表明随土壤肥力提高，氮肥利用率降低。

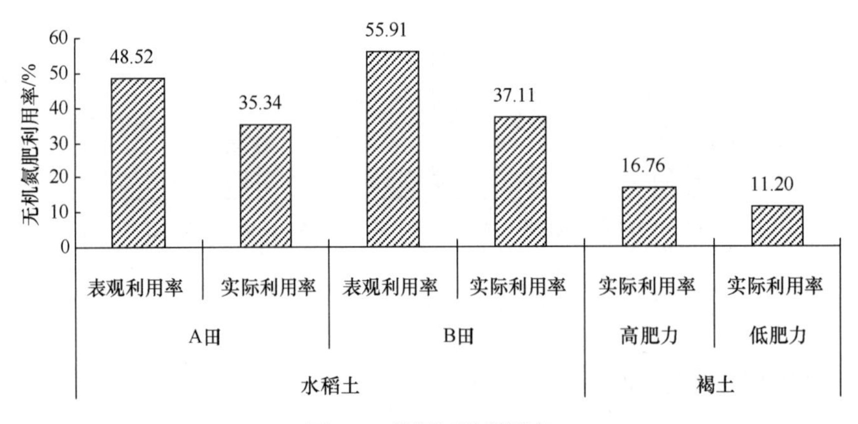

图 5-6 烤烟氮肥利用率

（四）褐土无机氮肥利用率

褐土烤烟氮肥利用率显著低于红壤、黄壤及水稻土，高肥力褐土氮肥实际利用率为 16.76%，低肥力为 11.20%，随着肥力的降低，氮肥实际利用率下降，如图 5-6 所示。

^{15}N 标记试验显示，红壤、黄壤、水稻土和褐土烤烟氮肥利用率分别为 25.42%～30.61%、27.06%～32.18%、35.34%～37.11% 和 11.20%～16.76%，表明不同土壤类型土壤氮肥利用率差异显著，其中褐土氮肥利用率极显著低于红壤、黄壤和水稻土。氮肥利用率高低与土壤肥力呈正相关，如红壤、黄壤、水稻土氮肥利用率随土壤有机质含量增加而提高。这是由于土壤肥力的提高可以增强烤烟生长，增加烤烟氮素吸收。尽管随土壤有机质含量提高，氮肥利用率增加，但氮肥的增产效应却在下降，如红壤、黄壤上表观利用率分别为 20.35%～50.78%和 15.4%～17.4%，氮肥表观利用率均随土壤有机质含量增加而降低。肥料施用时间对氮肥实际利用率影响较大，黄壤追施无机氮肥利用率为 51.20%～61.73%，显著高于基施无机肥利用率。

二、追施无机氮肥利用率

3 种有机质含量土壤烤烟于移栽 5 周追施氮肥后（表 5-6），随着生育期的增加，其氮利用率逐渐增加，15 周达到高峰。其中 3 种有机质土壤（低、中、高）烤烟移栽后 7 周氮肥利用率为 27.51%～33.56%，11 周追施氮肥利用率超过 50%，15 周追施氮肥利用率为 53.15%～65.24%，到采收结束 17 周为 51.20%～61.73%，表明追施氮肥利用率高。从不同土壤有机质含量上看，随有机质含量的增加，烟株对追施氮利用率呈逐渐增加趋势，其中于移栽后 7 周、13 周和 15 周低有机质与高有机质间差异均达显著水平，17 周时高有机质土壤的烟株对追施氮肥利用率与低有机质土壤的差异达显著水平，表明有机质含量的差别大于氮素用量的差异，增加土壤有机质含量具有提高氮肥利用率的作用。

表 5-6　不同有机质含量土壤追施氮肥利用率

移栽后周数	追施氮肥利用率/%		
	土壤有机质 19.2 g/kg	土壤有机质 25.7 g/kg	土壤有机质 40.7 g/kg
7	27.51a	28.79ab	33.56b
9	38.21a	38.76a	44.77a
11	50.91a	52.60a	59.18a
13	54.32a	55.06ab	62.42b
15	53.15a	57.65ab	65.24b
17	51.20a	50.99a	61.73b

注：同行数字后不同小写字母表示差异达 0.05 显著水平。

三、无机氮肥后效

（一）^{15}N 当季作物吸收率

对于试验首季作物烤烟来说，水旱轮作黄壤 90 kg/hm^2 和 120 kg/hm^2 施氮量下氮肥利用率分别为 33.44%和 35.58%；旱地轮作黄壤 90 kg/hm^2 和 120 kg/hm^2 施氮量下氮肥利用率分别为 31.56%和 31.42%，水旱轮作土壤氮肥利用率高于旱地土壤，这与烤烟吸收总氮量正相关。水旱轮作土壤氮肥实际利用率为表观氮素利用率的 64.73%和 84.72%，旱地轮作土壤氮肥实际利用率为表观氮素利用率的 55.15%和 65.58%，表明氮素实际利用率显著低于表观利用率，利用表观利用率评价高估氮肥对作物的实际贡献。

（二）^{15}N 第二季作物吸收率

第二季作物对 ^{15}N 利用率锐减，水旱轮作黄壤 90 kg/hm^2 和 120 kg/hm^2 施氮量下第二季作物玉米氮肥利用率分别降为 1.29%和 1.98%，为首季作物氮肥利用率的 3.86%和 5.56%；第二季作物烤烟的残留氮肥利用率更低，仅为 0.71%和 0.17%，仅为首季作物氮肥利用率的 2.12%和 0.48%；玉米对残留氮肥利用率大于烤烟，原因是由于玉米的氮素吸收量高于烤烟的吸收量。与水旱轮作相比，旱地轮作黄壤 90 kg/hm^2 和 120 kg/hm^2 施氮量下，第二季作物玉米氮肥利用率分别为 3.60%和 3.40%，为首季作物氮肥利用率的 11.41%

和 10.82%；第二季作物烤烟对残留氮肥的利用率为 1.32% 和 1.56%，为首季作物氮肥利用率的 4.18%和 4.93%。旱地轮作第二季作物对残留氮的回收率高于水旱轮作土壤，可能是由于水旱轮作土壤前季作物氮素吸收量高于水旱轮作，肥料残留量低。

（三）^{15}N 第三季作物吸收率

第三季作物残留氮肥利用率为 0.03%～0.38%，对作物氮素营养的贡献率仅为 0.03%～0.36%，表明无机氮肥的残效至少可以持续到第三茬作物。但无论是烤烟还是玉米，对残留氮的利用率均较低，残留氮对作物氮素营养的贡献几乎可以忽略不计。

（四）^{15}N 三季作物叠加吸收率

三季作物累计氮肥利用率为 33.00%～37.60%（表 5-7），首季作物氮肥利用率占三季作物累计氮肥利用率的 89.12%～99.35%，表明当季作物氮肥利用率可以评价氮肥效果。相同作物不同轮作次序，也影响肥料氮的回收。烤烟-玉米-烤烟轮作次序下，三季作物的叠加利用率均高于烤烟-烤烟-玉米轮作，表明氮肥施入土壤后，前期作物吸氮量越高，氮肥的回收率就越高。

表 5-7 烤烟无机氮肥后效

处理		轮作方式							
		烤烟-玉米-烤烟				烤烟-烤烟-玉米			
		作物吸收氮/（kg/hm^2）	作物吸收肥料氮/（kg/hm^2）	贡献率	肥料利用率	作物吸收氮/（kg/hm^2）	作物吸收肥料氮/（kg/hm^2）	贡献率	肥料利用率
第一茬	D-N0	61.9				61.9			
	D-N6	108.4	30.10	27.77%	33.44%	108.4	30.10	27.77%	33.44%
	D-N8	112.3	42.70	38.02%	35.58%	112.3	42.70	38.02%	35.58%
	G-N0	30.2				30.2			
	G-N6	81.7	28.40	34.76%	31.56%	81.7	28.40	34.76%	31.56%
	G-N8	87.6	37.70	43.04%	31.42%	87.6	37.70	43.04%	31.42%
第二茬	D-N0	191.2				112.6			
	D-N6	200.3	1.16	0.58%	1.29%	93.2	0.64	0.69%	0.71%
	D-N8	259.0	2.38	0.92%	1.98%	77.8	0.21	0.26%	0.17%
	G-N0	230.1				106.9			
	G-N6	155.7	3.24	2.08%	3.60%	101.1	1.19	1.18%	1.32%
	G-N8	245.2	4.08	1.66%	3.40%	122.7	1.86	1.52%	1.55%
第三茬	D-N0	101.4				210.3			
	D-N6	120.4	0.13	0.11%	0.14%	170.6	0.20	0.12%	0.22%
	D-N8	86.5	0.04	0.05%	0.03%	176.1	0.13	0.07%	0.06%
	G-N0	100.6				211.3			
	G-N6	94.0	0.22	0.24%	0.25%	165.0	0.14	0.08%	0.15%
	G-N8	126.0	0.45	0.36%	0.38%	198.5	0.06	0.03%	0.03%

续表

处理		轮作方式							
		烤烟-玉米-烤烟				烤烟-烤烟-玉米			
		作物吸收氮/（kg/hm^2）	作物吸收肥料氮/（kg/hm^2）	贡献率	肥料利用率	作物吸收氮/（kg/hm^2）	作物吸收肥料氮/（kg/hm^2）	贡献率	肥料利用率
三茬合计	D-N0	354.5				384.8			
	D-N6	429.1	31.39	28.46%	34.88%	372.2	30.94	28.57%	34.38%
	D-N8	457.9	45.12	38.99%	37.60%	366.2	43.03	38.36%	35.81%
	G-N0	360.9				348.4			
	G-N6	331.4	31.87	37.08%	35.41%	347.8	29.73	36.02%	33.03%
	G-N8	458.9	42.23	45.06%	35.19%	408.8	39.63	44.59%	33.00%

第三节　有机无机肥配施中氮的利用

烤烟对有机物中氮的利用率显著低于对无机氮的利用率。一方面是由于有机物中氮需要经过微生物的分解，释放出无机氮才能被作物吸收；另一方面是有机添加物与无机氮肥配施，可以促进根部对氮素的吸收（张福锁和李晓琳，1998），提高作物对化肥氮素的利用率（朱洪勋等，1996）。与烤烟相似，水稻对稻草氮的利用率也较低（王胜佳等，2005），在不施氮肥条件下小麦对稻草氮的吸收率为4.46%，第二季单季稻对稻草氮的吸收率为 4.78%，5 季作物累计吸收稻草氮 11.76%。不同有机肥的利用率差异显著，其中饼肥的利用率最高，其次为稻草秸秆，油菜秸秆最低，由此可见有机肥的利用率与其碳氮比密切相关，碳氮比越小的有机肥利用率越高。

一、有机无机肥配施氮利用率

不同类型有机物中氮的利用率及相应无机氮肥的利用率如表 5-8 所示。其中稻草秸秆 ^{15}N 的利用率为 15.47%，无机 ^{15}N 的利用率为 42.66%；油菜秸秆 ^{15}N 的利用率为 8.06%，无机 ^{15}N 的利用率为 35.71%；菜籽饼 ^{15}N 的利用率为 19.28%，无机 ^{15}N 的利用率为 41.11%。方差分析显示，稻草秸秆、油菜秸秆及菜籽饼的氮利用率差异显著，且有机氮的利用率远低于无机氮利用率。

表 5-8　有机无机肥配施试验当季作物（烤烟）氮利用率

处理	N/（kg/hm^2）	^{15}N/（kg/hm^2）	贡献率	利用率
^{15}StrNPK	145.7	3.55	2.43%	15.47%
Str^{15}NPK	145.7	38.39	26.35%	42.66%
^{15}JNPK	149.1	3.92	2.63%	8.06%
J^{15}NPK	149.1	32.14	21.55%	35.71%
^{15}BNPK	159.1	1.60	1.01%	19.28%
B^{15}NPK	159.1	37.00	23.26%	41.11%

注：Str. 稻草秸秆；J. 油菜秸秆；B. 菜籽饼。

二、有机无机肥配施后季作物氮回收率

从表 5-9 可以看出，后季作物氮利用率较当季作物锐减。例如，第二季作物玉米对稻草秸秆 ^{15}N 的利用率为 2.94%，无机 ^{15}N 的利用率为 0.42%；油菜秸秆 ^{15}N 的利用率为 0.68%，无机 ^{15}N 的利用率为 0.29%；菜籽饼 ^{15}N 的利用率为 0.73%，无机 ^{15}N 的利用率为 0.09%。第二季作物烤烟氮利用率出现相同趋势，烤烟对稻草秸秆 ^{15}N 的利用率为 0.58%，无机 ^{15}N 的利用率为 0.60%；油菜秸秆 ^{15}N 的利用率为 0.41%，无机 ^{15}N 的利用率为 0.27%；菜籽饼 ^{15}N 的利用率为 1.17%，无机 ^{15}N 的利用率为 0.46%。表明在有机无机氮肥配施条件下，第一季肥料的残效对于作物氮营养的贡献是十分有限的。

表 5-9 有机无机肥配施试验第二季作物氮利用率

处理	轮作方式							
	烤烟-玉米				烤烟-烤烟			
	N/（kg/hm^2）	^{15}N/（kg/hm^2）	贡献率	利用率	N/（kg/hm^2）	^{15}N/（kg/hm^2）	贡献率	利用率
^{15}StrNPK	285.5	0.67	0.24%	2.94%	102.2	0.13	0.13%	0.58%
Str^{15}NPK	161.1	0.38	0.24%	0.42%	107.5	0.54	0.51%	0.60%
^{15}JNPK	184.1	0.33	0.18%	0.68%	86.6	0.20	0.23%	0.41%
J^{15}NPK	200.7	0.26	0.13%	0.29%	97.8	0.24	0.25%	0.27%
^{15}BNPK	242.6	0.06	0.02%	0.73%	110.0	0.10	0.09%	1.17%
B^{15}NPK	140.6	0.08	0.06%	0.09%	103.3	0.42	0.41%	0.46%

在有机无机氮肥配施条件下，与当季作物对氮利用规律相反，第二季作物对有机氮的利用率高于无机氮，第二季作物玉米对稻草氮的利用率是无机氮利用率的 7.0 倍，对油菜秸秆氮的利用率是无机氮利用率的 2.4 倍，对菜籽饼氮的利用率是无机氮利用率的 8.2 倍。表明有机氮的残留率显著高于无机氮。

三、有机无机肥配施两季作物叠加利用率

在烤烟-玉米轮作体系中，稻草氮的两季叠加利用率为 18.41%，当季作物烤烟对稻草氮的利用率占叠加利用率的 84%；菜籽秸秆氮的两季叠加利用率为 8.75%，当季作物烤烟对油菜秸秆氮的利用率占叠加利用率的 92.2%；菜籽秸秆氮的两季叠加利用率为 20.01%，当季作物烤烟对油菜秸秆氮的利用率占叠加利用率的 96.4%。在烤烟-烤烟连作体系中，稻草氮的两季叠加利用率为 16.04%，当季作物烤烟对稻草氮的利用率占叠加利用率的 96.4%；菜籽秸秆氮的两季叠加利用率为 8.48%，当季作物烤烟对油菜秸秆氮的利用率占叠加利用率的 95.1%；菜籽秸秆氮的两季叠加利用率为 20.45%，当季作物烤烟对油菜秸秆氮的利用率占叠加利用率的 90.43%。表明无论在何种轮作制度下，有机肥氮的残效对作物氮营养的贡献有限，可以当季作物评价有机氮肥效果（表 5-10）。

表 5-10　有机无机肥配施试验两季作物氮叠加利用率

处理	轮作方式							
	烤烟-玉米				烤烟-烤烟			
	N/（kg/hm²）	^{15}N/（kg/hm²）	贡献率	利用率	N/（kg/hm²）	^{15}N/（kg/hm²）	贡献率	利用率
^{15}StrNPK	431.2	4.2	0.98%	18.41%	247.9	3.7	1.48%	16.04%
Str^{15}NPK	306.8	38.8	12.64%	43.08%	253.2	38.9	15.38%	43.26%
^{15}JNPK	333.2	4.3	1.28%	8.75%	235.7	4.1	1.75%	8.48%
J^{15}NPK	349.9	32.4	9.26%	36.00%	246.9	32.4	13.11%	35.98%
^{15}BNPK	401.7	1.7	0.41%	20.01%	269.1	1.7	0.63%	20.45%
B^{15}NPK	299.7	37.1	12.37%	41.20%	262.4	37.4	14.26%	41.58%

第四节　表层土壤氮素平衡

施氮时土壤表层氮素损失量增加，损失量增加量随土壤有机质含量增大而降低。不同轮作方式及添加有机物条件下氮素平衡结果显示，烤烟生长期间的氮输入总量为 156.3～405.5 kg/hm²，其中矿化氮量为输入总氮量的 22.6%～54.3%，平均为 34.5%，约为输入总氮量的 1/3；肥料氮的利用率为 31.4%～42.7%；植烟土壤氮素表观损失率为 37.5%～57.2%。而且土壤中添加稻草秸秆、油菜秸秆后，氮素表观残留量增加，氮素表观损失率降低。烤烟氮素累积量与输入氮总量呈显著正相关，因此在调控土壤氮素供应时，应考虑矿化氮、起始氮和肥料氮等的综合影响。

一、不同有机质含量土壤表层氮素平衡

根据烤烟吸氮量，可计算出烤烟生长期土壤表层氮素平衡（表 5-11）。其中氮输入包括氮肥、起始 N_{min} 和烤烟生长期间矿化氮三部分；氮输出包括烤烟吸收、残留 N_{min} 和表观损失量（氮输入总量与烤烟吸收和残留 N_{min} 两项输出之差）三部分，计算结果见表 5-11，土壤自身供氮量即烤烟生长期间土壤矿化氮量加上移栽前土壤无机氮量表现为 H＞M＞L，表明土壤有机质含量越高，土壤供氮能力越强，而土壤表观损失量表现为 L＞H＞M，L、M、H 3 个水平下施氮处理损失量分别较不施氮处理高 32 kg/hm²、23 kg/hm²、20 kg/hm²，表明施氮时土壤表层氮素损失量增加，损失增加量随土壤有机质含量增大而降低。

二、不同轮作方式下烤烟生长季节氮素平衡

（一）氮输入量

从表 5-12 可以看出，烤烟生长季总输入氮量为 153.3～309.3 kg/hm²。烤烟生长期

表 5-11　烤烟全生育期的土壤表层氮素平衡（0～30 cm）　（单位：kg/hm²）

项目	处理								
	L			M			H		
	CK	N0	N90	CK	N0	N90	CK	N0	N90
移栽前	24	24	24	36	36	36	71	71	71
施氮量	0	0	90	0	0	90	0	0	90
矿化量	62	72	62	83	95	66	75	105	68
烤烟携出	0	17	63	0	60	93	0	81	100
残留量	15	8	12	71	49	55	86	39	55
氮素表观损失量	71	70	102	48	21	44	60	55	75

表 5-12　烤烟生长季氮素平衡

氮素平衡		旱地轮作				水旱轮作			
		GCK	GN0	GN6	GN8	DCK	DN0	DN6	DN8
氮输入/（kg/hm²）	矿化氮	78.9	88.5	86.6	88.4	57.6	80.4	66.9	69.8
	起始氮	74.4	74.4	74.4	74.4	119.5	119.5	119.5	119.5
	肥料氮	—	—	90.0	120.0	—	—	90.0	120.0
	总输入氮	153.3	162.9	251.0	282.8	177.1	199.9	276.4	309.3
氮输出/（kg/hm²）	烟株肥料氮	—	0.0	28.4	37.7	—	0.0	30.1	42.7
	烟株土壤氮	—	30.2	53.3	49.9	—	61.9	78.4	69.6
	烟株累积氮	—	30.2	81.7	87.6	—	61.9	108.4	112.3
	氮表观残留	50.8	42.6	25.8	41.8	44.0	25.1	33.6	59.8
	氮表观损失	102.5	90.1	143.5	153.4	133.1	112.9	134.4	137.2
	肥料氮残留 *F*	—	—	38.0	55.5	—	—	49.1	75.3
肥料氮	利用率/%	—	—	31.6	31.4	—	—	33.4	35.6
	残留率/%	—	—	42.2	46.3	—	—	54.6	62.7
	损失率/%	—	—	26.2	22.3	—	—	12.0	1.7

间土壤矿化氮量为 57.6～88.5 kg/hm²，占烤烟生长季总输入氮量的 22.6%～54.3%。水旱轮作土壤、旱地轮作土壤起始无机氮量分别达到 74.4 kg/hm²、119.5 kg/hm²，为烤烟生长季总输入氮量的 26.3%～64.5%。尽管旱地轮作土壤矿化氮的供应能力高于水旱轮作土壤，但由于旱地轮作土壤上起始氮量低于水旱轮作土壤，旱地轮作土壤的氮输入量低于水旱轮作土壤，可见起始氮的供应量在烤烟栽培中也不容忽视。通过对氮素供应与烤烟氮素累积量的相关分析发现，矿化氮、起始氮等与烤烟氮素累计量均无显著相关性，而输入氮总量与烤烟氮素累积量呈极显著相关（r=0.96，P=0.002）。因此在调控土壤氮素供应时，应考虑矿化氮、起始氮和肥料氮等的综合影响。

（二）氮表观残留及表观损失

从烤烟生长季节的土壤氮素平衡结果（表 5-12）看出，烤烟生长季无机氮表观损失量在 90.1～153.4 kg/hm²，占氮素输入总量的 44.4%～75.2%。相关分析显示，表观损失量与氮输入量显著呈正相关（r=0.793，P=0.019）；通过回归分析，无机氮表观损失量与氮输入量的回归方程为 N_{loss}=–0.0028 N_{min}+1.579 N_{min} –77.342（R^2=0.708）。烤烟生长结束时，表观残留量为 25.8～59.8 kg/hm^2，表观残留量与氮输入总量无显著相关性。

不同处理间，氮素表观残留量与表观损失量差异显著。不施肥的植烟土壤氮残留量、表观损失量均低于休闲土壤，这在旱地轮作和水旱轮作土壤上表现是一致的。旱地轮作方式下不施肥植烟土壤、休闲土壤表观残留量高于水旱轮作，旱地轮作方式下不施肥植烟土壤、休闲土壤表观氮素损失量却低于水旱轮作土壤。这是因为旱地轮作方式下不施肥植烟土壤、休闲土壤无机氮输入总量低于水旱轮作方式土壤。在 90 kg/hm^2 施肥量和两种轮作方式下均显著增加了烤烟氮素累积量，同时表观残留氮也有所增加；120 kg/hm^2 的施肥量较 90 kg/hm^2 施肥量下烤烟累积氮无显著差异，但表观残留量显著增加，表观损失量也在增加，因此过多施用氮肥会导致土壤无机氮含量增加和氮素损失。相同施肥量下，水旱轮作土壤无机氮输入总量高于旱地轮作土壤，但表观损失量水旱轮作土壤显著低于旱地轮作土壤，表明水旱轮作土壤具有较强的保肥能力。

（三）肥料氮

通过 ^{15}N 示踪方法，测定了不同肥料氮的残留量、利用率、残留率和损失率。GN6、GN8、DN6、DN8 处理的肥料氮残留量分别为 38.0 kg/hm^2、55.5 kg/hm^2、49.1 kg/hm^2、75.3 kg/hm^2，高于相应处理的表观残留量，这可能是由于黄壤的黏土矿物以蛭石为主，对 NH_4^+具有强烈的固定能力，从而使氮肥保留在土壤中，增加了氮肥的残留率。研究结果显示，水旱轮作土壤氮肥利用率和残留率高于旱地轮作土壤，表明水旱轮作土壤对 NH_4^+的固定能力较旱地轮作土壤强。因此水旱轮作土壤肥料氮的损失率显著低于旱地轮作土壤，GN6、GN8、DN6、DN8 的损失率分别为 26.2%、22.3%、12.0%、1.7%。

三、单施有机肥对土壤氮素平衡的影响

植烟土壤在烤烟生长季节土壤氮素平衡及单施有机肥对氮素平衡的影响如表 5-13 所示。在不施无机氮肥情况下，烤烟生长季无机氮输入总量为 271.0～315.5 kg/hm^2，由于有机肥对土壤氮素矿化的影响，不同处理氮素供应存在差异。其中添加稻草秸秆、油菜秸秆的处理氮输入总量低于对照，添加饼肥处理氮输入总量高于对照。由此可见，由于有机物质的加入，影响土壤氮素的供应。烤烟生长期间矿化氮量为 86.3～130.8 kg/hm^2，为氮输入总量的 31.8%～41.5%，烤烟对土壤氮素的利用率为 30.1%～42.9%，这个利用率与同位素示踪计算的肥料氮利用率相当。在烤烟生长期间，无机氮的损失量为 112.6～180.6 kg/hm^2，占烤烟生长期间无机氮输入总量的 41.1%～57.2%，平均为 47.1%，约输入氮量的一半。StrPK、JPK、BPK、PK 处理的氮素残留量分别为 45.9 kg/hm^2、55.8 kg/hm^2、39.8 kg/hm^2、49.6 kg/hm^2，StrPK、JPK 的氮素损失率低于 BPK、PK，这可能是稻草秸秆和油菜秸秆施用后增加了土壤无机氮的固定、减少了氮素地表径流的损失所致。

四、有机肥与无机肥配施下土壤氮素平衡

有机肥与无机肥配施条件下，烤烟生长期间氮输入总量为 376.9～405.5 kg/hm^2，烤

表 5-13　单施有机肥下烤烟生长季氮素平衡

氮素平衡		处理			
		StrPK	JPK	BPK	PK
氮输入/（kg/hm^2）	起始氮	184.7	184.7	184.7	184.7
	矿化氮	102.2	86.3	130.8	118.1
	累计供氮量	286.9	271.0	315.5	302.8
氮输出/（kg/hm^2）	烟株累积氮	123.1	102.6	95.0	106.1
	表观残留氮	45.9	55.8	39.8	49.6
	表观损失氮	117.9	112.6	180.6	147.1
利用率/%	氮利用率	42.9	37.8	30.1	35.1
	氮损失率	41.1	41.5	57.2	48.6

注：StrPK、JPK、BPK、PK 分别代表稻草还田处理、油菜秸秆还田、饼肥处理、对照；矿化氮为有机物矿化氮和土壤矿化氮之和。

烟对氮的利用率为 38.7%～41.3%，平均为 39.7%；烤烟对肥料氮素的利用率为 35.7%～42.7%，平均为 38.0%，烤烟对总氮的利用率与对肥料氮的利用率几乎相等，由此可见烤烟对土壤氮和肥料氮的吸收没有选择性。各处理的氮素表观损失量为 123.3～163.9 kg/hm^2，占烤烟生长季总供氮量的 34.1%～40.4%，平均为 37.9%，以秸秆配施无机氮肥处理氮素损失率最小。无机氮肥的施用显著提高了土壤无机氮残留量，如表 5-14 所示，NPK 的氮素残留量为 82.4 kg/hm^2，而相应不施氮肥处理（PK）的残留量为 49.6 kg/hm^2。因此施用无机氮肥的植烟土壤氮素残留量较高，种植下季作物时值得考虑。

表 5-14　有机无机配施下烤烟生长季氮素平衡

氮素平衡		处理			
		StrNPK	JNPK	BNPK	NPK
氮输入/（kg/hm^2）	起始氮	184.7	184.7	184.7	184.7
	矿化氮	102.2	86.3	130.8	118.1
	肥料氮	90.0	90.0	90.0	90.0
	累计供氮量	376.9	361.0	405.5	392.8
氮输出/（kg/hm^2）	烟株累积氮	145.7	149.1	159.1	155.5
	表观残留氮	89.7	88.6	82.5	82.4
	表观损失氮	141.5	123.3	163.9	154.9
利用率/%	氮利用率	38.7	41.3	39.2	39.6
	肥料氮利用率	41.1	35.7	42.7	32.5
	氮损失率	37.5	34.1	40.4	39.4

第五节　土壤供氮量预测方法

作物养分需求规律及吸收规律是养分管理的基础，是施肥各项参数确定的理论依据。本研究结合烤烟养分需求规律，采用同位素示踪方法研究烤烟氮肥实际利用率，采用田间原位培养方法，研究烤烟生长期间土壤的实际供氮量，来预测烤烟氮肥需求量。

一、烟田土壤基础供氮量预测

（一）烟田土壤基础供氮量

土壤有机质含有植物生长所需的各种营养元素，是土壤微生物活动的能源，对土壤物理、化学和生物学都有着很深的影响。土壤基础氮素供应量（basic supplying-nitrogen capacity of soil，BSN）是评价土壤氮素供给能力的综合指标，与土壤有机质含量密切相关。研究结果显示，土壤基础供氮量随土壤有机质含量增加而增加（图 5-7a），两者呈对数关系（r=0.81，P＜0.01），土壤有机质解释了土壤基础供氮量 74.3%的变异。方程式（5-1）能够较好地拟合两者间的变化趋势，拟合的相关系数达到了 0.85。

$$\text{BSN}（\text{kg/hm}^2）=50.149\times\ln（\text{SOM}）-82.461 \tag{5-1}$$

式中，BSN 为全生育期土壤基础供氮量。

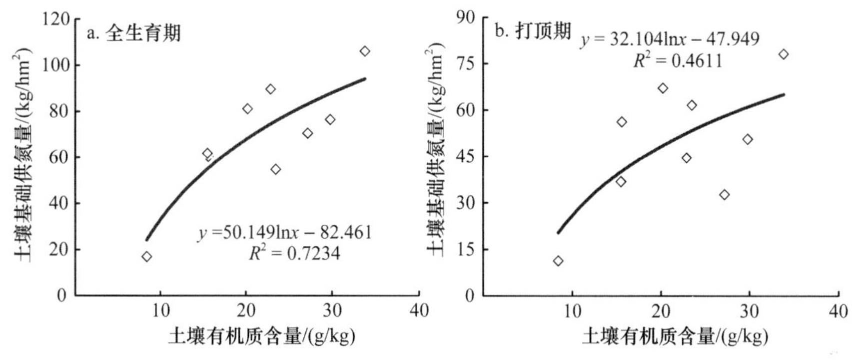

图 5-7　土壤有机质含量与烟田土壤基础供氮量的关系

（二）打顶期土壤基础供氮量

打顶期土壤基础供氮量（basic supplying-nitrogen capacity of soil before topping，BSNT）虽然随着土壤有机质含量提高有增加的趋势（图 5-7b），但相关分析显示两者相关不显著。这是由于不同土壤类型烤烟生长动态差异显著，不同时期氮素吸收量不同，如红壤、黄壤、水稻土的打顶期土壤基础供氮量占总基础供氮的 78.7%、62.6%和 55.8%（图 5-8）。因此烤烟打顶期土壤基础供氮量为

$$\text{BSNT}（\text{kg/hm}^2）=32.1041\times\ln（\text{SOM}）-47.949 \tag{5-2}$$

式中，BSNT 为打顶期土壤基础供氮量。

（三）烤烟肥料氮表观利用率

氮肥表观利用率是表征氮肥农学效应的重要参数。由“差减法”计算，即施肥区与空白区氮素吸收量差值除以施肥量。研究结果显示（图 5-9），西南烟区氮肥表观利用率为 20.4%～55.9%，平均为 43.3%±11.6%，同种土壤类型下，氮肥表观利用率随有机质含量、氮肥施用量增加而下降，但相关分析显示，氮肥表观利用率与土壤有机质、氮肥实际利用率无显著相关性。不同类型土壤烤烟氮肥利用率显著，其中红壤氮肥表观利用率最低，平均为 35.6%±15.2%，其次是水稻土氮肥利用率 42.6%±11.7%，黄壤最高 49.7%±6.4%。

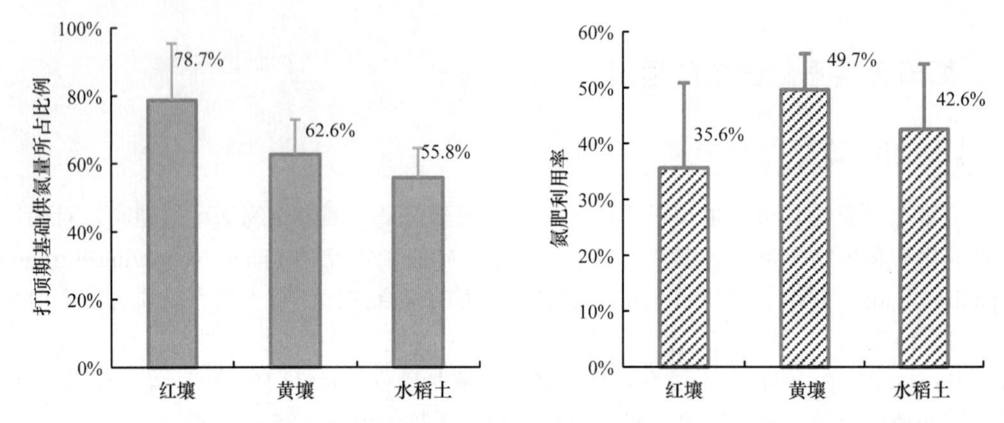

图 5-8 打顶期土壤基础供氮量占总基础供氮量的比例　　图 5-9 不同土壤类型氮肥表观利用率

（四）施肥量预测

目前，在国际上应用最为广泛的测土施肥方法是目标产量法，该方法为著名的土壤化学家 Troug 于 1960 年首次提出，并由 Stanford 改进后大量应用于生产实践中。它是将实现作物目标产量所需的养分量与土壤养分供应量之差作为施肥依据。其施肥量计算公式为

$$\text{施肥量}=\frac{\text{作物养分需求量}-\text{土壤供应量}}{\text{肥料当季利用率}\times\text{肥料中养分的有效含量}}$$

由于形成良好的烤烟产量和质量，要求烟株吸收氮素总量的 95%在开始现蕾时完成，其后持续吸收的氮素一般在 5%左右，最多不能超过总吸氮量的 10%（苏德成，1999）。因此烤烟打顶期的氮素需求量应为烤烟氮素需求量的 90%。由于烤烟打顶期的土壤基础供氮量不足以占到总供氮量的 90%，如红壤、黄壤、水稻土的打顶期土壤基础供氮量占总基础供氮的 78.7%、62.6%和 55.8%（图 5-8），后期有足够的氮素供应，因此以打顶期的土壤基础供氮量来预测氮肥施用量，即

$$\text{施肥量}=\frac{\text{烤烟氮需求量}\times 0.9-\text{土壤供应量}\times\text{打顶期氮素吸收比例}}{\text{肥料当季表观利用率}\times\text{肥料中养分的有效含量}}$$

二、烟田土壤实际供氮量预测

（一）肥料氮利用率

烤烟氮素来源主要有三部分，一是肥料氮，二是土壤矿化氮，三是烤烟种植前土壤无机氮含量。烤烟氮吸收量可以简单地表达为

$$N_t = N_f \times e_f + N_{min} \times e_m + N_i \times e_i \quad (5\text{-}3)$$

式中，N_t 为烤烟氮吸收量；N_f 为氮肥施用量；e_f 为氮肥利用率；N_{min} 为土壤矿化氮供应量；e_m 为矿化氮利用率；N_i 为土壤无机氮供应量；e_i 为土壤无机氮利用率。肥料利用率有两种计算方法，一种是通过差减法求得的表观利用率，另一种是采用同位示踪方法计算的肥料氮的实际利用率。实际利用率能够反映肥料氮的实际吸收利用情况。因此本研究中采用 ^{15}N 同位素示踪方法研究肥料的实际利用率。研究结果显示，西南烟区氮肥利用率为 25.4%～37.1%，平均为 32.6%。土壤类型、施肥量、土壤有机质对肥料利用率均

有影响，相关分析显示土壤有机质与肥料氮利用率的相关系数最高，达到了 0.783（$P<0.01$），肥料利用率随土壤有机质含量增加以对数函数方式增长（图 5-10），如方程式（5-4）所示。

$$e_f=7.3315\ln（SOM）-10.297 \quad （5-4）$$

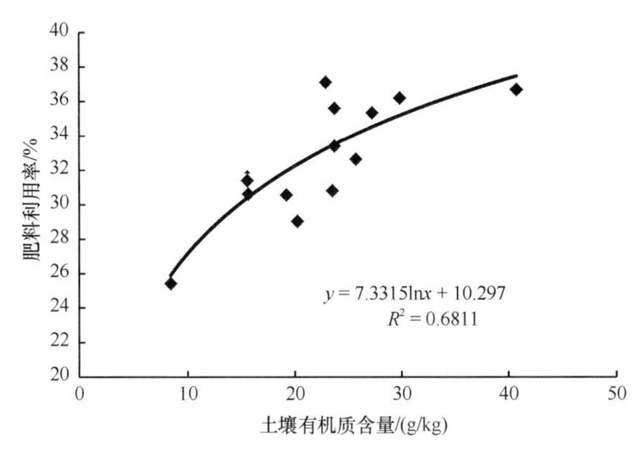

图 5-10　土壤有机质与肥料利用率的关系

（二）土壤矿化氮预测

本节采用田间原位培养方法，在多个试验点研究烤烟大田期的土壤氮素矿化量，研究结果表明，烤烟大田期土壤有机质矿化量随土壤有机质含量的增加而提高（图 5-11），两者显著正相关。曲线回归分析显示，对数函数能够较好地模拟土壤有机质与矿化量的关系，回归方程式如式（5-5）所示。大田期，单位土壤有机质矿化氮量为 1.1～2.4 mg/g，平均为 1.6 mg/g。相关分析显示，单位土壤有机质大田期矿化氮量与有机质含量相关性更强，相关系数达到–0.823。其关系可以用方程式（5-6）来表达。因此可以通过方程式（5-5）或式（5-6）来预测土壤矿化氮供应量。

$$N_{min}=45.756\ln（SOM）- 22.701 \quad （5-5）$$

$$R_{(N_{min})}= -0.9297\ln（SOM）+ 4.3927 \quad （5-6）$$

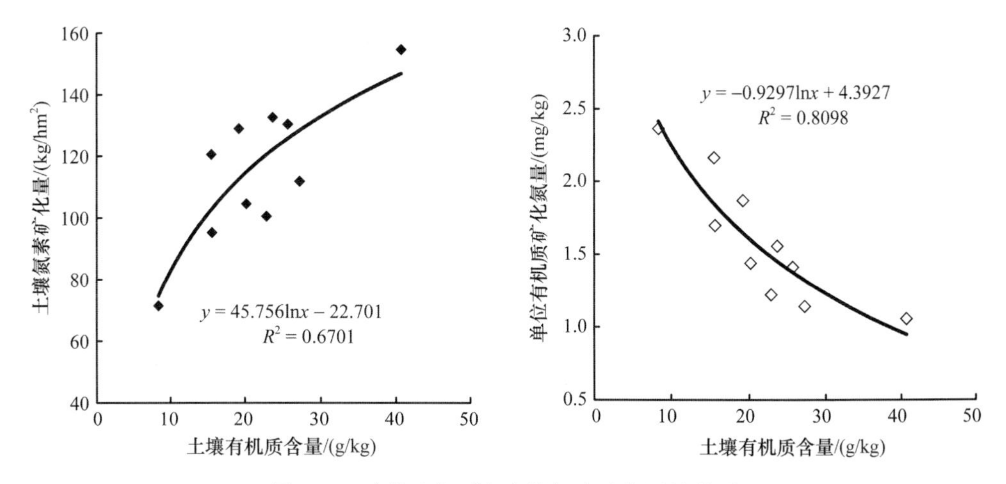

图 5-11　土壤有机质与土壤氮素矿化量的关系

（三）土壤矿化氮利用率

一般认为，残留 NO_3^- 对作物的有效性与施用的氮肥大致相等。在此基础上只要确定作物达到一定产量所需的氮素供应量（土壤初始无机氮+化肥氮），通过测定作物播前土壤无机氮，即可确定氮肥供应量，此方法称为 Nmin-Sollwert 法（Greenwood，1986）。这种方法在我国的小麦、棉花上都有应用。

在假设 $e_i=e_f$ 的条件下，由 $e_m=[N_t-(N_i+N_f)\times e_f]/N_{min}$ 可以计算出矿化氮的利用率。研究显示，西南烟区表层土壤矿化氮的利用率为 13.9%～75.3%，平均为 44.3%。土壤矿化氮利用率随土壤有机质含量提高线性增加（图 5-12）。线性模拟方程式（5-7）与实际观测值相关系数达到了 0.81。

$$e_m=0.02004\times SOM+0.046 \tag{5-7}$$

为了简化计算，根据以上研究结果，应用肥料利用率、矿化氮利用率的均值，预测烤烟氮素吸收量可以简化为方程式（5-8）。

$$N_t=4.76\times SOM\times 0.443+N_f\times 0.326+N_i\times 0.326 \tag{5-8}$$

（四）烤烟氮素吸收量预测效果

在施肥和不施肥条件，烤烟生长结束时氮素累积量为 17.0～140.2 kg/hm²，应用方程式（5-7）计算相应烤烟氮素吸收量为 28.5～117.1 kg/hm²，预测值是实际值的 0.8～1.3 倍。预测效果如图 5-13 所示，相关分析显示，预测值与实测值相关系数为 0.79，两者极显著正相关（$P<0.01$），因此同一烟区，烤烟氮素吸收量预测量参数可以采用均值。

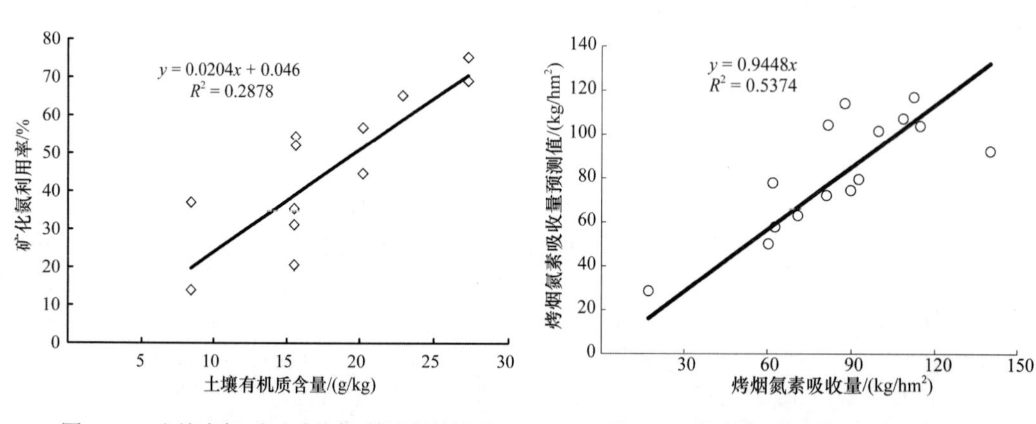

图 5-12　土壤有机质对矿化氮利用率的影响　　图 5-13　烤烟氮素吸收量预测效果

第六节　提高氮素利用率的措施

氮肥利用率是可以提高的，但我们不能采取降低氮肥施用量、降低产量、消耗土壤氮肥力的技术途径；而应追求在合理氮肥用量、高产条件下，通过技术进步而真正提高氮肥的利用率，减少氮肥的损失和向环境的扩散。从现有和长远看，提高氮肥利用率的技术措施主要有以下几个方面。

一、确定适宜的氮肥施用量

从农户的角度考虑，产量效应曲线上应该找到经济最佳施肥量。如果施肥量超过经济最佳施肥量，边际产值将会小于边际成本，对于农户将是不合算的。如果把产量与氮肥各种损失随施氮量的变化绘成一张图，可以清楚地看出，随施氮量的增加，氮肥通过各种途径损失的量也增加，特别是当施氮量超过经济最佳施肥量时。因此，单个田块的施氮量应控制在最佳经济施肥量以内，特别是不能超过最高产量施肥量。氮肥管理措施应同时考虑经济收益和环境问题。陈江华等（2008）经过多年研究，我国主产区基本明确了适宜的氮肥用量（表 5-15）。北方烟区氮肥用量最低，平均为 45 kg/hm^{2}左右；黄淮烟区氮肥用量也较低，一般为 67.5～82.5 kg/hm^2；东南烟区最高，超过 105 kg/hm^2。今后，关于氮肥用量的研究应集中在不同品种、土壤条件、海拔、降雨量等对适宜施氮量的影响上，因地制宜地根据各产区生态条件对氮肥用量进行修正。

表 5-15　我国主产烟区适宜氮肥用量

产区	氮肥用量/（kg/hm^2）	烟株吸氮量/（kg/hm^2）	产量/（kg/hm^2）	降雨量/mm
广东	105～135	82.5～90	1800～2100	＞1200
福建	120～127.5	60～67.5	1800～2100	＞1200
云南、贵州	90～105	60～75	1800～2100	1000～1200
安徽	90～105	75～90	2100	1000
湖北	45～105	60～67.5	1650	1000
河南、山东	67.5～82.5	60	1800	＜800
黑龙江	45	75～90	1875～2250	＜800

二、采用合理的施肥方式

氮肥深施是目前已提出的减少氮肥损失、提高氮肥利用率的各项技术中，效果最大且较稳定的一种措施。应当承认，由于氮肥品种和施肥技术的原因，我国作物生产体系中追肥的损失是相当严重的。欧洲国家大部分采用硝酸铵作为追肥，而我国的追肥普遍采用尿素或碳酸氢铵。研究表明，表施尿素比表施硝酸铵的氮素损失严重得多。再者，在施肥技术方面，我国农户很难做到氮肥深施或撒施后立即灌水。例如，在施用基肥时，碳酸氢铵或尿素撒施在地表上后，可能会需要数小时的时间才能被翻入地下；在进行追肥时，在灌水以前，就有可能使肥料在地表存留数小时。这些都可能造成氮肥的严重损失。

三、加强田间管理

已有的研究表明，提高水分和肥料利用效率的最佳途径是水肥的高效配合，就肥水两个因素而言，在某一水分（或肥分）水平下，均可找到最优供肥（或供水）与之相配合。只有在适宜土壤水分条件下，才能充分发挥肥料的肥效。焦学梅（2007）研究显示，水氮耦合后，补水条件下，氮肥用量为 90 kg/hm^{2}时氮肥利用率和氮肥增产率均达到最高，分别为 43.39%和 31.27%。烤烟氮肥施用量为 90 kg/hm^{2}时，随着氮肥施入量的增加，烤烟干物质增加量呈递减趋势。谢会雅（2008）认为，在一定范围内配增施氮量，再配以适宜的水分可以显著提高氮肥的利用率，但超出此范围以外其利用率反而会有所下降。

四、平衡营养、精准施肥

磷、钾和中微量营养元素的供应水平对氮素的有效利用至关重要。我国肥料发展的历史是首先使用氮肥，过去由于磷、钾肥的不足限制了氮肥作用的发挥，氮肥利用率也不高。根据土壤和作物条件进行氮、磷、钾和中微量营养元素的配合施用是提高产量、保证品质、发挥各种肥料作用的关键措施。

精准施肥是精准农业决策分析中应用最广泛的技术之一，也是发展最为成熟的技术。首先进行土壤养分数据（N、P、K、pH、有机质等）和作物生长状况数据的采集，运用GIS 作出农田空间属性的差异性，再根据变量施肥决策分析系统结合作物生长模型和养分需求规律得到施肥决策，最后通过差分式全球定位系统和变量施肥控制技术使精确施肥得以实现。研究结果表明，水稻和玉米精准施肥与农民习惯施肥相比，氮肥利用率平均提高 7.8 个百分点（陆兴伦和伍勤忠，2004）。

分区平衡施肥法也是在精准农业的基础上发展起来的施肥技术，是根据种植方式、土壤养分状况、肥料施用情况、土壤类型、土壤质地等对某一区域进行分区划片，以片为管理单元进行推荐施肥的方法。其具有宏观控制和具体指导的功能，是普及推荐施肥技术、培肥地力、提高肥料利用率和增加产量的一条有效途径（黄绍文和金继运，2002）。具体做法是采用地理信息系统（GIS）、全球定位系统（GPS）技术与地统计学相结合的方法，对某一区域土壤养分的空间变异结构和空间分布进行分析，形成土壤养分分区图，在此基础上，根据作物推荐施肥系统，对不同养分区域进行分区平衡施肥。从目前研究来看，分区平衡施肥技术目前在农场（李玉影等，2006）、乡（镇）（黄绍文等，2002）乃至县（黄绍文等，2003）一级区域的研究都已见报道。对于较大空间尺度范围[乡（镇）以上]，确定合理的取样点空间尺度是关键，不同的尺度会得到不同的土壤养分图，因而会影响到研究结果。在中国目前一家一户的种植模式下，平衡施肥技术还不能够真正实现。因此，分区平衡施肥技术是解决较大范围内平衡施肥问题的一个较好的方法。

五、应用先进的施肥技术

（一）应用实时、实地氮肥管理技术

实时氮肥管理（RTNM）和实地氮肥管理（SSNM）是应用 SPAD 指导施肥而发展起来的一种新的氮肥管理模式。实时氮肥管理最早运用在水稻的推荐施肥上，根据水稻不同生育期叶色的变化所测定的 SPAD 值，与预先设定的推荐施肥量阈值进行比较，以决定施肥与否及施肥量的多少（Peng et al.，1996）。这种方法最大的优点在于施肥时间和施氮量与作物对氮肥的需求相吻合。彭少兵等（2002）应用 SPAD 指导水稻氮肥管理研究表明，SPAD 施氮模式比定时施氮处理的氮肥农学利用率显著提高，在水稻田块，采用 SPAD 施氮模式的产量和氮肥农学利用率均高于稻农习惯施肥法。SSNM 是根据土壤氮、磷、钾的有效供给量、作物产量、秸秆带走的养分量和气候特征等有关参数，通过

施肥决策系统综合分析后确定不同生育期的最佳施肥量作为阈值，然后根据叶片 SPAD 测定值决定施肥量的多少（刘立军等，2006）。

（二）应用缓/控释肥料，调控肥料养分的供应

肥料释放养分的时间和强度与作物需求之间的不平衡是导致化肥利用率低的原因之一。缓/控释肥料是采用各种机制对常规肥料水溶性进行控制，通过对肥料本身进行改性，有效地延缓或控制了肥料养分的释放，使肥料养分释放时间和强度与作物养分吸收规律相吻合（或基本吻合）（何绪生等，1998）。它在一定程度上能够协调植物养分需求、保障养分供给和提高作物产量，因此被认为是最为快捷方便的减少肥料损失、提高肥料利用率的有效措施。

（三）脲酶抑制剂或硝化抑制剂

尿素是中国施用最多的一种氮肥，每年施用量占中国化学氮肥的一半以上。然而，尿素施入土壤后，经土壤脲酶的作用，易被水解，造成 NH_3 的挥发，带来巨大的经济损失和环境污染。脲酶抑制剂通过延缓尿素的水解，延长施肥点处尿素的扩散时间，从而降低土壤溶液中 NH_4^+ 和 NH_3 的浓度，能够减少氨的挥发损失。经过 30 多年的研究开发，目前脲酶抑制剂的种类已经有 100 多种，包括醌类、酰胺类、多元酸、多元酚、腐殖酸、甲醛等。其中应用较为广泛的是 *n*-丁基硫代磷酰三胺（NBPT）和氢醌（HQ），NBPT 在碱性土壤、通气性较好的条件下对 NH_3 的挥发损失抑制较好。

氮肥施入土壤后，在土壤微生物的作用下会进行硝化反应，NH_4^+在氨氧化细菌的作用下先氧化为 NO_2^-，进而在亚硝化细菌的作用下氧化为 NO_3^-。硝化抑制剂可以抑制 NH_4^+ 向 NO_2^-和 NO_3^-的转化，减少 NO_3^- 的淋溶损失，也可抑制由于硝化作用和反硝化作用所产生的 N_2O 气体的产生，减少氮的淋溶和挥发损失，提高氮肥利用率。最常见的硝化抑制剂有双氰胺（Cyanamide 的二聚物，DCD）和 2-氯-6-（三氯甲基）吡啶（nitrapyrin）。由于 2-氯-6-（三氯甲基）吡啶不稳定，因而美国 DOW 公司将其开发为一种产品 N-serve。大量研究表明，硝化抑制剂与氮肥结合使用可以降低氮素损失，提高氮肥利用率。

参 考 文 献

陈江华, 刘建利, 李志宏. 2008. 中国植烟土壤及烟草养分综合管理. 北京: 科学出版社.

党萍莉, 肖俊璋. 1992. 氮肥利用率研究方法和探讨. 见: 中国土壤学会青年工作委员会. 土壤资源的特性与利用——第四届全国青年土壤科学工作者学术会议论文集. 北京: 北京农业大学出版社, (9): 308–312.

封幸兵, 李佛琳, 杨跃, 等. 2006. 以 ^{15}N 研究烤烟对饼肥和秸秆肥中氮素的吸收与分配. 华中农业大学学报, 24(6): 604–609.

何绪生, 李素霞, 李旭辉, 等. 1998. 控效肥料的研究进展. 植物营养与肥料学报, 4(2): 97–106.

胡明芳, 田长彦. 2002. 不同水肥条件下棉花苗期的生长、养分吸收与水分利用状况. 干旱地区农业研究, 20(3): 35–37.

黄绍文, 金继运, 杨俐苹, 等. 2002. 乡(镇)级区域土壤养分空间变异与分区管理技术研究. 资源科学, 24(2): 76–82.

黄绍文, 金继运, 杨俐苹, 等. 2003. 县级区域粮田土壤养分空间变异与分区管理技术研究. 土壤学报, 40(1): 79–88.

黄绍文, 金继运. 2002. 分区平衡施肥技术对氮肥利用率和土壤养分平衡的影响. 土壤肥料, (6): 3–7.

焦学梅. 2007. 烤烟水氮耦合效应研究. 贵州大学硕士学位论文.

李世清, 李生秀. 2000. 旱地农田生态系统氮肥利用率的评价. 中国农业科学, 33(1): 76–81.

李玉影, 刘双全, 迟宏伟, 等. 2006. 土壤养分空间变异与大豆分区施肥技术研究. 中国农学通报, 21(11): 238–240.

刘立军，徐伟，桑大志，等. 2006. 实地氮肥管理提高水稻氮肥利用效率. 作物学报, 32(7): 987–994.
刘巽浩，陈阜. 1990. 对氮肥利用效率若干传统观点的质疑. 农业现代化研究, 11(4): 28–34.
陆兴伦，伍勤忠. 2004. 广西推广智能化精准施肥技术. 中国农技推广, (1): 6–7.
穆兴民. 1999. 水肥耦合效应与协同管理. 北京: 中国林业出版社.
彭少兵，黄见良，钟旭华，等. 2002. 提高中国稻田氮肥利用率的研究策略. 中国农业科学, 35(9): 1095–1103.
苏德成. 1999. 烟草生长发育过程的氮素. 见: 国家烟草专卖局科技教育司. 跨世纪烟草农业科技展望和持续发展战略研讨论文集. 北京: 中国商业出版社: 80–84.
苏帆，付利波，陈华，等. 2008. 应用 ^{15}N 研究烤烟对饼肥氮素的吸收利用规律. 中国生态农业学报, 16(2): 335–339.
王胜佳，王家玉，陈义. 2005. 肥料和稻草氮利用率的三年定位研究. 土壤通报, 35(6): 763–766.
谢会雅. 2008. 水肥耦合对烤烟养分吸收及烟叶产量和品质的影响. 湖南农业大学硕士学位论文.
谢志坚，涂书新，李进平，等. 2009. 移栽期和氮肥对烤烟产量、产值及氮素吸收利用的影响. 核农学报, 23(3): 513–520.
徐照丽，杨宇虹. 2008. 不同前作对烤烟氮肥效应的影响. 生态学杂志, 27(11): 1926–1931.
张福锁，李晓琳. 1998. 环境胁迫与植物根际营养. 北京: 中国农业出版社.
张福锁，王激清，张卫峰，等. 2008. 中国主要粮食作物肥料利用率现状与提高途径. 土壤学报, 45(5): 915–924.
朱洪勋，张翔，孙春河. 1996. 有机肥与氮化肥配施的增产效应及对土壤肥力的影响. 华北农学报, 11(1): 202–207.
Greenwood D J. 1986. Prediction of nitrogen fertilizer needs of arable crops. Annual Review of Plant Nutrition, (2): 1–61.
Peng S, Garcia F, Laza R, et al. 1996. Increased N-use efficiency using a chlorophyll meter on high-yielding irrigated rice. Field Crops Research, 47(2): 243–252.

第六章　烤烟氮平衡施用技术

烟草的正常生长发育需要从土壤中吸收大量的营养元素，一般土壤自身的养分难以满足烟草的生长需求，因此必须将营养元素以肥料的形式补充施入土壤。在所有营养元素中，氮素对烤烟的发育及其烟叶品质的影响都是最大的。

第一节　氮对烟叶产量及品质的影响

氮是影响烟株生长和发育以及烟叶质量的最重要元素（Ryding，1978；Steinberg and Tso，1958）。氮素不足和氮素过量都会给烤烟产量和品质带来极大的影响。总体来看，氮素不足时，烟叶身份薄，烟碱含量低，香气不足，劲头小。氮素过量时，烟叶成熟推迟，烟碱含量过高，刺激性和劲头大，香气质也会变差，还容易发生各种叶面病害（胡国松等，2000）。氮素供应正常，叶片大小厚薄适中，适时落黄成熟，烤后色泽鲜亮，香味、气味均佳。

一、施氮量对烟叶产量及品质的影响

（一）施氮量对烟叶经济性状的影响

在云南省玉溪、宜良、文山、寻甸、楚雄、晋宁等地进行烤烟不同施肥量的研究，结果表明，烟叶的产量随施氮量的增加而增加，施氮量为 165 kg/hm^2 时，产量达到最大值，施氮量继续增加烟叶产量开始下降。烟叶的产值以施氮 135 kg/hm^2 综合效益表现最好。贵州金沙、大方、铜仁和凤冈等地多年多点的试验结果表明，烟叶产量、产值、均价和上等烟率均在施氮量为 97.5 kg/hm^2 时最高，施氮量继续增加，各项指标均有一定程度下降（表 6-1）。

贵州省金沙的研究结果表明，不施氮肥时产量最低，仅为 1821.2 kg/hm^2，施氮量为 90 kg/hm^2 时产量最高，达到 2440.8 kg/hm^2，增产 34%（表 6-1）。施氮量与烟叶产量拟合的数学模型为

$$Y=1843.68+163.695x-12.99x^2\ (R^2=0.5655^{**})$$

产值的变化与产量有相同的趋势，即随着施氮量的增加产值呈增加的趋势，但施氮量到 112.5 kg/hm^2 时开始下降，产值峰值没有产量那样明显，施氮量在 67.5～112.5 kg/hm^2 时，产值均非常接近。

福建省研究结果也表明，随施氮量的增加，烟叶产量和各部位单叶重增加，中上部叶单叶重增加尤为明显。福建三明烟区施氮量为 76.5～102 kg/hm^2 时，烟叶产量差异不大，产值较高。施氮量继续增加产量增加，但产值下降。均价、上等烟比例随施氮量的

表 6-1　不同施氮量对烟株产质量的影响

地点	施氮量/（kg/hm^2）	产量/（kg/hm^2）	产值/（元/ hm^2）	均价/（元/kg）	上等烟/%	单叶重/g		
						X_2F	C_3F	B_2F
云南多点平均值	0	1 684.5	11 538.1	6.70	33.00	—	—	—
	75	2 432.6	16 908.6	6.92	47.46	—	—	—
	105	2 614.1	18 116.2	6.87	48.52	—	—	—
	135	2 781.6	20 614.9	7.30	56.33	—	—	—
	165	3 013.7	20 663.8	6.86	48.67	—	—	—
	195	3 012.6	19 777.3	6.52	47.05	—	—	—
贵州多点平均值	0	1 410.2	6 596.3	4.68	65.88	—	—	—
	75	1 991.56	14 404.8	7.07	84.24	—	—	—
	97.5	2 226.8	17 256	7.57	87.96	—	—	—
	120	2 146.1	16 068.5	7.45	84.24	—	—	—
	142.5	2 187.2	15 749	7.04	79.08	—	—	—
贵州金沙	0	1 821.2	8 428.1	4.63	55.93	—	—	—
	45	2 279.2	9 365.1	4.11	70.57	—	—	—
	67.5	2 279.4	11 439.7	5.02	68.40	—	—	—
	90	2 440.8	11 643.6	4.76	64.67	—	—	—
	112.5	2 177.8	11 870.7	5.44	55.53	—	—	—
	135	2 343.3	7 106.1	3.03	37.32	—	—	—
福建三明	0	2 413.05	16 537.05	6.86	27.59	6.16	8.54	8.29
	76.5	3 167.25	20 539.65	6.47	22.54	9.69	11.30	12.02
	102	3 272.70	20 067.90	6.11	21.17	9.08	12.11	12.95
	127.5	3 191.55	16 730.10	5.22	11.68	9.47	11.50	14.31
	135	2 343.3	7 106.1	3.03	37.32	10.34	13.60	16.02
福建南平	0	2 101.65	18 490.95	8.78	34.15	6.17	8.00	8.89
	76.5	2 970.00	32 143.35	10.78	64.04	7.37	10.80	11.42
	102	3 407.70	38 295.90	11.25	69.73	8.10	11.56	13.47
	127.5	3 318.45	36 477.90	11.00	65.83	8.15	12.69	14.61
	153	3 261.90	36 469.80	11.15	67.97	8.82	14.75	15.54

注：X_2L、C_3L、B_2L 为烤烟国家标准（GB 2635—1992）烟叶级别。

增加而下降。南平烟区产量、产值、均价和上等烟比例均在施氮量为 102 kg/hm^2 时最高，减少或增加施氮量，各项经济指标均有所下降（表 6-1）。

云南烟草科学研究所研究结果表明，不同土壤类型上，施氮量对烟叶产量和产值的影响存在差异。水稻土不施氮时烟叶产量明显偏低，比施氮低 20%～34%；不同施氮量之间产量没有显著差异，产量水平在 2835～3000 kg/hm^2，说明水稻土在施氮情况下，烟叶产量对施氮量的响应不敏感（图 6-1）。红壤不施氮时烟叶的产量低于施氮时，随着施氮量的增加，烟叶的产量呈现出增加的趋势。施氮量较高时产值明显高于不施氮或施氮量较低的处理（图 6-2）。

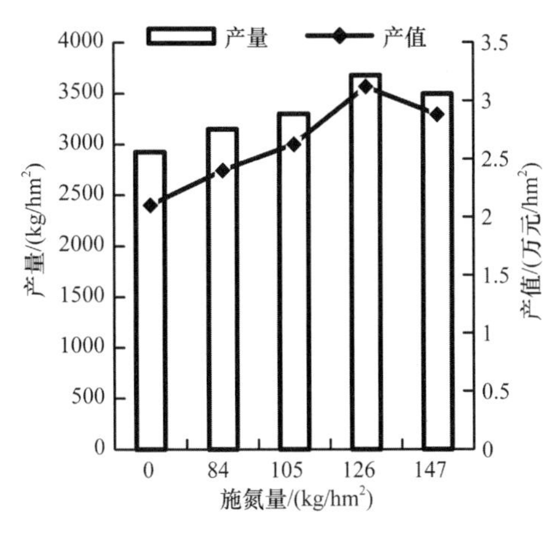

图 6-1　施氮量对水稻土烟叶产量、产值的影响

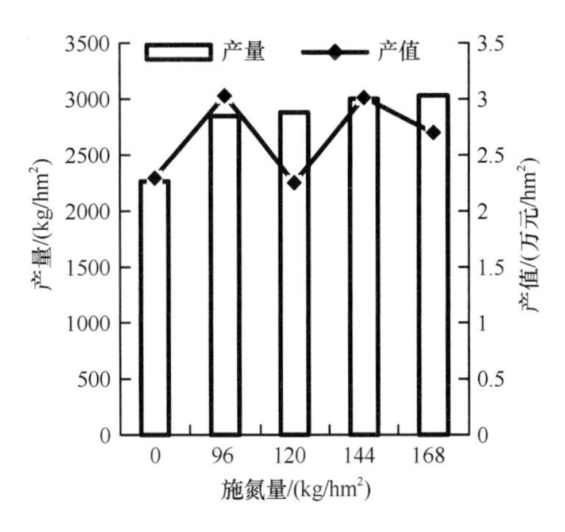

图 6-2　施氮量对红壤烟叶产量、产值的影响

上述结果表明，施氮对烤烟的经济性状起着重要作用，无论是水稻土还是红壤，随着施氮量的增加，烟叶产量和产值都呈上升趋势，施氮量达到一个水平后，又开始下降；最佳的产量、产值等指标分布在某个施氮水平区间内，而不是一个点上。因此，在特定的区域内适宜施氮量应该在一定的范围内，这将为调整烟叶化学成分的协调性和卷烟工业对原料的个性化需求预留出可调控的空间。

（二）施氮量对烟叶主要化学成分的影响

施氮量在一定程度上影响着烟叶化学成分的变化。贵州省研究结果表明，烟叶的烟碱、总氮含量与施氮量呈显著的正相关，还原糖、糖碱比和氮碱比呈显著的负相关（表 6-2）。说明烟叶的化学成分与施氮量的关系非常密切。

表 6-2　施氮量与烟叶化学成分的关系（2003 年，贵州金沙）

烟叶成分	部位		
	下部烟叶	中部烟叶	上部烟叶
烟碱	Y=0.445+0.143X（R^2=0.841）	Y=1.324+0.125X（R^2=0.724）	Y=2.542–0.4X+0.141X^2–0.009X^3（R^2=0.824）
总氮	Y=1.275+0.893X（R^2=0.884）	Y=1.505+0.873X（R^2=0.941）	Y=1.746+0.07X（R^2=0.745）
还原糖	Y=24.011–1.035X（R^2=0.884）	Y=22.832–1.177X（R^2=0.931）	Y=20.669–1.334X（R^2=0.723）
糖碱比	Y=38.651–3.685X（R^2=0.897）	Y=16.951–1.468X（R^2=0.805）	Y=8.61–0.718X（R^2=0.604）
氮碱比	Y=2.278–0.129X（R^2=0.835）	Y=1.265–0.13X+0.017X^2–0.001X^3（R^2=0.608）	Y=0.684+.135X–0.037X^2+0.002X^3（R^2=0.687）

注：Y. 烟叶化学成分；X. 施氮量。

贵州省的研究结果表明，随施氮量增加，不同部位烟叶的总氮和烟碱含量均显著增加，除施氮量低于 67.5 kg/hm^2 时下部烟叶烟碱含量偏低外，不同部位烟叶的烟碱含量基本都在适宜的范围。但是，当施氮量增加到 135 kg/hm^2（上部烟叶增加到 112.5 kg/hm^2）时，各部位烟叶的糖碱比严重失调，化学成分协调性明显变差，严重影响烟叶的品质（表 6-3）。造成这个结果的主要原因是随着施氮量的增加，烟叶的糖含量直线下降，导致化学成分不协调。

表 6-3　施氮量对烟叶化学成分的影响

地点	等级	处理/（kg/hm^2）	总糖/%	还原糖/%	烟碱/%	总氮/%	氧化钾/%	糖碱比	氮碱比
贵州金沙	X_2L	0	27.76	23.63	0.61	1.34	2.74	38.53	2.19
		45	26.46	21.86	0.69	1.41	2.60	31.63	2.04
		67.5	21.35	17.85	0.94	1.71	2.64	18.89	1.81
		90	22.97	19.11	1.40	1.85	2.73	13.66	1.32
		112.5	19.92	16.62	1.53	1.91	2.40	10.89	1.25
		135	15.72	13.95	1.80	2.11	2.29	7.75	1.17
	C_3L	0	26.67	22.32	1.18	1.49	2.33	18.86	1.26
		45	24.53	19.60	1.76	1.85	1.99	11.10	1.05
		67.5	21.89	17.85	2.17	1.84	2.09	8.23	0.85
		90	19.87	16.77	1.93	1.99	1.95	8.68	1.03
		112.5	15.37	12.92	2.33	2.17	2.73	5.54	0.93
		135	13.99	12.21	2.33	2.31	2.25	5.25	0.99
	B_2L	0	25.01	20.42	2.57	1.75	1.66	7.96	0.68
		45	23.99	18.76	2.17	1.83	1.73	8.66	0.85
		67.5	13.59	11.46	2.99	2.24	1.58	3.83	0.75
		90	16.05	13.65	3.33	2.13	1.93	4.10	0.64
		112.5	13.78	11.43	3.38	2.29	2.27	3.38	0.68
		135	9.52	8.27	3.76	2.34	1.90	2.20	0.62
福建三明	下部叶	0	47.64	23.3	0.53	1.17	4.49	43.76	2.20
		76.5	34.41	18.53	1.29	1.57	4.8	14.33	1.22
		102	25.96	13.58	1.83	1.85	4.65	7.43	1.01
		127.5	24.64	12.39	2.22	1.97	4.27	5.58	0.89
		153	16.34	13.86	2.12	1.98	4.42	6.54	0.93
	中部叶	0	53.57	26.03	0.50	1.07	3.47	52.31	2.15
		76.5	39.26	22.28	1.77	1.41	3.44	12.59	0.80
		102	32.25	19.33	2.50	1.79	3.37	7.73	0.72
		127.5	19.06	15.21	2.86	1.95	3.28	5.32	0.68
		153	22.01	19.33	2.71	1.88	3.29	7.13	0.69
	上部叶	0	44.15	27.6	1.58	1.23	2.32	17.47	0.78
		76.5	27.95	18.37	2.55	1.71	2.58	7.22	0.67
		102	25.04	15.06	2.93	1.98	2.83	5.14	0.68
		127.5	16.2	14.33	3.10	2.14	2.75	4.62	0.69
		153	16.16	13.80	3.21	2.26	3.12	4.29	0.70
	顶部叶	0	37.04	22.59	1.54	1.57	2.26	14.64	1.02
		76.5	24.66	15.84	2.66	1.90	2.39	5.96	0.72
		102	23.7	15.14	2.92	1.99	2.73	5.19	0.68
		127.5	16.16	12.85	3.36	2.19	2.77	3.82	0.65
		153	14.69	13.77	3.09	2.32	2.72	4.45	0.75

注：X_2L、C_3L、B_2L 为烤烟国家标准（GB 2635—1992）烟叶级别。

福建省研究结果表明，施氮量相同时，钾含量随部位的上升而下降；施氮量对下部和中部烟叶钾含量影响不大，但与不施氮相比，施用氮肥时上部和顶部叶的钾含量明显提高。施氮量增加，不同部位烟叶总氮和总植物碱含量均显著增加，烟叶总糖和还原糖含量及相应的还原糖/烟碱降低。施氮量增加会降低下部和中部烟叶氮碱比，主要是由于随施氮量增加，有更多氮素进入烟碱的合成。说明烟叶内在品质受施氮量影响很大，从糖碱比看，施氮量 76.5 kg/hm^2 和 102 kg/hm^2 时烟叶内在质量较好（表 6-3）。

云南省研究结果表明，水稻土和红壤在不同施氮量下，烟叶化学成分变化有所不同。水稻土烟叶的化学成分分析结果表明（表 6-4），上、中、下各部位烟叶的总糖含量、烟碱含量以及总氮量与施氮量之间有一致的关系，即随着施氮量的增加，烟叶的总糖含量随

表 6-4 不同施氮量对烟叶化学成分的影响

地点	部位	施氮量/（kg/ hm^2）	总糖/%	烟碱/%	总氮/%	糖碱比	氮碱比
云南水稻土	下部烟叶	0	26.58	0.79	1.36	34.02	1.73
		96	24.35	1.06	1.53	23.83	1.47
		120	20.92	1.51	1.81	13.89	1.20
		144	20.31	1.67	1.98	12.95	1.21
		168	19.14	1.94	2.19	9.94	1.13
	中部烟叶	0	31.17	1.19	1.55	24.75	1.21
		96	29.21	2.35	1.83	14.33	0.84
		120	27.28	2.37	1.99	11.59	0.85
		144	26.64	2.42	2.04	10.55	0.84
		168	22.64	2.92	2.27	7.96	0.79
	上部烟叶	0	30.77	2.53	1.89	12.52	0.76
		96	26.68	3.30	2.29	8.58	0.71
		120	23.48	3.84	2.45	5.82	0.68
		144	22.92	3.42	2.43	6.22	0.73
		168	18.29	4.15	2.78	4.32	0.69
云南红壤	下部烟叶	0	27.78	0.79	1.44	35.16	1.84
		84	24.94	1.72	1.86	14.62	1.09
		105	24.97	1.77	1.99	13.55	1.04
		126	22.42	1.81	2.16	12.48	1.21
		147	21.27	1.64	2.18	12.95	1.33
	中部烟叶	0	31.01	1.01	1.48	32.31	1.53
		84	23.60	2.52	2.00	9.51	0.80
		105	26.29	2.75	1.98	9.36	0.76
		126	25.16	2.71	2.16	9.32	0.80
		147	23.42	2.69	2.30	8.85	0.86
	上部烟叶	0	26.65	1.83	1.83	15.04	1.01
		84	21.60	3.10	2.36	7.09	0.77
		105	21.99	3.04	2.22	7.26	0.73
		126	19.08	3.62	2.68	5.30	0.74
		147	18.36	4.36	2.85	4.06	0.67

之降低，而烟碱和总氮含量则随之增加，表现出施用氮肥具有提高烟叶烟碱含量的作用。所以，水稻土烟叶的烟碱含量受氮肥施用量的影响比较明显。就各部位烟叶化学成分的综合评价来看，水稻土施用不同用量氮时，上部烟叶总糖含量基本上在适宜的范围之内，但施氮量在 120 kg/hm^2 以上时，烟叶糖碱比明显偏低，主要原因是施氮量高时上部烟叶烟碱含量过高。除不施氮外，中部烟叶烟碱含量均较为适宜，而糖碱比则以高施氮量时较协调。下部叶片在施氮量为 120 kg/hm^2 以上时，总糖和烟碱含量较为适宜，糖碱比较为协调；而施氮量低于 120 kg/hm^2 时，则烟碱含量过于偏低，导致糖碱比失调。

红壤烟叶的化学成分分析结果则表明（表 6-4），除不施氮时烟碱含量明显偏低外，下部烟叶的烟碱含量都处在一个合适的范围之内，但烟叶的糖碱比呈现出不协调的现象。其原因应该与该部位烟叶的总糖含量过高有密切的关系。中部叶的烟碱含量和总糖含量基本上在合适的范围内，烟叶的糖碱比较为协调，都在 8～10，且氮碱比也处在一个适宜的水平。施氮量为 84～105 kg/hm^2 时，上部叶化学成分较为协调，总糖和烟碱含量都处在一个适宜的范围，而施氮量高于 126 kg/hm^2 后，烟叶总糖含量基本适宜，但糖碱比明显偏低，这与其烟碱含量超标有关。此外，红壤施用氮肥时各部位烟叶的烟碱含量和含氮量与不施氮相比有明显的增加。除上部叶外，不同施氮量之间则无显著的差异，说明氮肥用量对红壤中、下部烟叶的烟碱含量以及含氮量影响不大。

（三）施氮量对烟叶感官质量的影响

烟叶的评吸结果与施氮量同样存在着密切的关系。贵州金沙（2003 年）烟叶的评吸结果显示（表 6-5），施氮量对各部位烟叶的单项评吸结果影响很大。下部烟叶（X_2L），

表 6-5　不同施氮量对烟叶评吸结果的影响

等级	处理/（kg/hm^2）	香气质（10）	香气量（10）	吃味（12）	杂气（10）	刺激性（10）	劲头	总分（52）
X_2L	0	7.6	6.6	9.3	8.2	8.1	较小	39.8
	45	7.7	6.8	9.0	7.9	7.7	较小	39.1
	67.5	8.0	7.5	9.3	8.1	7.6	较小	40.5
	90	7.7	7.4	8.8	7.6	7.5	较小	39.0
	112.5	7.8	7.7	8.7	7.9	7.5	较小	39.6
	135	7.2	7.8	8.4	7.4	7.5	较小	38.3
C_3L	0	7.8	7.2	9.0	8.0	7.6	适中偏小	39.6
	45	7.8	7.4	9.2	7.9	7.5	稍小	39.8
	67.5	7.9	7.6	9.0	7.8	7.5	适中偏小	39.8
	90	7.8	7.8	8.9	7.8	7.4	适中	39.7
	112.5	8.1	8.0	9.4	8.0	7.9	适中	41.4
	135	8.0	7.9	9.0	7.9	7.8	适中偏大	40.6
B_2L	0	8.0	7.5	9.1	8.0	7.4	适中	40.0
	45	7.6	7.5	9.0	7.6	7.4	适中	39.1
	67.5	7.9	7.7	9.1	7.9	7.4	稍大	40.0
	90	7.9	7.9	9.2	7.9	7.5	稍大	40.4
	112.5	7.5	8.0	8.7	7.7	6.7	大	38.6
	135	7.3	8.0	8.5	7.5	6.5	大	37.8

香气质除 135 kg/hm^2 处理的评吸质量较差外，施氮量对各处理总分的影响不大。随着施氮量的增加香气量有增加的趋势，而伴随着有吃味变坏、杂气变重的趋势。中部烟叶（C_3L），随着施氮量的增加，各项评吸指标有朝着好的方向发展的趋势，施氮量达到 112.5 kg/hm^2 时，烟叶的评吸质量达到最好。上部烟叶（B_2L），施氮量在 90 kg/hm^2 时，各项评吸指标有朝着好的方向发展的趋势，施氮量继续增加到 112.5 kg/hm^2 时，香气量还在呈继续增加的趋势，但其他指标急剧变坏，烟叶的可用性不高（表 6-5）。

福建南平上部烟叶评吸结果显示（表 6-6），施氮量对烟叶香气质、香气量、燃烧性、灰色等影响不大；浓度、杂气、劲头、刺激性和余味受施氮量影响较大。综合各协调性指标表明，每公顷施 76.5 kg 纯氮烟叶协调性最好，其次每公顷施 102 kg 和不施氮处理，施氮量 102 kg/hm^2 以上烟叶协调性显著下降。从评吸总分看，每公顷纯氮 76.5 kg 处理的烟叶最高，其次是 102 kg/hm^2 处理的烟叶，每公顷施纯氮 153 kg 处理烟叶评吸总分最低。

表 6-6　不同供氮条件下烤烟上部烟叶评吸结果

施氮量/（kg/hm^2）	香气质	香气量	浓度	杂气	劲头	刺激性	余味	燃烧性	灰色	总分
153	14.36	13.55	7.00	7.27	6.73	7.00	6.45	3.00	3.00	68.36
127.5	14.82	13.73	7.36	7.73	7.27	7.27	7.09	3.00	3.00	71.27
102	14.82	13.45	7.73	7.64	7.82	7.91	7.09	3.00	3.00	72.46
76.5	14.73	13.36	8.09	7.82	8.18	7.82	7.18	3.00	3.00	73.18
0	14.27	13.00	8.18	7.55	8.09	7.64	6.91	3.00	3.00	71.64

不同的土壤种类，施氮肥对烟叶评吸质量的影响是不一样的。在对云南水稻土、红壤、黄壤、紫色土等不同土壤种类的研究（表 6-7）发现，水稻土、红壤、黄壤，烟叶内在品质评吸较好的施氮量为 105～165 kg/hm^2，紫色土为 75 kg/hm^2。

表 6-7　不同土壤与施肥量的烟叶内在品质评吸得分

地点及土类	施氮量					
	0 kg/hm^2	75 kg/hm^2	105 kg/hm^2	135 kg/hm^2	165 kg/hm^2	195 kg/hm^2
玉溪水稻土	72.5	73.0	73.5	74.0	72.5	73.0
宜良水稻土	72.0	73.0	72.0	73.0	76.0	73.5
文山红壤	72.5	73.5	74.0	72.5	75.5	74.0
寻甸黄壤	71.5	73.5	74.5	75.5	75.5	76.5
楚雄紫色土	70.5	73.5	71.0	71.5	72.0	71.0

不同品种对氮肥的需求量同样存在很大差异。在云南对‘红大’、‘G28’、‘K326’3 个品种进行施氮量研究（表 6-8），结果表明：‘红大’、‘G28’耐肥性弱的品种烟叶香吃味最佳时的施氮量为 75 kg/hm^2，而耐肥性强的‘K326’品种要在施氮量 120 kg/hm^2 时，烟叶的香吃味才能达到最佳。

从以上评吸结果看，施氮量对烟叶品质的影响很大，适宜的施氮量可以提高烟叶品质，而不适宜的施氮量会使烟叶失去应有的使用价值。由于土壤条件的差异、品种的不同，对施氮量的要求也会有所不同。

表 6-8　不同品种与施氮量对烟叶评吸结果的影响

品种	施氮量 kg/hm²	香气（25）	吃味（25）	杂气（20）	刺激性（10）	劲头（10）	燃烧性（5）	灰分（5）	总分（100）
红大	75	17.5	18.5	14	7	9	3	3	72.0
	120	18	18	12.5	6.5	10	3	3	71.0
	135	17	18	13.5	7.5	9	3	3	71.0
G28	75	19	19.5	15	8	9.5	3	3.5	77.5
	120	18.5	18.5	14	7.5	10	3	3.5	75
	135	18.5	19	14	7.5	10	3	3.5	75.5
K326	75	17.5	18.5	14.5	7	10	3	3.5	74.0
	120	19.5	19.5	15	8	10	3	3.5	78.5
	135	19	19	15	7	10	3	3.5	76.5

二、氮素形态对烟叶产量及质量的影响

烤烟属于典型的喜硝态氮植物。与供应铵态氮时相比，供应硝态氮时，烟株生长发育速度加快，主茎更粗，叶片更大，产量高，上等烟比例高（胡国松等，2000）。Hawkins 的研究结果也表明，以完全硝态氮溶液作为对照，当氮素的 50%是铵态氮时，烟株生长减少 33%，当氮素都是铵态氮时，烟株生长降低 80%。在土壤栽培条件下，硝态氮的优越性在酸性土壤中表现得更加突出（McEvoy，1957）。但也有研究结果表明，随着肥料中 N-NO_3^-比例增加，烤后烟叶的产量、产值及还原糖含量均降低，而有机酸、酚、总氮及总植物碱含量升高（Court and Hendal，1986）。近年来，国内就烤烟氮素形态进行了大量的研究。

（一）不同氮素形态对烤烟经济性状的影响

铵态氮和硝态氮都能被烟草吸收利用，但这两种形态的氮对烟草生长发育的影响并不一样，而不同生态区域对铵态氮和硝态氮的需求也有所差异。

在云南通海（水稻土）、楚雄（紫色土）、寻甸（黄壤）、宜良（红壤）4 种不同土壤种类上进行了不同氮素形态比例对烟叶质量影响的研究，结果表明：通海的水稻土和寻甸的黄壤，均以硝态氮比例为 40%时，烤烟各项经济性状指标最好；楚雄的紫色土，从综合效益考虑，以硝态氮比例为 20%时，烤烟各项经济性状指标最好；宜良的红壤，对硝态氮比例的反应不敏感，硝态氮比例从 20%增加到 80%，烤烟的经济性状指标无差异，也就是说，20%硝态氮就可以满足烤烟生长需求（表 6-9）。

在福建对不同品种进行氮素形态比例的研究。在泰宁、尤溪（‘翠碧一号’CB-1）和上杭、连城、浦城（‘K326’）进行不同氮素形态配比对不同品种影响的田间试验。结果表明，对‘翠碧一号’品种而言，产量随着硝态氮比例增加而降低，硝态氮比例在 25%时，产量最高，当硝态氮增加到 50%时，产量还低于 100%使用铵态氮的处理（表 6-10）。‘K326’品种，产量随着硝态氮比例增加而增加，硝态氮比例在 50%时，产量最高，而后产量急剧下降，甚至低于 100%铵态氮的处理，产值也是随着硝态氮比例增加而增加，最高产值出现在硝态氮比例为 50%时，75%的硝态氮处理虽然产值有所下降，但显著高于前两个处理。以上结果说明，不同品种对硝态氮的需求同样存在着很大差异。

表 6-9　不同氮素形态对云南烤烟经济性状指标的影响

地点	NO_3^--N：NH_4^+-N	产量/（kg/hm^2）	产值/（元/hm^2）	均价/（元/kg）	上等烟比例/%
通海	0：0	2 769.3	30 694.7	11.08	64.45
	20：80	3 443.1	37 696.2	10.94	67.46
	40：60	3 680.9	42 936.9	11.67	70.28
	60：40	2 946.9	31 437.8	10.67	63.63
	80：20	2 972.3	32 683.8	11.00	62.34
楚雄	0：0	1 846.4	16 202.1	8.78	24.13
	20：80	2 417.3	23 360.7	9.65	38.90
	40：60	2 264.6	21 525.9	9.53	40.83
	60：40	2 274.6	21 252.8	9.32	35.95
	80：20	2 358.6	23 852.4	10.06	41.58
寻甸	0：0	1 815.5	11 787.0	6.49	15.30
	20：80	1 921.4	14 034.0	7.30	16.40
	40：60	2 338.1	21 098.6	9.02	37.52
	60：40	2 081.9	17 482.5	8.40	27.13
	80：20	2 012.4	15 514.8	7.72	22.68
宜良	0：0	796.5	2 779.8	3.49	0.00
	20：80	2 350.5	23 340.0	9.93	38.77
	40：60	2 340.0	23 283.0	9.95	38.77
	60：40	2 365.7	23 417.0	9.90	38.29
	80：20	2 367.8	23 483.7	9.92	38.79

注：通海氮肥用量为 135 kg/hm^2；楚雄和寻甸氮肥用量为 120 kg/hm^2；宜良氮肥用量为 115.5 kg/hm^2。

表 6-10　不同氮素形态配比对福建烟叶产量、质量的影响

品种	NO_3^--N：NH_4^+-N	产量/（kg/hm^2）	产值/（元/hm^2）	均价/（元/kg）	上等烟比例/%
‘CB-1’	0：100	1 882.95A	17 870.55bcAB	9.49	55.57bB
	25：75	1 942.05A	20 341.20aA	10.47	62.50aA
	50：50	1 873.50A	19 395.75abA	10.35	60.60aA
	75：25	1 586.55B	16 189.65cB	10.20	52.57bB
‘K326’	0：100	2 114.55abA	20 462.85bC	9.68	45.38bB
	25：75	2 055.75aB	20 764.20bBC	10.10	52.33aA
	50：50	2 204.25aA	23 507.40aA	10.66	54.43aA
	75：25	2 139.00abA	22 446.15aAB	10.49	51.18aAB

注：‘翠碧一号’施氮量为 90 kg/hm^2；‘K326’为 120 kg/hm^2。小写字母表示 5%的显著水平，大写字母表示 1%的显著水平。

在黑龙江宾县和宁安两地也进行了不同氮素形态配比的田间试验。宁安点试验结果（表 6-11）表明：不同比例的硝态氮对烟叶产量的影响不大，但对烟叶的均价、产值、上等烟比例、中上等烟比例提高有明显的效果。其中 75%硝态氮处理在均价、上等烟比例、中上等烟比例与对照差异达极显著和显著水平。

表 6-11 不同氮肥形态对烟叶产量、质量和效益的影响

NO_3^--N：NH_4^+-N	产量/（kg/hm^2）	均价/（元/hm^2）	产值/（元/hm^2）	上等烟比例/%	中上等烟比例/%
27：73	2 939.9	6.10	17 899.7	12.57	62.88
50：50	2 875.1	6.61*	19 013.1	18.18	70.12
75：25	2 769.6	7.01**	19 424.9	29.98*	74.83*
100：0	2 885.9	6.37	18 386.3	13.44	66.54

注：施氮量为 52.5 kg/hm^2。
**表示与对照差异达极显著水平，*表示与对照差异达显著水平。

贵州省纳雍、凤冈、桐梓、安顺、兴义、安龙、施秉等地进行了多年多点不同氮素形态配比的栽培试验，试验采用以下 4 种配比：100%NH_4^+-N，30%NO_3^-+70%NH_4^+，50% NO_3^-+50%NH_4^+，70%NO_3^-+30%NH_4^+，施氮量为 90 kg/hm^2。结果表明，不同氮素形态配比对烤烟产量的影响有 3 种表现形式：第一种以桐梓为代表，当氮素全部以铵态氮形式提供时烤烟产量较低，随硝态氮比例不断增加，烤烟的产量也呈逐渐增加趋势；第二种以安顺和安龙为代表，当氮素全部以铵态氮形式提供时烤烟产量较低，随着硝态氮比例增加产量逐渐增加，当硝态氮比例占 50%时，产量达到最高点，硝态氮比例再继续增加时，产量呈下降趋势；第三种情况以凤冈、施秉和纳雍为代表，当氮素全部以铵态氮形式提供时烤烟产量较高，随着硝态氮比例增加，产量不断下降。对产值的影响是：除桐梓烤烟的产值随硝态氮比例增加逐渐增加外，其他各试验点的趋势基本相同，氮素全部以铵态氮形式提供时烤烟产值较低，随着硝态氮比例增加产值逐渐增加，当硝态氮和铵态氮比例各占 50%时产值达到最高点，硝态氮比例再继续增加时，产值呈下降趋势（冯勇刚和石俊雄，2005）。因此，从以上结果可以得到，硝态氮和铵态氮比例各占 50%时，综合效益最好。

（二）不同氮素形态对烟叶化学成分的影响

氮素形态是影响烟叶化学成分的重要因素，在不同的生态条件下，表现出的差异较大。云南塔甸、贵州金沙和河南宝丰烟叶的化学成分，虽然在一定程度上受到氮素形态配比的影响，但处理间的差异并不明显，如 3 个点的烟碱含量基本都在适宜范围内，其中云南塔甸中部烟叶以硝态氮用量在 67%时，贵州金沙中部烟叶以硝态氮用量在 50%时，河南宝丰中部烟叶以硝态氮用量为 50%时、上部烟叶以硝态氮用量 67%时烟碱含量相对较低。总体看，处理之间并没有明显的差异。然而，生态区域的差异对烟叶化学成分的影响却是很大的（表 6-12）。

云南的研究结果表明，在 3 种不同的土壤上，除红壤烟叶的碳水化合物随硝态氮比例增加而增加外，其他土壤烟叶的碳水化合物和烟碱含量随硝态氮比例增加呈下降趋势，但钾含量也有增加的趋势，总氮含量变化不大（表 6-13）。结果表明，在不同的土壤类型上，氮素形态对烟叶化学成分变化规律的影响是相同的，与土壤类型关系不大。

贵州多年多点的不同氮素形态配比的栽培试验研究结果表明，在主要化学成分指标上，硝态氮比例的增加没有使烟叶的总氮、烟碱和含钾量产生实质性的变化。在施氮量相等的前提下，烟叶的总氮基本呈平稳趋势；烟碱和含钾量有一定的变化，但其没有规律性；碳水化合物随硝态氮配比增加呈降低趋势（冯勇刚和石俊雄，2005）。

表 6-12　不同氮素形态对河南、贵州、云南烟化学成分的影响

地点	部位	NO_3^--N：NH_4^+-N	总糖/%	还原糖/%	烟碱/%	糖碱比	氮碱比
云南塔甸	中部	67：33	35.96	31.43	2.04	17.6	0.87
		50：50	31.33	27.29	2.76	11.34	0.78
		33：67	36.7	33.26	2.64	13.88	0.81
贵州金沙		67：33	24.59	21.33	2.29	10.75	0.81
		50：50	25.77	20.64	2.24	11.48	0.78
		33：67	27.21	22.25	2.42	11.26	0.74
河南宝丰		67：33	14.54	13.24	2.85	5.1	0.8
		50：50	17.22	15.62	2.57	6.7	0.93
		33：67	15.67	13.97	2.68	5.85	0.94
云南塔甸	上部	67：33	31.87	28.95	3.29	9.68	0.73
		50：50	32.22	30.07	3.33	9.69	0.75
		33：67	29.81	28.58	3.53	8.43	0.68
贵州金沙		67：33	21.56	16.61	3.58	6.03	0.6
		50：50	24.07	19.91	2.69	8.95	0.74
		33：67	22.58	17.52	3.38	6.69	0.64
河南宝丰		67：33	7.43	6.21	3.57	2.08	0.81
		50：50	7.84	6.54	3.75	2.09	0.81
		33：67	9.58	8.58	3.93	2.44	0.77

表 6-13　氮素形态对云南不同土壤烟叶化学成分的影响

土壤类型	NO_3^--N：NH_4^+-N	总糖/%	还原糖/%	总氮/%	烟碱/%	钾/%
水稻土	0：0	27.93	23.96	2.09	2.37	2.64
	20：80	27.72	21.79	1.74	2.32	2.51
	40：60	27.65	20.83	1.86	2.72	2.24
	60：40	23.19	17.41	1.87	2.93	2.74
	80：20	25.28	20.43	1.80	2.50	3.03
红壤	0：0	32.50	24.15	1.93	2.09	1.86
	20：80	31.04	22.65	1.84	2.08	2.12
	40：60	30.81	22.62	2.02	1.86	2.18
	60：40	32.76	23.58	1.80	1.91	1.91
	80：20	33.96	25.00	1.82	1.82	2.03
黄壤	0：0	35.15	29.27	1.63	1.46	1.84
	20：80	30.55	24.78	1.84	2.22	2.34
	40：60	27.66	24.10	1.84	1.79	2.58
	60：40	32.50	28.83	1.98	1.83	2.08
	80：20	26.61	22.26	1.95	1.67	2.98

第二节　中国烟草施肥现状及氮肥适宜用量

对烟农施肥状况进行问卷调查，收集烟草施肥调查表1000余份。在相同县级区域内，如果地块不同而肥料种类和用量都基本一致的调查表则取一份作为典型施肥记录，获得烟草施肥典型记载表222份。分布在云南、贵州、河南、湖南、福建等14个省184个县，基本涵盖我国主要烟草产区。调查表内容包括地块信息、栽培信息和施肥信息3个方面。地块信息涉及与烟草生产相关的地力等级、灌溉条件、土壤质地、地形、坡度等内容；栽培信息包含生育进程、品种、产量、病虫害、前茬作物等；施肥信息包括肥料名称、养分含量和用量等。

一、烟草肥料种类

目前，烟农使用的肥料种类较多（表6-14），与小麦、玉米、水稻等大田作物使用的肥料种类基本类似。原因是我国烟草种植区域分布广，不同地域肥源不同。烟农的施肥习惯在不同地区也存在较大差异。其中烟草专用肥、硝酸钾和硫酸钾是不同烟区广泛使用的化肥，饼肥则是应用最普遍的有机肥。

表6-14　烟草常用肥料

化肥					有机肥		
复合肥	氮肥	磷肥	钾肥	中微肥	饼肥	粪肥	农家肥
烟草专用肥	尿素	钙镁磷肥	硝酸钾	硼砂	菜籽饼	猪粪	草木灰
普通复合肥	硫酸铵	过磷酸钙	硫酸钾	硫酸锌	豆饼	鸡粪	火烧土
磷酸二铵	硝酸铵	磷矿粉		硫酸镁	芝麻饼	牛粪	沤肥
磷酸二氢钾	碳铵			氯化镁	花生饼	鸭粪	堆肥
						人粪尿	

根据烟草肥料的用途进行分类：化学磷肥、饼肥、粪肥和农家肥用作基肥；复合肥（磷酸二氢钾除外）和钾肥同时用作基肥和追肥；中微肥用作基肥或叶面肥；磷酸二氢钾主要用作叶面肥；氮肥主要用作追肥，也有少量烟农将其用于基肥。从肥料用途的角度，烟草肥料的使用基本合理，存在的问题是：①氮肥品种碳铵和硫酸铵养分含量低且不稳定，尤其是仍有少量烟农用作基肥，当基肥的氮素营养全部由碳铵和硫酸铵提供时，可能影响烟苗移栽成活率；②部分烟农在使用烟草专用肥的基础上，仍然配合使用磷肥和钾肥，说明部分烟区的烟草专用肥的配方需要改进，以保证氮磷钾养分充分供应，不另外补充磷钾肥料以节省劳动力；③有机肥中粪肥种类杂，如果没有充分腐熟，可能将粪肥中的病菌带入烟田；④使用绿肥作为烟草肥料的只有云南曲靖等少数烟农，作为改良烟田土壤的优质肥料，对优质烟叶产区稳定生产具有重要意义。

二、不同肥料的养分贡献

我国主要烟草产区都建立了烟草专用肥供应渠道，烟草专用肥是烟草养分的主要提供者。烟草专用肥提供的纯养分量占基肥（不包含有机肥）和追肥的比例分别为 84.4%和 39.0%。如果考虑有机肥提供的养分，则烟草专用肥提供的纯养分量占基肥和追肥纯养分总量的比例分别为 69.0%和 39.0%，占烟草肥料养分总量的 61.2%（图 6-3）。烟草专用肥提供的氮素养分、磷素养分和钾素养分比例分别为 63.7%、70.1%和 57.0%。

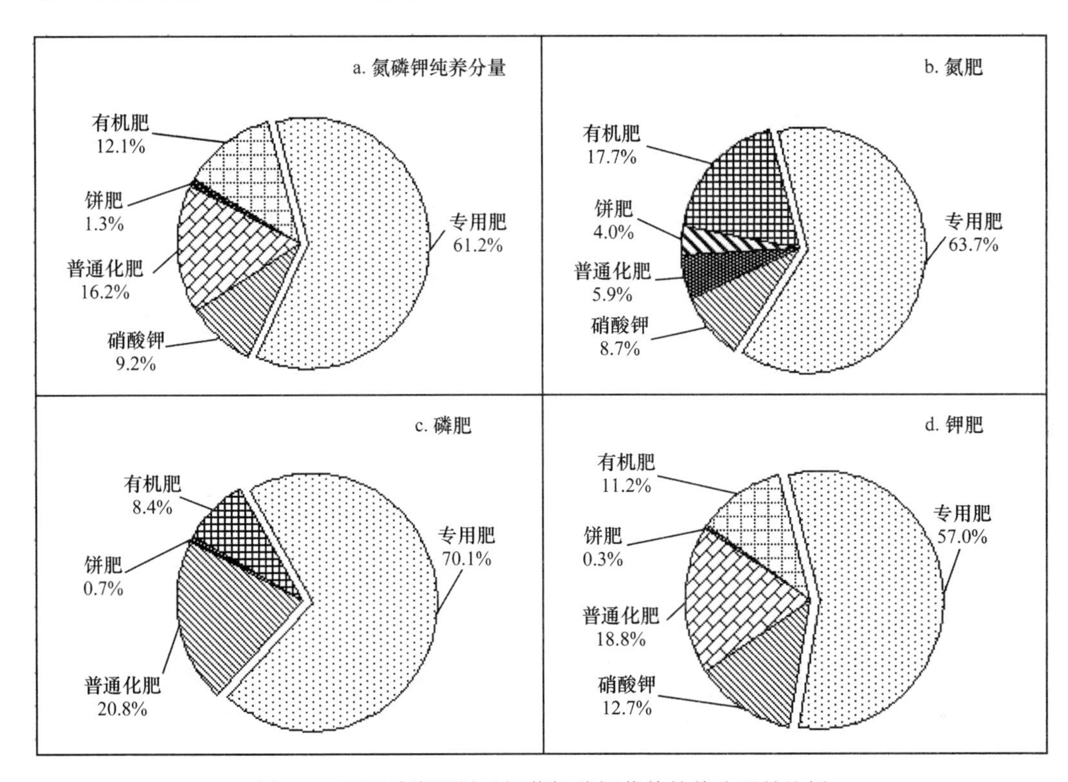

图 6-3　不同种类肥料对烟草氮磷钾营养的养分贡献比例

硝酸钾是烟草硝态氮的主要肥源之一，同时是烟叶品质元素钾的重要提供者，硝酸钾对烟叶生产具有重要意义，单独使用主要用作追肥。硝酸钾作为追肥提供的纯养分量占追肥总养分量的 34.3%，是烟草追肥的主要肥料品种。硝酸钾提供烟草总养分量、氮素养分和钾素养分比例分别为 9.2%、8.7%和 12.7%（图 6-3）。

饼肥在我国烟叶生产的大部分区域都有应用，按照饼肥对烟草氮磷钾养分的贡献排序，菜籽饼用量最大，其次是豆饼，花生饼和芝麻饼用量较小。饼肥提供烟草总养分量、氮素养分、磷素养分和钾素养分比例分别为 1.3%、4.0%、0.7%和 0.3%（图 6-3）。

在烟草使用的化肥中，除烟草专用肥和硝酸钾外，统称为普通化肥，包括非烟区市场普遍存在的 15-15-15 复合肥、尿素、过磷酸钙、硫酸钾等；把饼肥以外的有机肥料统称为有机肥（图 6-3），包括猪粪、牛粪等各种粪肥和堆肥、沤肥等农家肥。普通化肥提供烟草总养分量、氮素养分、磷素养分和钾素养分比例分别为 16.2%、5.9%、20.8%和 18.8%（图 6-3）；有机肥提供烟草总养分量、氮素养分、磷素养分和钾素养分比例分别为 12.1%、17.7%、8.4%和 11.2%。在普通化肥中，氮素养分贡献最大的肥料是尿素，磷素养分贡献最大的肥料是过磷酸钙，钾素养分贡献最大的肥料是硫酸钾。有机肥中，氮磷钾养分贡献最大的肥料是猪粪，其次是牛粪，再次是堆肥。

三、各省烟草养分供应

我国烟草种植于 75°E 左右到 134°E、18°N 到 50°N 的广大区域。不同区域的土壤养分供应状况、生态环境条件和烟草对养分的吸收特性等都相差较大，形成不同区域的施肥差异，因而不同区域的肥料养分供应相差也较大（表 6-15）。重庆、湖南、福建、四川等省（直辖市）化学肥料养分供应较大，该区域年降水量较大，烟草生长季节内降水量也较大，肥料施入土壤后淋失的潜力大；贵州、云南、湖北等省化学肥料养分投入属中等水平；河南、黑龙江、内蒙古、陕西等省（自治区）化学肥料养分投入相对较少。

表 6-15　烟草肥料投入和产量

省份	纯氮（kg/ hm^2）		P_2O_5（kg/hm^2）		K_2O（kg/hm^2）		产量（kg/hm^2）
	化肥	有机肥	化肥	有机肥	化肥	有机肥	
云南	95.9	27.1	97.1	8.9	261.6	30.8	1938.9
贵州	107.1	27.1	108.9	8.0	275.9	30.1	1829.2
河南	47.6	39.1	45.7	9.5	198.6	41.7	1921.9
湖南	140.0	11.4	123.0	11.1	355.9	53.4	2127.9
福建	120.5	22.8	112.9	15.2	369.9	66.2	1972.4
湖北	92.8	51.0	112.0	20.2	259.5	43.5	2150.0
四川	117.8	36.6	148.4	12.4	331.4	36.5	2146.9
重庆	140.7	81.9	123.2	14.7	273.2	34.2	2137.5
黑龙江	42.6	8.3	64.3	0.6	134.7	1.7	2625.0
辽宁	71.8	19.3	81.9	2.6	296.0	5.8	2913.8
内蒙古	53.9	26.4	82.5	2.1	274.5	5.3	2693.5
吉林	61.5	0.0	37.5	0.0	109.5	0.0	2250.0
陕西	75.3	20.5	75.1	7.0	171.8	12.9	2222.3
甘肃	60.1	59.1	83.4	20.7	177.0	53.3	1904.3
平均	101.6	28.2	101.6	10.1	280.1	36.6	2069.5

全国平均水平的化学肥料养分纯氮、五氧化二磷和氧化钾投入量分别为 101.6 kg/hm^2、101.6 kg/hm^2、280.1 kg/hm^2。化学肥料中纯氮、五氧化二磷和氧化钾的投入比例为 1∶1∶2.8。

形成百千克烟叶氮、五氧化二磷和氧化钾的养分需求分别为 3.9 kg、1.55 kg 和 5.4 kg（Hawks and Collins，1983），我国烟叶平均产量为 2069.5 kg/hm^2，其氮、五氧化二磷和氧化钾的养分需求分别为 80.7 kg/hm^2、32.1 kg/hm^2 和 111.8 kg/hm^2，把有机肥提供的养分不计算在内，我国烟草生产过程中化肥提供的氮、五氧化二磷和氧化钾养分盈余分别为 20.9 kg/hm^2、69.5 kg/hm^2 和 168.3 kg/hm^2。从养分投入的角度，我国烟叶生产过程是一个培肥地力的过程；从肥料应用效率的角度，氮磷钾肥料的利用率不高，养分盈余较多，对烟田周围的水体造成氮磷富营养化的风险较大，烟草施肥的研究和管理工作需要进一步加强。

四、各省烟草专用肥配方

我国烟草种植区域“山区多、经济欠发达地区多”，目前，针对地块的施肥推荐还很难做到。针对一定区域的土壤养分状况、品种搭配、栽培管理水平开发烟草专用肥，使该区域的烟草养分需求和土壤肥料养分供应特征相一致，做到区域养分供求平衡，因此，烟草专用肥推广程度反映当地烟草施肥合理水平。

本次调查共收集烟草专用肥配方65个，包括基肥配方56个，追肥配方9个。上述配方中，使用频率较高的配方有：①10-10-20和12-12-24，基肥配方，这两个配方的氮磷钾比例相同，使用区域分布在云南、贵州、湖北、重庆、陕西5省（直辖市）；②10-10-25，基肥配方，该配方使用区域分布在云南、贵州和四川；③6-12-18，基肥配方，该配方使用区域分布在黑龙江、陕西和甘肃；④15-0-30，追肥配方，在云南和贵州的追肥配方中较广泛使用。另外，有些配方非常接近，如10-8-20、12-9-24、12-10-24，3个配方的氮、五氧化二磷和氧化钾的比例为1∶0.8∶2，几乎可以认为是同一个配方（表6-16）。

表6-16　各省烟草肥料配方

省份	基肥配方	追肥配方
云南	7-12-24、7-14-26、8-12-24、9-13-25、10-10-24、10-10-25、10-12-24、10-12-28、10-18-18、12-7-23、12-8-24、12-8-26、12-8-28、12-9-24、12-9-26、12-10-24、12-10-26、12-12-18、12-12-24、15-5-25、15-9-21	15-0-16、15-0-30、13.5-0-34
贵州	9-10-20、9-12-25、10-8-23、10-9-24、10-10-20、10-10-22、10-10-25、12-10-24、12-12-24	12-9-24、13-0-20、13-0-26、15-0-30
河南	10-8-20、10-8-21、10-12-18、14-8-16	
湖南	7-10-10、7.5-14-8、8-10-11、8-10-12、11-7-8	10-0-30、10-0-31、8.5-0-30
福建	6-9-22、8-7-21、12-7-22、12-8-22、13-7-22	
湖北	10-10-20	
四川	10-10-25、10-15-25	
重庆	9-12-16、10-10-20、10-15-25	
黑龙江	4-15-17、6-12-18、6-12-24、8-12-24	
辽宁	10-10-22、10-12-20、10-12-22、10-12-24	
内蒙古	8-14-16、8-14-20	
吉林	7-10-20	
陕西	6-12-18、8-12-15、8-12-16、8-12-17、9-9-20、10-10-20、12-8-20	
甘肃	6-12-18	

五、氮肥适宜用量

经过多年研究，我国主产烟区基本明确了适宜的氮肥用量（表6-17）（简要描述施氮量变化趋势）。今后，关于氮肥用量的研究应集中在不同品种、土壤条件、海拔、降水量等对适宜施氮量的影响上，因地制宜地根据各产区生态条件对氮肥用量进行修正。

表 6-17 我国主产烟区适宜氮肥用量

产区	氮肥用量/（kg/hm^2）	烟株吸氮量/（kg/hm^2）	产量/（kg/hm^2）	降雨量/mm
广东	105～135	82.5～90	1800～2100	＞1200
福建	120～127.5	60～67.5	1800～2100	＞1200
云南、贵州	90～105	60～75	1800～2100	1000～1200
安徽	90～105	75～90	2100	1000
湖北	45～105	60～67.5	1650	1000
河南、山东	67.5～82.5	60	1800	＜800
黑龙江	45	75～90	1875～2250	＜800

第三节　测土配方施肥技术

测土配方施肥（soil testing and formulated fertilization）是以肥料田间试验、土壤测试为基础，根据作物需肥规律、土壤供肥性能和肥料效应，在合理施用有机肥料的基础上，提出氮、磷、钾及中、微量元素等肥料的施用品种、数量、施肥时期和施用方法。测土配方施肥是以养分归还（补偿）学说、最小养分律、同等重要律、不可代替律、肥料效应报酬递减律和因子综合作用律等理论为依据，以确定不同养分的施肥总量和配比为主要内容。为了充分发挥肥料的最大增产效益，施肥必须与选用良种、肥水管理、种植密度、耕作制度和气候变化等影响肥效的诸因素结合，形成一套完整的施肥技术体系。测土配方施肥应遵循“有机无机相结合，大、中、微量元素相配合，用地养地相结合，投入产出相平衡”的原则。

一、测土配方施肥方法

农业部在全国范围推广“测土配方施肥”时，曾总结各省（自治区、直辖市）的经验，汇总成“配方施肥”的三类六法。

（一）土壤肥力分区配方法

首先根据地力情况将地块分成不同的级或区，然后针对不同级别的地块特点进行配方施肥。在面积较大的区域内，可根据地形、地貌和土壤质地、种植作物等条件进行分区划片，然后再将每区划分成若干个地力等级，每一个地力等级作为配方区。

例如，河南省小麦配方施肥首先根据地理位置、地形地貌、土壤质地等将全省划分为豫东潮土中低产配方区、豫西旱地中低产配方区、豫中南砂姜黑土中低产配方区、豫北高产配方区、豫南稻麦轮作配方区、南阳盆地配方区 6 个小麦配方区。各配方区内又根据地力等级再划分出若干等级档次，针对其肥力特点制订出施肥配方及实施技术。

（二）目标产量配方法

1. 养分平衡法

用目标产量的需肥量减去土壤供肥量，其差额部分通过施肥得到补充，使作物目标产量所需要的养分数量与肥料供应养分量之间达到平衡。其计算公式是：

肥料需要量=目标产量×单位产量养分吸收量–土壤养分测定值×0.15×校正系数/（肥料中养分含量×肥料当季利用率）

2. 地力差减法

在没有条件进行土壤测试的地方，可以用田间试验的空白小区作物产量，称为空白产量，来代表地力产量。目标产量减去地力产量后的差额乘以单位产量的养分吸收量，就是需要用肥料来满足供应的养分数量。其计算公式是：

肥料需要量=（目标产量–空白产量）×单位产量养分吸收量/（肥料中养分含量×肥料当季利用率）

（三）田间试验配方法

1. 肥料效应函数法

在田间小区试验中，肥料不同用量所得作物产量的差异称为肥料效应，用数学的方法把这种关系表达出来，即为肥料效应函数议程，可以通过议程的运算来获得某种作物在田间的肥料合理用量。

到目前为止，通过田间肥料试验来获取肥料用量信息，是推荐施肥最基本的方法，其他各种方法都要以它为参照标准。田间肥料试验费用较高，费工费时。试验点数少了，不能反映当地农田的各种土壤肥力水平状况，但事实上也不可能在每一块农田布置肥料试验。所以，一般都把土壤测试与田间肥料试验结合起来，在同等土壤肥力水平的农田，推荐肥料试验结果所得肥料用量。

2. 养分丰缺指标法

土壤测试推荐施肥的原理证明，土壤中各种养分含量的高低与该地块土壤上种植作物的产量有密切的关系。土壤有效养分含量水平高的地块，农作物的产量水平也较高；而土壤中有效养分含量低的地块，作物产量较低。因此为了达到一定的目标产量，在土壤有效养分含量高的地块可以少施肥，而在土壤肥力水平低的地块就应多施肥。

为了制订土壤有效养分丰缺指标，先要在不同土壤上安排土壤肥力测定试验。以施用氮、磷、钾肥料的全肥区和不施氮、磷、钾肥中某一种养分的缺素区的作物相对产量作为指标。相对产量小于 55%为极低，55%～75%为低，75%～95%为中，95%～100%为高，大于 100%为极高。把各试验点的基础土壤有效养分测试值按上述丰缺指标分组，就可以得到土壤有效养分（氮、磷、钾）的丰缺指标，并以此为基础指导施肥。

3. 氮、磷、钾的比例法

通过田间试验，确定某一作物氮、磷、钾三要素的最适用量，并计算出三者之间的比例。实际应用时，只要确定其中一种养分的用量。这种推荐施肥的方法简便易行，在配方施肥技术推广前期曾发挥很大的作用，如以氮定磷、以氮定钾等。

生产中，还有不少成功的方法，有待于交流、验证并推广。

二、测土配方施肥步骤

测土配方施肥主要围绕“测土、配方、配肥、供肥、施肥指导”5个环节开展10项工作。

（一）野外调查

在整理收集有关资料的基础上，在采集土样的同时，对采样区进行取样地块农户施肥情况和土壤立地条件调查，每取1个土样分别填写《测土配方施肥采样地块基本情况调查表》和《农户施肥情况调查表》（详见农业部《测土配方施肥技术规范》中的附表3和附表7），以掌握项目实施区基本农田土壤立地条件与施肥管理水平。

（二）采样测试

测土是制定肥料配方的重要依据。按照农业部《测土配方施肥技术规范》的要求，一般每100～200亩[①]采集1个土样，丘陵山区、平原区根据实际情况进行调整。根据需要采集植株（开展田间试验的部分处理需采集）样品，利用取土设备、全球卫星定位系统（GPS），组织有关人员进行取土。取样标签参考农业部《测土配方施肥技术规范》中的附表2。在此基础上，组织有关人员进行分析化验，为制订配方和田间试验提供基础数据。各项目区要选择有代表性的采样点，对测土配方施肥效果进行跟踪监测调查，并按照农业部《测土配方施肥项目县（场）化验室建设指导意见》的要求抓好测土配方施肥化验室的人员配备和制度建设。

（三）田间试验

按照农业部《测土配方施肥技术规范》的要求，安排田间小区试验和校正试验，布置6个以上试验点，试验点按高、中、低肥力水平均匀分布。通过田间小区试验和校正试验，摸清土壤养分校正系数、土壤供肥量、农作物需肥规律和肥料利用率等基本参数，确定作物合理施肥品种和数量，基肥、追肥分配比例，最佳施肥时期和施肥方法，为配方设计、施肥建议卡制订和施肥指导提供依据。

（四）配方设计

组织有关专家，汇总分析土壤测试和田间试验数据结果，根据气候条件、土壤类型、品种、产量水平、耕作制度等差异，合理划分施肥类型区。审核测土配方施肥参数，建立施肥模型，分区域、分主要田类制订肥料配方和施肥建议卡，组织烟站农技人员和村委会逐户发放测土配方施肥建议卡及其他技术资料，完善记录台账。并在整地、移栽和追肥等烟草施肥关键时期，通过有关媒体和渠道向社会公开发布肥料配方信息，让广大烟农和肥料企业了解应用测土配方施肥技术。

---

① 1亩≈666.67 m^2。

（五）配肥加工

依据配方，以单质、复混肥料为原料，生产或配制配方肥。按照配方肥生产应用和管理工作的要求，各省、市（地、州）烟草公司组织认定配方肥定点企业按配方加工生产配方肥，建立配方肥配送中心，向农民供应配方肥，并建立相关销售台账。各地要结合当地实际，探索配方肥供应有效模式，培训各类人员指导农民用好配方肥，采取配方肥应用示范区、农技结合、烟农专业合作组织等多种方式和渠道合力推广配方肥，进一步扩大配方肥施用面积。

（六）示范推广

通过办点示范，做到以点带面，有效地带动烟草测土配方施肥技术的推广。在基地单元开展中区校正试验的基础上，建立测土配方施肥示范区，展示测土配方施肥效果，带动并引导农民应用测土配方施肥技术。各项目区所建立的示范区要在交通要道显著位置竖牌明示，每个示范区要竖一个标志牌，内容包括：示范地点、示范区面积、种植品种、目标产量、前作情况、土壤类型、土壤检测结果、施肥指导意见（包括施肥总量、各时期的施肥品种和数量）、其他综合措施、指导专家、主办单位和日期等。

（七）宣传培训

采取广播、电视、报刊，印发明白纸，举办现场会、培训班等形式，加强对烟站农技人员、种植大户、科技示范户的培训，提高技术服务能力，将测土配方施肥技术宣传到村、培训到户、指导到田，普及科学施肥知识，使广大烟农逐步掌握合理施肥量、施肥时期和施肥方法。

（八）数据库建设

以野外调查、农户施肥状况调查、田间肥效试验和土壤分析化验等各种数据为基础，收集整理历年土壤肥料田间试验和土壤监测数据资料，按照规范化的测土配方施肥数据字典要求，培训和组织有关技术人员运用计算机技术、地理信息系统（GIS）和全球卫星定位系统（GPS），录入有关数据，建立不同层次、不同区域的测土配方施肥数据库。

（九）效果评价

通过项目区施肥效益动态监测和农民反馈的信息进行综合分析，客观评价测土配方施肥实际效果，不断完善管理体系、技术体系和服务体系。对农户施肥情况进行分析汇总。

（十）技术研发

重点开展田间试验、土壤养分测试、肥料配方、数据处理、专家咨询系统等方面的技术研发工作，不断提升测土配方施肥技术水平。

三、田间校验试验中几项参数的计算

土壤有效养分的田间校验试验不仅用于有效养分测试值的分级，而且可通过试验获得一系列推荐施肥参数。

（一）试验设计

最简单而又比较实用的设计是氮磷钾三要素肥力测定试验，即在本地区主要农田范围内选择土壤肥力不同的试验点（至少 20 个），在这些点上布置如下的氮磷钾三要素肥力测定试验：

处理 1 空白区（不施肥）

处理 2 无氮区（不施氮，其他肥料施足）

处理 3 无磷区（不施磷，其他肥料施足）

处理 4 无钾区（不施钾，其他肥料施足）

处理 5 全肥区（氮磷钾肥料均施足）

试验区不施有机肥料，以免干扰化肥的效应，化肥用量应力争全肥区能获得高产。在试验点足够多时可不设重复，其他要求与常规试验相同。

前作收获后或施肥前取基础土样。基础土样的分析化验除常规项目外，应测定所选用土的土壤有效氮、磷、钾含量。

试验结束时，按小区测定产量，考种并取植株样本，折算成公顷产量和公顷生物量（总干重）。全肥区和空白区植株样本分析植株测全氮磷钾量，无氮区植株测全氮含量，无磷区植株测全磷含量，无钾区植株测全钾含量。植株分析测定的氮（%）、磷（%）、钾（%）含量×每公顷总干重，即为每公顷植株氮磷钾吸收量。

（二）校验分级的划定

为了对本地区土壤有效养分含量进行高中低的划分，首先计算相对产量（%）。把 20 个试验点的基础土样土壤有效氮（或磷、钾）测试值与无氮（或磷、钾）处理相对产量作图，纵坐标为相对产量（%），横坐标为土测值（mg/kg）。根据图上散点分布趋势，用对数或其他曲线进行拟合，并计算数值在图上作出曲线。有经验的工作人员也可根据曲线走向，直接在图上随手画出曲线。从图上相对产量 100%、95%、75%、55%处平行于横坐标画线与校验曲线相交，从相交点垂直于横坐标，划线与横坐标上土测值相交。以＜55% 相对产量为“极低”的土壤有效养分含量值，相对产量 55%～75% 为“低”，75%～95%为“中”，95%～100%为“高”，＞100% 相对产量为“极高”，它们所对应的土测值即为该级肥的土壤有效养分含量。

（三）百千克作物产量的养分吸收量

全肥区植株吸氮量（kg/hm^2）=全肥区植株含氮量（%）×全肥区植株总干重（kg/hm^2）

全肥区植株吸磷量（kg/hm^2）=全肥区植株含磷量（%）×全肥区植株总干重（kg/hm^2）

全肥区植株吸钾量（kg/hm^2）=全肥区植株含钾量（%）×全肥区植株总干重（kg/hm^2）

百千克作物产量的吸氮量（kg）=全肥区植株吸氮量（kg/hm^2）÷全肥区作物产量（kg/hm^2）×100

百千克作物产量的吸磷量（kg）=全肥区植株吸磷量（kg/hm^2）÷全肥区作物产量（kg/hm^2）×100

百千克作物产量的吸钾量（kg）=全肥区植株吸钾量（kg/hm^2）÷全肥区作物产量（kg/hm^2）×100

根据 20 个试验点全肥区作物的不同产量即可获得不同产量水平的百千克作物产量氮磷钾养分吸收量。农作物形成一定产量时，从土壤吸收的氮磷钾等各种养分的数量取决于作物的遗传特性，还受到各种环境因素的影响。在一定的品种和栽培条件范围内，百千克产量的养分吸收量的变幅不大，接近一个常数。但是严格来说，百千克产量的养分吸收量并不是常数，特别在产量提高时其百千克产量的养分吸收量有所提高。例如，浙江省水稻百千克吸氮量，在产量为 4500 kg/hm^2 时为 1.6 kg，产量为 7500 kg/hm^2 以上时则为 2.1 kg。

（四）土壤养分供应量

土壤氮供应量（kg/hm^2×1/15）=土壤有效氮测试值×0.15×土壤有效氮利用系数

土壤磷供应量（kg/hm^2×1/15）=土壤有效磷测试值×0.15×土壤有效磷利用系数

土壤钾供应量（kg/hm^2×1/15）=土壤有效钾测试值×0.15×土壤有效钾利用系数

迄今为止的各种土壤测试方法都还很难测出土壤对一季作物所能供应养分的绝对数量，土壤有效养分测试值只是表示土壤供肥能力的一个相对值。需肥量计算所用的土壤养分供应量参数不能直接应用土壤养分测试值，而必须通过田间试验进行校验，从与农作物产量及吸肥量的关系中求得土壤有效养分利用系数，才能使土壤测试值获得定量的意义。

必须指出，这个利用系数也是变量，它随着土壤有效养分测试值的变化而改变。土壤有效养分测试值高时，利用系数较小，有效养分测试值低时，利用系数较大，有时甚至会超过 100%。黄德明等（1985）在北京地区土壤上进行的试验表明，土壤有效养分利用系数与土壤有效养分测试值之间有一定的相关性，利用这种相关性可以算得不同土壤有效养分测试值时的利用系数。

土壤养分利用系数随土测值变动而有很大的变化。以碱解氮为例，当土壤碱解氮测试值从 40 mg/kg 提高到 140 mg/kg 时，利用系数从 100% 降至 20%，不仅变幅大，而且呈曲线下降。所以，土壤有效养分利用系数用平均值是不可靠的，当然在土壤肥力相对均匀、土测值变化不大的地方，用一个平均的利用系数也是可以的。

在农田土壤有效养分供应量和利用系数的计算中，经常用 0.15 这个转换系数。土壤有效养分测试值的单位均是 mg/kg，即每千克土中有几毫克的养分，而土壤养分供应量应以“kg/hm^2×1/15”为单位，两者之间用“×0.15”来换算。

每 1/15 hm^2 土地的面积为 666.7 m^2，土壤取样深度为 20 cm，则每 666.7 m^2 土地的体积为

$$666.7\times0.2=133.34\ m^3$$

单位体积土壤的质量称为容重，以 g/cm^3 表示，即 kg/m^3。若土壤容量为 1.12 g/cm^3，

计算每 666.7 m^2 土地 0～20 cm 土层的质量即为

$$133.34\ m^3 \times 1120\ kg/m^3 = 149\ 340.8\ kg$$

设土测值为 1 mg/kg，换算成每 666.7 m^2 的养分含量时，即为 1/1 000 000×149 340.8= 0.1493≈0.15

转换系数 0.15 是一个约定俗成数。实际上，它将依取样土层深度而变，也依土壤容重而变。如果取样深度改为 15 cm，则此系数将变成 0.112，如果土壤容量是 1.4 g/cm^3，这种土壤容重在华北平原常见，则转换系数将变成 0.187。转换系数值不同，计算出来的土壤有效养分含量也会有变化。例如，土测有效磷含量为 10 mg/kg，换算成每公顷土地含量为

$$15 \times 10 \times 0.15 = 22.5\ kg/hm^2$$

$$15 \times 10 \times 0.187 = 28.1\ kg/hm^2$$

两者相差达24.7%，所以各地在具体应用上列计算公式时，应加以考虑。为了使用方便，表 6-18 列出不同取样深度和不同土壤容重时的转换系数。

表 6-18　取样深度、土壤容重与转换系数

取样深度/cm	容重					
	1.0 g/cm^3	1.2 g/cm^3	1.3 g/cm^3	1.4 g/cm^3	1.5 g/cm^3	1.6 g/cm^3
10	0.07	0.08	0.09	0.09	0.10	0.11
15	0.11	0.12	0.13	0.14	0.15	0.16
20	0.15	0.16	0.17	0.19	0.20	0.21
25	0.18	0.20	0.22	0.23	0.25	0.27
30	0.22	0.24	0.26	0.28	0.30	0.32
40	0.29	0.32	0.35	0.37	0.40	0.42

（五）肥料当季利用率

肥料当季利用率也是估算总施肥量的重要参数，它与其他几个参数一样，均应该根据本地区的试验数据提出，引用别处的数据是不可靠的。肥料当季利用率可以用田间试验差减法，也可以用盆栽或微区的同位素法，从科学性和精度来看，同位素法显著优于差减法，但是从实用的角度，田间试验差减法更适于推荐施肥之用。利用上述校验数据也可算得试验点氮磷钾化肥当季利用率：

氮肥利用率（%）=[全肥区植株吸氮量（kg/hm^2）－无氮区植株吸氮量（kg/hm^2）]÷肥料氮用量（kg/hm^2）×100%

磷肥利用率（%）=[全肥区植株吸磷量（kg/hm^2）－无氮区植株吸磷量（kg/hm^2）]÷肥料磷用量（kg/hm^2）×100%

钾肥利用率（%）=[全肥区植株吸钾量（kg/hm^2）－无氮区植株吸钾量（kg/hm^2）]÷肥料钾用量（kg/hm^2）×100%

有机肥料肥效较长，也有当季利用率问题。化肥和有机肥料结合施用，化肥的利用率将有所改变。为了测定这两类肥料的利用率，可以设置如下的四处理田间肥料试验。

A. 空白对照；B. 单施有机肥；C. 有机肥+化肥；D. 单施化肥

试验结果按下列公式计算肥料利用率：

有机肥养分利用率（%）=（B 处理养分吸收率－A 处理养分吸收量）÷有机肥中养分含量×100%

化肥养分利用率（%）=（D 处理养分吸收率－A 处理养分吸收量）÷化肥中养分含量×100%

施有机肥时的化肥养分利用率（%）=（C 处理养分吸收率－B 处理养分吸收量）÷化肥中养分含量×100%

有机肥料种类和成分十分复杂，养分含量变化大，养分当季有效性变化较大，直接影响肥料利用率，不易取得可用于推荐施肥的有机肥料养分利用率数据。辽宁省农业科学院土壤肥料研究所在其优化配方施肥研究中提出，施用有机肥料更重要的是能够保持和提高土壤生产力水平。他们把有机肥的用量与地力产量的提高联系起来，每公顷施土粪 30～37.5 t 提高地力等级 1 级，60 t 土粪提高地力等级 1.5 级，施 75 t 土粪可提高地力等级 2～2.2 级，从而简化了推荐施肥中有机肥料施用量的决定问题。

化肥的当季利用率视化肥品种不同而有较大的差异，而且也受作物、土壤、气候、栽培技术等的影响。据研究，水稻土的化肥有效养分利用率低于旱地土壤，但水稻土内不同类型和旱地土壤内的不同类型之间化肥利用率的差别不大。方差分析证明，土壤类型间的差别小于基础地力产量不同引起的差别，化肥利用率与不施肥区产量呈直线负相关，与土壤相关养分含量呈曲线负相关。实际上，影响化肥利用率的还有化肥用量本身。随着化肥用量的增加，在其他生产条件变化不大时，化肥的利用率是下降的。这些因素都应在推荐施肥中加以考虑。

四、烟草测土配方施肥化肥用量的确定方法

开展测土配方施肥的过程中，对于化肥用量的确定，主要采用 3 种方式，一是目标产量计算法。该法的优点是技术含量高，测得值在中等范围内的计算出的施肥量也比较切合实际，但有一些参数不易获得，特别是土壤养分利用系数，所以根据测定的极大值、极小值而计算出的施肥量往往不切合实际。二是地力分级法。根据地力水平的高低，结合在不同地力水平下的肥料最佳用量试验而确定施肥量。此方法操作简便，一般地力水平与土壤养分有一定的关系，也有一定的科学性。但由于没有把土壤养分考虑进去，所以显得很粗放。三是地力分级法与测定值结合法。根据地力水平制订出产量，再根据这个产量水平下土壤养分的含量状况，划分不同含量水平下的施肥量。此法既考虑产量水平，又考虑土壤养分含量状况，操作起来也很简便，但对土测值的利用还不够细。

（一）目标产量法计算烟草施肥量

1. 土壤碱解氮含量与烟草施氮量关系表

试验研究显示，每生产 100 kg 烟叶吸收纯氮 6.7 kg；土壤碱解氮的利用率一般为 50%～80%，含量高时利用率低，在含量相同时，高产田高于中低产田；化肥氮的利用率一般为 25%～32%，土壤碱解氮含量高时其利用率低，高产田的利用率稳定且高于中低产田。有机肥用量按亩用量 500 kg 计，饼肥用量按 15 kg 计，有机肥的含氮量一般为 0.5%～1.0%，平均 0.7%，有机肥中氮的当季利用率一般为 15%。发酵饼肥含氮量按 4.5%计，

利用率 30%。根据烟草产量对氮素需求及不同氮素来源的供应，不同产量要求及养分含量条件下，施氮量如表 6-19 所示。由于土壤中的碱解氮含量变化较快，所以特殊情况下不能全部依靠计算，一般高中产田上最大亩用纯氮量（化肥）不能超过 6 kg，最低用量不能低于 3 kg。未划出的产量可按表 6-19 中就近的数字来计算。

表 6-19　土壤养分含量及氮素施用量

产量/（kg/亩）	需氮量/（kg/亩）	土壤碱解氮/（mg/kg）	利用率/%	有机肥提供氮/（kg/亩）	土壤和有机肥提供氮/（kg/亩）	氮肥利用率/%	施氮量/（kg/亩）
150	10	90	65	0.7	9.4	25	2.5
		80	68		8.8	30	4.1
		70	70		8	32	6.4
140	9.4	90	60	0.7	8.7	25	2.8
		80	63		8.2	30	4.1
		70	65		7.4	32	6.2
130	8.7	80	58	0.7	7.6	26	4.4
		70	60		6.9	28	6.4
		60	63		6.3	30	8.1
120	8	70	50	0.7	5.9	25	8.6
		60	53		5.	26	10.1
		50	55		4.7	27	12.1

2. 土壤速效磷含量与烟草施磷量关系表

试验研究显示，每生产 100 kg 烟叶约吸收纯五氧化二磷 2.2 kg。土壤速效磷的利用率一般为 40%～90%，含量高时利用率低，在含量相同时，高产田高于中低产田；磷肥的利用率一般为 8%～20%，土壤速效磷含量高时利用率低。有机肥用量按亩用量 500 kg 计，饼肥用量按 15 kg 计。有机肥的含磷量一般为 0.15%～0.30%，平均可按 0.2% 计，有机肥中磷的当季利用率一般为 10%。根据烟草产量对磷素需求及不同磷素来源，不同产量要求及养分含量条件下，施磷量如表 6-20 所示。由于测定、计算等多种因素的影响，在土壤速效磷含量很低的情况下，计算出的磷用量可能很高，超过了试验得到的最大用量值，所以一般磷素化肥的用量不超过每亩 10 kg 五氧化二磷量。未划出的产量可按表 6-20 中就近的数字来计算。

3. 土壤有效钾含量与烟草施钾量关系表

试验研究显示，每生产 100 kg 烟叶约吸收氧化钾 11.5 kg。土壤有效钾的利用率一般为 40%～80%，含量高时利用率低，质地黏利用率低；钾素化肥的利用率一般为 40%～70%，砂黏均降低利用率。表 6-21 中以壤土为例，砂黏土均应增加用量。有机肥用量按亩用量 500 kg 计，饼肥用量按 15 kg 计。有机肥的含钾量一般为 0.5%～0.8%，平均可按 0.6%计，有机肥中钾的当季利用率一般为 30%。根据烟草产量对钾素需求及不同钾素来源，不同产量要求及养分含量条件下，施钾量如表 6-21 所示。土壤速效钾的含量与土壤质地密切相关，所以确定钾肥的用量一定要考虑土壤质地，再应注意有机肥的提供量及产量水平，未划出的产量可按表中就近的数字来计算。

表 6-20　土壤养分含量及磷素施用量

产量/（kg/亩）	需磷量 P_2O_5/（kg/亩）	土壤速效磷/（mg/kg）	利用率/%	有机肥提供 P_2O_5/（kg/亩）	土壤和有机肥提供 P_2O_5/（kg/亩）	磷肥利用率/%	施磷量/（kg/亩）
		＞40					
		35	55		3	8	3.9
150	3.3	30	65	0.1	3	9	3.1
		25	75		2.9	10	3.9
		20	85		2.7	15	4.3
		＞35					
		30	45		2.1	10	7.8
140	3.1	25	50	0.1	2	12	7.7
		20	60		1.9	15	6.7
		15	70		1.7	17	7.2
		＞30					
		25	45		1.8	12	6.8
130	2.9	20	50	0.1	1.6	1	6.7
		15	60		1.5	15	7.7
		10	70		1.2	19	7.6
		＞20					
120	2.6	15	50	0.1	1.2	15	5.8
		10	55		0.9	17	6.9
		7	60		0.7	19	7.2

表 6-21　土壤养分含量及钾素施用量

产量/（kg/亩）	需钾量 K_2O/（kg/亩）	土壤速效钾/（mg/kg）	利用率/%	有机肥提供 K_2O/（kg/亩）	土壤和有机肥提供 K_2O/（kg/亩）	钾肥利用率/%	施钾量/（kg/亩）
		160	35		9.3	60	13.3
		140	35		8.3	60	15.1
150	17.3	120	40	0.9	8.1	60	15.3
		100	45		7.7	60	16.1
		80	50		6.9	60	17.3
		160	35		9.3	60	11.3
		140	35		8.3	60	13.1
140	16.1	120	40	0.9	8.1	60	13.3
		100	45		7.7	60	14.1
		80	50		6.9	60	15.3
		160	35		9.3	60	9.5
		140	35		8.3	60	11.3
130	15.0	120	40	0.9	8.1	60	11.5
		100	45		7.7	60	12.3
		80	50		6.9	60	13.5
		160	35		9.3	60	7.5
		140	35		8.3	60	9.3
120	13.8	120	40	0.9	8.1	60	9.5
		100	45		7.7	60	10.3
		80	50		6.9	60	11.5

（二）地力分级法

1. 以地定产

把地力分为三级，高产田，烟叶亩产 150 kg 以上；中产田，烟叶亩产 130～150 kg；低产田，烟叶亩产低于 130 kg。

2. 以产定氮

南方烟区（西南、长江中上游和东南烟区）：高产田亩用纯氮 8～9 kg；中产田，亩用纯氮 6～8 kg；低产田，亩用纯氮 6～7 kg。

黄淮和北方烟区：高产田亩用纯氮 5 kg 左右；中产田，亩用纯氮 4 kg 左右；低产田，亩用纯氮 3 kg 左右。

3. 以氮定磷钾

高产田氮、磷、钾的适宜施用比例为 1∶0.8∶（2.5～3.0）；中产田氮、磷、钾的适宜施用比例为 1∶（0.8～1.0）∶（2.5～3.0）；低产田氮、磷、钾的适宜施用比例为 1∶0.8∶（2.5～3.0）。根据以上确定的氮的用量和适宜比例，便可计算出所要施用的磷、钾量。

4. 微量元素因缺补缺

提倡在大部分的土壤上每两年施用硼酸或硼砂 0.75～1.0 kg，硫酸锌 1.5～2.0 kg 的肥料。

五、烟草施肥方法

建议在烟草测土配方施肥中全面推行施肥建议卡。由地市级公司根据基地单元专用肥配方，指导确定各取土片区的肥料施用量、施用时期及方法，形成施肥推荐建议。以施肥建议卡的形式下发到烟草种植主体或专业化服务主体。

烟草施肥分基肥和追肥两种形式。氮肥和钾肥作基肥的比例占总用量的 50%左右，磷肥、有机肥料应全部作为基肥施用。

1）基肥。移栽前施用，可采用条施或穴施。一般以条施为主，肥料施在距垄中心线两侧 15～20 cm 处，深 15～20 cm。连片种植区域可采用起垄施肥一体机条施基肥。土壤肥力高烟田以穴施为主，施肥穴口径 20～25 cm、深 20 cm 左右。可采用固体施肥枪或施肥杯等定量施肥工具，提高穴施精度。

2）追肥。应在移栽后 35 天内施完，施肥深度为 15～20 cm。根据烟草生长和降雨情况可分为 2～3 次施用，保水保肥能力差的土壤可适当增加追肥次数。追肥采用冲施或穴施后及时灌水的方法。推荐采用液体施肥枪、固体施肥枪或施肥杯等定量施用。若田间出现中、微量元素缺素症状，可通过喷施方法补充。

3）中、微量元素肥料施用。根据中、微量元素缺乏程度确定施肥方法。严重缺乏的土壤采用根际施肥，轻度缺乏的土壤可采用叶面施肥。除锌肥外，其他中、微量元素肥料与复合肥等混合后作为基肥施用，锌肥与氮钾第一次追肥一起施用。叶面施用微量元素肥料应在烟株团棵和旺长中期各喷一次，肥液浓度分别不超过 0.2% 和 0.5%。

参 考 文 献

冯勇刚，石俊雄. 2005 贵州烟草平衡施肥研究. 贵阳：贵州科学技术出版社.

胡国松，郑伟，王震东，等. 2000.烤烟营养学原理. 北京：科学出版社.

Count W A, Hendal J G.1986.Characteristics of flue-cured tobacco *Nicotiana tabacum* grown under varying properties of ammonium and nitrate fertilization. Tobacco Sci., 30: 20–22.

Hawks S N, Collins W K. 1983. Principles of Flue-Cured Tobacco Production. North Carolina State University, USA.

McEvoy E T. 1957. The growth and mineral content of flue-cured tobacco as influenced by reaction of nutrient solutions with ionic forms of nitrogen. Canadian Journal of Soil Science, 37(2): 79–83.

Ryding W W. 1978. Effect of available calcium content and soil pH on the growth of flue-cured tobacco seedlings. Tobacco International, 180: 32–33.

Steinberg R A, Tso T C. 1958. Physiology of the tobacco plant. Annual Review of Plant Physiology, 9(1): 151–174.

第七章　烤烟精准施肥技术

精准农业是当前农业科学研究与信息技术应用的热点领域。它由信息技术支持，根据土壤或作物的空间变异，能够定位、定时、定量地实施农事操作与管理，按照农田每一操作单元的具体条件，精确调整管理措施，最大限度优化农业投入，以获取最高产量和最大经济效益（金继运，1998）。变量施肥（variable rate fertilization）是精准农业的主要内容之一，能够显著提高肥料利用率、增加作物产量和改善生产管理水平（Dobermann et al.，2002；罗国安等，2004；Pasuquina et al.，2014）。它涉及土壤、作物、气候、灌溉与排水、病虫害、杂草等与施肥相关的各要素的管理，以及自动控制、材料、信息技术的应用。变量施肥主要依靠五大关键技术和一个关键设备：一是GPS定位、土壤网格取样（grid sampling）和测试分析；二是空间矢量数据管理（GIS）；三是遥感（RS）、土壤养分空间变异分析和插值；四是施肥指标体系和具有空间位置的施肥处方生成；五是自动控制与变量实施（陈堃等，2006）；变量施肥机是关键的装备，能够保证差别化施肥的实施。

第一节　精准养分管理概述

一、精准养分管理的发展历程

20世纪90年代，信息等高新技术的高速发展引发农业系统诸多领域的技术革命，其中发展最快、技术最为成熟的是精准农业（精确农业，精确农作）（precision agriculture或precision farming）。精准农业发展的需求源自田间不同部位的土壤生产潜力和实现最大生产潜力需要的投入存在着较大的差异，其核心技术是信息技术和计算机自动变量控制技术。在农业机械化完成以前，农民可以通过手工的方式来改变农作管理方式，以克服田间的这种变异。例如，在有生产潜力但土壤养分供应缺乏的地方可以多施一些相应的肥料，在作物病虫为害严重的地方多喷洒杀虫剂等，这种操作完全由人通过眼睛识别，而后进行手动操作。然而在大规模经营和高度机械化的条件下，按照田间每一操作单元的需求自动调整投入的实现则必须依赖信息和智能化技术。20世纪70年代以后，微电子技术迅速实用化推动了农业机械装备的机电一体化、智能化监控技术、农田信息智能化采集与处理技术研究的发展，它为精准农业提供了技术设备上的积累。80年代各发达国家农业经营中出现了农业生产力提高与资源紧缺和环境质量下降等一系列的矛盾，迫切要求更有效利用各项投入、节约成本、提高利润、提高农产品市场竞争力并减少环境污染等，这为精准农业的发展提供了社会需求。90年代初，GPS技术开始民用化，这为农业精确定位管理（site-specific management）提供了可能性。

精准施肥技术（又称为精准农业变量施肥技术或变量施肥）是精准农业的重要组成部分，是以不同空间单元的产量数据与土壤理化性质、病虫草害、气候等多层数据的综合分析为依据，以作物生长模型、作物营养专家系统为支撑，以高产、优质、环保为目的的施肥技术，要求对农业生态系统进行养分平衡研究，从而可以实现在每一操作单元上因土壤、因作物预计产量的差异而按需施肥，有效控制物质循环中养分的输入和输出，防止农作物品质变坏及化肥对环境的污染和破坏，大大提高肥料的利用率，降低生产成本，减少多余肥料对环境的不良影响，增加农民收入。精准施肥对农作物增产的贡献率可达到40%～60%。

我国精准施肥技术在引进、消化、吸收国外研究成果的基础上，经过十多年的研究和探讨，精准农业的思想已经为科技界和社会广为接受，并在实践上有一些应用。但研究与应用大多局限于单项技术领域与农业领域的结合，没有形成精准农业完整的技术体系，也没有展开集成的试验研究和示范。

北京农业技术信息研究中心提出基于多维空间变异分析的自适应农艺处方单元策略，对精准农业技术体系中自动确定最佳农艺处方单元大小提出简便的解决方法，建立精准农业智能决策支持平台，可以为用户播种、施肥等实现精确管理提供技术支持，并在北京市小汤山建立精准农业示范基地。中国科学院东北地理与农业生态研究所等单位在吉林省德惠市国家农业高新技术示范区，利用研制的变量深施肥机进行手动控制和自动变量控制施肥试验，基本能够实现精准农业意义上的精准施肥操作。黑龙江八一农垦大学精准农业研究中心的精准农业示范项目，利用带有 GPS 接收信号的收获机，完成了大豆、小麦收获产量图的绘制。综合土壤样品采集分析，以土壤肥力作为信息提取目标，使用二次样条插值法等地学统计方法，生成土壤养分分布图，并以此作为推荐施肥的基础，实现同一地块不同区域的变量施肥。

中国农业科学院农业资源与农业区划研究所应用 GIS 结合土壤养分状况系统研究法，探讨了一定农业生产条件下棉田土壤养分空间变异及其在推荐施肥中的应用。研究表明，土壤养分的空间变异与前茬作物的种植利用方式有很大关系。网格取样技术和变量施肥技术是提高肥料有效性的重要手段，这些技术能使肥料以适当的用量施到需要的地方。通过田间试验、土壤测试和农田地理信息资源开发，建立了基于 GIS 平台的棉田养分管理和精准施肥信息系统。在引进 GPS、GIS 和变异管理核心部件的基础上，研制了适合我国国情的变量施肥机具。该机具以 Ag170 计算机为中心处理部件，以液压驱动为动作部件进行变量控制。定位系统采用 Ag132 型实时差分式全球卫星定位系统，管理图层采用 ArcView 的 shap 图层。在实际应用中取得良好的效果。

精准施肥技术是提高肥料利用效率、节本增效的有效手段。长期以来，由于缺乏不同土壤类型区烟田土壤评价指标体系，加之较小的农户经营规模，给烟草测土配方施肥中指导区域配方肥生产和农民合理施肥造成很大困难。近年来由于信息技术和精准农业技术发展，为烟草精准施肥带来可能。本研究紧紧围绕国家烟草专卖局推动现代烟草农业、开发特色优质烟叶、提高原料保障能力的工作实际，为进一步强化现代烟草农业的科技发展提供技术支撑。

二、精准养分管理的关键技术

（一）土壤养分空间变异

20 世纪 60 年代，国外学者提出土壤特性存在空间变异，此后，采用地统计学方法对土壤物理和化学元素，如机械组成、水分、养分等的空间变异进行大量的研究（Dane et al.，1986；Wallender，1987；Dhillon et al.，1994；Bekele and Hudnall，2006；Zhao et al.，2007）。直到80年代，我国学者才逐渐认识到土壤特性空间变异研究的重要性和实用性，并在土壤水分变异等方面展开研究（李长兴和沈晋，1989；陈志雄和Michel，1989）。90年代，土壤特性空间变异研究主要侧重于土壤分类制图、土壤物理性质的变异研究（潘成忠和上官周平，2003），进入21世纪后，对土壤的化学特性的空间变异进行大量的研究（尹兰香，2006；冯德锃等，2011）。土壤化学特性空间变异的研究主要集中于土壤养分，依据土壤养分空间变异特征应用于农田养分管理，以提高肥料的利用率效率，目前，土壤养分空间变异与作物养分管理结合是农田养分管理的研究热点之一。

1. 土壤养分空间变异特征

研究表明，土壤养分之间存在不同程度的空间相关性。赵良菊等（2005）通过地理统计学分析表明，土壤P、K有效含量具有强烈的空间相关性，土壤NH_4^+-N及有机质具有中等程度的空间相关性。张春华等（2010）研究显示有机质具有较强的空间相关性，碱解氮具有中度的空间相关性，有效磷和速效钾具有较弱的空间相关性。养分空间分布的全局趋势随采样尺度增大而增强（潘瑜春等，2010）；随着采样幅度增加，土壤有机质变异性不同程度增加，变异相关范围和结构性变异比例也不断增大；当采样间距增大时，土壤有机质变异性呈无规律变化，但变异相关范围显著增大，而结构性变异比例呈下降趋势（张法升等，2009）。在大、中尺度下，土壤养分具有强烈的空间自相关，在小尺度下，具有明显的空间自相关（詹林庆等，2008）。

田间尺度（也称为农田尺度）是指采样面积在120 000 m^2以上区域（Stenger et al.，2002），实际研究中多采用100 m×100 m网格法采样。Yost等（1982）对夏威夷岛的土壤养分进行空间相关性研究，结果表明，土壤P、K、Ca和Mg养分的空间相关距离为32～42 km。Zn含量的空间变异相关距离达到480 km（White et al.，1997），有机质、碱解氮、有效磷和速效钾各变量的空间自相关距离分别为822.4 km、977.6 km、194.2 km和116.4 km（张春华等，2010）。有机质空间自相关距离为70.80 km，全氮10.80 km，有效磷81.00 km，有效钾4.68 km（赵汝东，2008）。赵莉荣（2010）研究显示，土壤有机质的变程最大，为50.9 km，其次为土壤N、K和P，其变程分别为21.5 km、2.9 km和1.7 km。张铁婵（2010）研究显示，速效钾和全氮的相关距离接近且明显大于其他变量，为111～117 km；有机质和有效磷的相关距离相近且次之，均接近82 km；水解氮的空间相关距离最小，只有64 km左右。吴晓磊等（2010）在1142 hm^2区域内采集180个土壤样品，碱解氮的相关距离最大为4405 m，有机质的相关距离最小为234 m，速效磷和速效钾的相关距离分别为543 m和1128 m。赵良菊等（2005）研究灌漠土的土壤有机质、NH_4^+-N、有效磷及速效钾等含量的最大相关距离为129～2354 m，其中土壤有效氮含量的最大相关距离最长（2354 m），有机质含量次之（981 m），K含量最短（129 m）。

土壤性质空间变异与采样尺度有显著的联系。有研究表明，忽视小区域尺度下土壤养分状态的空间变异可能导致土壤生产力降低和环境破坏，农业生产管理也要求减少不适当的施肥。在5000 m^2的试验田中，总碳，总氮，C/N，可交换Ca、Mg、Na和可矿化氮的空间相关距离大约为20 m，速效磷、速效钾的空间相关距离为40～50 m（Yana et al.，

2000)。在 1 hm^2 农田内，Fe 和 Mn 有较强的空间依赖性，空间相关距离为 80～100 m；而 Zn 和 Cu 几乎不存在空间相关（Webster and Nortcliff，1984）。一般而言，土壤有机质的空间自相关距离为 50～450 m（Miller et al.，1988；Cahn et al.，1994；Solie et al.，1999)；土壤有效磷和速效钾的空间自相关距离在 100 m 以上（于永强，2010），也有研究认为，有效磷和速效钾的空间自相关距离在 60 m 以下（Cahn et al.，1994）；NO_3^--N 的空间自相关距离为 30 m 以下，且其自相关距离受季节的影响较大（White et al，1987；Van Meirvernne and Hofman，1989）。

大、中尺度对区域农田土壤质量调查、地力分级、环境治理等方面均具有重要意义，由于土壤特性的平均值和变异程度受田块大小、施肥、田间管理等诸多因素的影响，小尺度下研究土壤的理化及生物学性质更具有理论和实用价值，土壤微域空间变异研究越来越受到重视（Cambardella et al.，1994）。梁文举等（2005）以 7 m×5 m 网格采样分析长期定位试验地耕层土壤空间变异性，结果表明，全氮和碱解氮空间变异性特征主要受结构性因子的影响，杨玉玲等（2002）以 5 m×5 m 网格布点，发现棉花花铃期，土壤有机质与棉花产量之间呈显著或极显著正相关关系；高峻等（2003）在草甸褐土区域，按 5 m×5 m 取样，研究区内空间趋势分析和异向性更能反映土壤性质的空间分布。Solie 等（1999）以 0.3 m×0.3 m 网格采样研究指出，土壤养分和植物空间变异应在米级或亚米级尺度测定，也有研究指出，土壤养分空间自相关距离可能只有几个毫米（Santos et al.，1997；Wilcke and Kaupenjohann，1997）。

2. 土壤养分空间变异的影响因素

土壤属性变异是普遍存在的，变异来源分为系统变异和随机变异。土壤属性的系统变异是由结构性因素引起的，如土壤母质、地形、气候、人类活动等，而随机变异是由样品采集、分析测试等随机因素引起（Wilding and Drees，1983；Webster，1985；Trangmar et al.，1986；Rossi et al.，1992）。

土壤母质决定土壤元素的组成，是土壤形成的基础，母质差异大，土壤特性空间变异大（Wild，1971；Tening et al.，1995）；母质差异小，土壤特性的变异小（Brewer，1964）。赵莉荣（2010）研究显示，新冲积物母质区域土壤钾含量变程为 57 240 m，其次为土壤氮、磷和有机质，其变程分别为 1320 m、1520 m 和 3240 m；沙溪庙组母质区域，土壤有机质含量变程为 4560 m，其次为土壤磷、钾和氮，其变程分别为 1080 m、850 m 和 730 m；遂宁组母质区域，土壤有机质含量的变程为 27 660 m，其次为土壤氮、钾和磷，其变程分别为 2370 m、1430 m 和 1100 m。一般认为，在没有人类活动影响的情况下，土壤母质养分元素含量高，土壤养分含量也较高。母质类型依据岩石种类、地质年代、构造等进行综合考虑（吴次芳，1992）。

地形影响气候资源如水、热条件再分配，并对成土物质空间分布产生影响，导致不同地形位置土壤特性不同，如土壤肥力和有效水均受地形影响较大（Bhatti et al.，1991）。坡度是影响土壤养分的重要因子，小流域尺度上，坡度与土壤养分、土壤黏粒含量呈正相关；县域尺度上，坡度与主要土壤养分等呈负相关；而海拔和坡向对土壤养分的影响仅次于坡度，在不同尺度上也有差异（刘世梁等，2005）。在丘陵地区，黏粒、砂粒含量和 pH 等土壤属性与地形部位均高度相关（Ovalles and Collins，1986）；土壤有机质在坡顶位置含量低，而在坡底位置含量高（Miller et al.，1988；Bhatti et al.，1991）。土壤NO_3^--N可以随水分运动，地形对其产生重要影响，而土壤磷移动性差，与地形的相关性较差（Franzen et al.，1996）。海拔影响各地的气候状况，不但对气温有重要影响，如海拔越高，温度一般越低，还对降水有重要影响。因此在一定区域范围内，土壤有机碳的空间分布与海拔分布相一致（Liu et al.，2006）。

人类活动对土壤特性变异有重要影响。土地利用方式影响养分的空间分布，如 Sun 等（2003）在 112 hm^2的范围内以 100 m×100 m 网格研究发现，不同土壤属性的变异主要由土地使用方式引起。Ettema 和 Wardle（2002）的研究也表明，土地使用方式和耕作方式影响土壤性质的空间变异性。McGrath 和 Zhang（2003）研究显示，土壤有机碳的空间分布与土地利用结构相一致。农田管理，如施肥、灌溉及其他生产管理措施都对土壤特性的空间变异产生较大影响（Warrick and Nielsen，1980；Bouma and Finke，1993；Sun et al.，2006）。

不同尺度下，土壤养分空间变异的影响因素存在差异。金继运（1998）研究表明，中小尺度变异主要受人为因素影响，如土壤养分管理；而大尺度时则受气候、地形、土壤类型等区域因素的影响。不同空间尺度、不同地理区域、人类活动干预程度不同，土壤养分空间变异演变的主导因素也不相同，形成特定的土壤养分空间变异。土壤养分空间变异规律具有独特性，不能用一个地块的变异规律代表另一地块的变异。同时，不同尺度的约束条件和临界值不同，尺度外推会导致结论难以理解（Riitters et al.，1995）。目前，空间变异研究都需要明确指出选择的空间尺度，针对选择的尺度来解决该尺度的问题（Solie et al.，1999；黄绍文等，2000）。

（二）土壤养分的分区管理

精准农业的管理理念是把农田分成小的管理单元，每个管理单元与原来农田相比，其土壤特性相对一致，每一管理单元的农业生产物资投入也相对一致，最终使农田的产出趋于一致，达到物资投入的效益最大化（McCann et al.，1996）。土壤养分分区管理采用精准农业理念，把研究区分为不同的管理单元，属性相近的管理单元归并为相同的管理分区，并针对性地进行肥料投入，以期提高肥料的利用率、减少氮磷环境污染风险、增加农田的生产效率、改善农作物品质，技术核心是依据土壤养分空间变异、精准养分管理决策、变量肥料投入（Sudduth et al.，1996）。分区管理理念可用于指导科研人员、生产者进行土壤和农学参数采集，以提高采样效率和土壤养分空间变异的分析精度。

1. 土壤管理分区的方法

经典统计假定土壤属性是随机变量，土壤样品采集是总体的一次抽样，样本是独立的，且服从某种概率分布（Campbell，1978；Webster，1985；梁春祥和姚贤良，1993）。经典统计通过计算样本的均值、方差、变异系数来描述土壤属性的空间变异。土壤管理分区实质上是分类指导，一般采用聚类法，如 K 均值聚类算法（K-Means）。Ruspini（1969）把 K 均值聚类分析算法推广到模糊聚类，Dunn（1974）把 c-均值聚类算法推广到模糊聚类。模糊聚类方法具有柔性特征，它将样本分类的隶属度扩展到[0，1]区间，认为每个样本与各聚类中心存在隶属度关系，能够对类与类之间的交叉数据集进行分类，其中，模糊 *c*-均值聚类法得到广泛应用（Gorsevski et al.，2003）。

地统计学（geostatistics）是由法国学者 Matheron（1965）在 Krige（1951）提出的矿产品质和储量估值方法基础上建立起来的。Campbell（1978）将地统计学方法引入土壤科学，用来研究土壤属性的空间变异。研究表明，半方差分析和克里格插值等地统计学方法在土壤属性空间变异研究中取得很大成功，并得到广泛应用（Webster and Burgess，1983；Di et al.，1989；Mohanty and Kanwar，1994；Brouwer et al.，1997）。半方差分析是利用半方差变异函数研究土壤属性空间变异的分析方法，用于解释土壤属性空间异质性，是土壤属性空间内插的基础。克里格插值利用半方差函数进行测定点之间未知点的最优内插（Webster and Burgess，1983；Brouwer et al.，1997）。

遥感影像可以用于管理分区划分，作物生长期的遥感图像可以解析作物生长的生理生化参数，这些参数与作物产量相关，且精度较高。当缺乏土壤养分数据时，使用作物长势遥感影像可以预测产量，以此进行管理分区划分是可行的（宋晓宇等，2007）。Mueller 等（2004）提出一种针对高分辨率影像的边缘检测技术进行图像分割及地物提取，邓劲松等（2004）利用植被特征波段信息融入的方式基于 SPOT-5 影像提取耕地信息，庞新华等（2009）提出一种基于 QuickBird 影像的图像分割方法进行耕地地块的提取，宋晓宇等（2007）根据土壤养分数据进行了基于 QuickBird 影像农田管理分区研究。

当前，我国农业生产以农户分散经营为主。针对分散经营种植模式，可把农户地块作为管理单元进行分区养分管理。姜诚（2000）在河北邯郸的研究表明，精准养分管理比农民习惯施肥的小麦产量高 19.8%，每公顷增加收入 5314 元；黄绍文（2001）在河北玉田研究表明，精准养分管理比农民习惯施肥小麦氮肥利用率提高近 10 个百分点，玉米氮肥利用率提高 13 个百分点。分散经营条件下粮食作物可以进行分区养分管理，能够提高肥料利用率、增加产量和增加单位面积收益。

2. 土壤管理分区的指标

土壤管理单元多是基于一些土壤性质和作物产量的空间信息、影响养分分布的环境因子及人为因素等来划分。随着“3S”技术和地统计学的发展及空间插值技术的成熟，基于土壤养分的空间特征来划分管理单元的方法成为现代土壤养分管理的热点。目前在土壤养分管理分区中应用较多的养分指标有土壤有机质、碱解氮、速效磷、速效钾、pH 等。王新中等（2011）选取褐土烟区植烟村为研究对象，在 87 hm^2 的烟田采集耕层（0～20 cm）土壤样品 81 个，在 GIS 支持下研究了该村土壤有机质、pH、全氮、碱解氮、有效磷、速效钾和阳离子交换量的空间变异规律。在此基础上，提取两个主成分，利用模糊聚类分析方法，将整个植烟村划分为 3 个管理分区，根据划分的管理分区，可以对土壤养分进行精确管理。刘国顺等（2011）认为土壤有机质、速效钾、速效磷和阳离子交换量是制约烟叶品质的关键土壤养分因子；利用这 4 种因子可以科学合理地将研究区域划分为 4 个分区进行烟田养分的精准管理。王海江等（2011）以小尺度下滴灌棉田为研究对象，采集耕层土壤（0～30 cm）样品 87 个，把有机质、全氮、有效磷和总盐作为变量进行土壤养分分区管理。王海江等（2010）以新疆绿洲滴灌棉田为研究对象，采集耕层土壤（0～30 cm）样品 100 个，测试有机质、碱解氮、有效磷和速效钾，采用模糊集理论进行分区管理，实施肥料变量投入，为棉田土壤养分分区管理提供依据。此外，由于土壤电导率可以表达土壤养分含量的总量信息，被认为是养分分区管理的数据源（Mortensen et al.，2003）。

地形、海拔等环境因子影响土壤养分的空间分布，因此也可用来定义田间管理分区。Bullock 和 Kravchenko（2000）研究地形和土壤属性的关系，并依此定义进行养分管理分区，研究表明，作物产量变异中有 40%来源于地形的变异。Fleming 等（2000）使用地形、土壤属性、农民生产经验来定义管理分区。Schepers 等（2004）使用农田表面的高程和土壤电导率，参考土壤亮度图通过非监督分类法来定义养分管理分区。Franzen 等（1999）综合地形、遥感影像、土壤电导率和作物产量建立土壤氮素养分管理分区。

Cox 和 Gerard（2007）通过 4 年大豆产量的连续监测及土壤养分测定，发现利用产量分级和判别分析，可以建立养分管理分区。Koch 等（2004）利用可变目标产量的管理分区实施分区变量氮肥管理，获得经济利润 18 121～29 157 美元/hm^2，减少氮肥 6%～46%。李翔等（2005b）利用差分全球定位系统（DGPS）接收机和产量监测传感器的联合收割机获取 4 年产量数据，建立养分管理分区。众数过滤法可有效去除由随机变异造成的孤立像元或碎片，保留实际的产量变异，增加管理分区的有效面积，提高养分管理分区的连片性。薛绪掌等（2004）在北京小汤山国家精准农业示范基地使用土壤肥力和目标产量进行冬小麦氮素变量施肥。李艳等（2007b）在海涂围垦区的盐碱地，使用 NDVI 指数、盐分和作物产量建立养分管理分区。陈彦和吕新（2008）在天山北麓绿洲农耕区，采集耕层土壤（0～30 cm）样品 193 个，测试有机质、碱解氮、有效磷和速效钾，建立养分管理分区。以产量作为外部变量，采用 FPI、多次组合法及外部变量多元回归确定模糊控制参数，将研究区分为 4 个管理区，使管理分区内土壤养分的变异系数减小。

（三）推荐施肥模型研究进展

精准养分管理主要解决作物施肥的问题，施肥是一个远古就存在的话题，也是时代的话题。施肥模型，是根据土壤、作物、气候等现状，进行肥料投入的原则、方法和机制，可以是一则规律、可以是一组公式、可以是一套算法。根据模型的建立方法，可以分为施肥经验模型、施肥统计模型和施肥机制模型。

1. 施肥经验模型

化肥应用于农业生产之前，以经验方式指导施肥，如公元前 11 世纪至 8 世纪的《诗经·周颂·良耜》中“以薅荼蓼。荼蓼朽止，黍稷茂止”；公元 5 世纪的《齐民要术》中“粪，必得其力气，视色泽而使之”；公元 16 世纪的《天工开物》中“土性带冷浆的，宜用骨灰醮秧根，石灰淹苗足”（郭金如和林葆，1985）。肥料使用由堆置有机肥发展到畜禽粪便中氮素营养诊断，进而发展到使用石灰改良土壤，以及“中华民国”年间根据作物色泽应用微量元素铁矫正缺铁（郭金如和林葆，1985）。该阶段的施肥模型用规则来表达，以定性为主，是长期生产经验的总结。

2. 施肥统计模型

统计是以试验为基础，统计模型由定性指导发展到定量推荐，作物营养试验可以追溯到海尔蒙特（Van Helmont，1577～1644 年）的柳条试验，罗伯特·波义尔（Robert Boyle）提出碳素营养学说，泰伊尔（Von Thaer，1752～1832 年）提出腐殖质营养学说，布森高（Boussingault，1802～1887 年）提出氮素营养学说。推动化肥应用于农业的先驱是德国科学家李比希，奠定了作物养分管理的基石，确立了植物矿质营养学说、提出养分归还学说和最小养分律。最小养分律、报酬递减律、因子综合作用律、同等重要和不可替代律是施肥统计模型的基本原理。

1909 年，Mitscherlich 基于最小养分律和报酬递减律，在大量试验的基础上建立 Mitscherlich 方程（Harmsen，2000），这是最先报道的施肥统计模型，由此可以计算经济施肥量、最高产量施肥量，该方法发展成肥料效应函数方法。Truog-Stanford 公式于 1960 年由 Truog 提出，1967 年，Ramamooprthy 首先列出计算公式，1978 年，Stanford 完善 Truog-Stanford 公式，该方法发展成目标产量法（刘成祥和周鸣铮，1986）。我国学者在施肥统计模型方面也进行了大量的研究。20 世纪 70 年代末，农业部组织 16 个省（自治区、直辖市）进行“土壤养分丰缺指标研究”（黄德明，2003）。1986 年，农业部组织养分管理专家召开杭州会议，总结施肥方法，提出“三类六法”，即地力分级法、目标产量法（养分平衡法、地力差减法）、田间试验法（养分丰缺指标法、肥料效应函数法、氮磷钾比例法）。“三类六法”是我国施肥统计模型的里程碑。朱兆良（1986）认为一个区域针对特定作物养分投入在一个范围内，提出平均适宜施氮量方法。周鸣铮（1984）根据 Truog 方法提出“以地定产，以产定氮”，给出一个客观获取目标产量的方法；黄德明（2003）完善该方法提出“氮素调控”方法。杨卓亚和毛达如（1993）提出应用正交多项式趋势系数建立综合施肥模型。侯彦林（2000）针对“土壤养分换算系数”和“表观肥料利用率”两个参数均具有不稳定性，提出“生态平衡施肥模型”。考虑施肥统计模型参数的可获取性及实用性，朱兆良（2010）提出区域宏观控制与田块微调相结合。施肥统计模型趋向于综合考虑各种相关因素，除施肥推荐外提供更多信息，如中国土壤肥料信息系统（张维理，2002）。施肥统计模型以专家知识库驱动，将施肥经验模型和施肥统计模型结合，王海江和吕江（2006）建立了新疆棉花施肥专家库。

3. 施肥机制模型

施肥需要考虑土壤养分供应、作物养分吸收和肥料特性。在一定气候和土壤背景下，作物养分吸收和物质积累过程可以根据条件进行模拟，驱动条件包括光能驱动、CO_2 驱动、水分（养分）驱动等，如作物模型 DSSAT，在模型中施肥可以作为场景参数（刘建刚等，2013）。机制模型的另外一种模式是环境条件驱动下，土壤有机质分解和养分矿化、形态转化等过程的模拟，如 DNDC 模型可以模拟土壤有机质分解以及铵态氮和硝态氮等生成（夏文建等，2012），而无机氮是作物必需的营养，从而可作为施肥推荐的关键参数。

目前，尚缺乏针对施肥推荐的可用的机制模型，然而，考虑到统计模型很难摆脱试验区域的局限，并且伴随经验成分，作物生长模型、碳氮循环模型等得到发展，土壤有机质分解、养分释放过程的模拟成为可能，施肥推荐也将采用机制模型。

（四）变量施肥机

各国正开展变量施肥机研制，以打破美国等精准农业技术先导国家的技术垄断，是精准农业技术的研究热点之一。精准农业技术是未来农业的重要组成部分，对农田效益、生产、持续发展、农产品质量、食品安全、环境保护、农民生活质量、农村经济发展都将产生影响（Robert，2002；Maine et al.，2010）。田间变量实施是精准农业的核心技术环节，也是体现精准农业技术思想和效果的关键步骤。根据变量实施技术的实现原理，可以分为基于处方图的变量实施技术（map-based VRT）和基于传感器的实时变量实施技术（sensor-based VRT）（赵春江，2009）。变量施肥机是精准农业变量实施的典型设备，20 世纪 90 年代早期，美国等精准农业先导国家就研制出相关设备，可以满足农业生产的应用。变量施肥机的基本组成包括 GPS 定位模块、嵌入式车载计算机、测速模块、排肥控制模块、作业导航模块等（赵春江，2009；Jafari et al.，2010；Diacono et al.，2013）。变量施肥机具研制是目前精准农业研究的热点之一，Tola 等（2008）改进吸气播种设备制成颗粒肥料变量施肥机，变量施肥误差±5%，控制系统反应时间 0.95～1.90 s。日本研制了一种小型的水稻变量施肥机（赵春江，2009），丹麦精准农业（precision farming）和可控农机耕作（controlled traffic farming）可以增加农民收入、减少农用化学品的投入、改善环境（Primicerio et al.，2012）。韩国设计了一款水稻空气动力颗粒肥料变量施肥机，施肥幅宽 10 m，施肥准确度为 81.9%～97.4%（Kima et al.，2008）。

1. 传感器及信息获取

传感器技术可有效降低土壤和作物的信息获取成本，是精准农业走向应用的技术瓶颈和研究热点。变量施肥机的传感器主要用于设备控制和信息获取，在设备控制方面，典型的应用是使用速度传感器测定农机的速度（张睿，2012；于英杰，2010）；在信息获取方面应用较好的有光学传感器、土壤离子电极、电导率等。对美国 11 个州应用精准农业技术（棉花种植）农户调查显示：大多数农场主应用遥感技术监测作物长势、识别排水障碍、辅助收获管理、进行变量物资投入（Larson et al.，2008）。Boyer 等（2011）根据小麦长势光谱特征应用氮素变量，减少氮素肥料投入，与传统单一氮肥用量相比，产量没有显著差异。农机附加的光学反射或遥感、生长季节期间的诊断设备是先导技术（Heege，2013）。Shaver 等（2011）研究了 2 种遥感传感器获取植被指数，应用植被指数分析玉米叶片氮含量、玉米氮营养状态、农田氮变异，并估算产量，用于玉米氮素精准管理。Ehlert 等（2004）在施肥机前端安装传感器监测冬小麦长势，根据冬小麦生物量进行实时变量氮肥投入，节省氮素肥料 10%～12%且没有导致冬小麦减产。Li 和 Kushwaha（1994）设计了一个数字控制器根据土壤硝酸盐状态进行氮素变量施肥。

用于精准农业的传感器研究有专门针对某种养分开发传感器的趋势，信息获取有多源融合的趋势。Maleki 等（2006）在实验室测试土壤有效磷和波长范围 401～1663 nm 的土壤反射光谱，采用最小二乘法建立光谱反演土壤有效磷模型，回归方程的决定系数为 0.73，研制土壤有效磷传感器；Maleki 等（2008）在变量施肥机上安装土壤有效磷传感器，测试传感信息获取、解析、变量施肥执行过程的延迟时间，能够满足实时变量施肥；变量使用磷肥节省磷肥 1.25 kg/hm^2，针对土壤有效磷开发出传感器。小型无人机是低成本高分辨影像获取的精准农业辅助工具。高分辨率遥感影像普遍用于分析作物和土壤的变异，低空遥感平台或小型无人机具有灵活、低成本、高时空分辨率影像获取特征，能够识别农田变异和制订管理策略并应用于精准农业（Zhang et al.，2012）。开放地理空间网络数据也将应用于变量施肥机（Nash et al.，2009）。Li 等（2013b）建立传感器网络监测陆地用于精准农业。Roberts 等（2013）采用手持 GreenSeeker 进行冬小麦光学反射测量，用于季节性氮肥推荐，不同氮肥量级试验小区测试表明：不同年份的光学反射值和产量存在不同的回归关系，呈现不确定性，导致区域水平测试和地块水平测试进行氮肥推荐的效益差异不显著。Cao 等（2012）使用叶绿素仪和 GreenSeeker 测定冬小麦氮素营养状态进行生育期精准氮素管理，与农民习惯施肥相比，平均节省肥料 128 kg N/ hm^2。Mazzetto 等（2010）使用 GreenSeeker RT100、普通光学设备、红光和近红光光谱仪、超声波传感器监测作物长势和冠层厚度，使用差分 GPS 获取地理参数，应用植被指数进行精准管理。

2. 施肥处方与管理分区

土壤变异或作物产量、生育期的长势存在变异是变量施肥的前提，根据变异形成施肥处方是精准农业的核心技术。施肥处方分两种类型，一是采用变量施肥机施肥的处方，能够做到针对不同操作单元变异进行施肥，施肥处方是不同操作单元养分使用施肥模型计算的施肥量；二是没有施肥机而采用变量施肥策略，对操作单元进行分类，即分区管理的施肥处方。目前，利用算法建立管理分区是研究热点。Li 等（2011）使用 RGB 色度方法通过分析作物冠层的绿色强度来识别作物营养水平，应用 DBSCAN 模糊聚类分析方法设定营养状态等级喷肥。Li 等（2013a）在吉林省榆树市采用地理信息系统和数据挖掘方法研究土壤肥力空间分布特征、插值生成农田土壤肥力分布图、模糊聚类方法形成施肥分区。地统计在空间变异分析、养分分区管理中得到普遍应用，精确的处方地图需要地统计方法。土壤理化性质、产量地图常被用来划分管理分区，但取样成本相对昂贵，遥感和传感器越来越多地应用于分析作物长势变异和划分管理分区（Khosla et al.，2010）。Mazloumzadeh 和 Shamsi（2010）应用模糊分类把定性观测值应用于变量施肥，根据海枣树的性别、年龄、产量、外观和果长采用模糊分类分为非常好、好、一般、差、极差 5 类，分类进行肥料投入，可有效节省成本增加效益。O'Neal 等（2004）应用 CERES-Maize 模型进行氮素养分分区管理。经济模型和多学科应用能够促进农场主应用精准农业技术（Tey and Brindal，2012）。Tumbo 等（2007）在变量施肥应用中提出同时满足农艺和环境规范，并对施肥过程防止有害物质进入饮用水井的时间和缓冲区距离进行了研究。

管理分区的建立方法很多，科学家对这些方法也存在质疑的声音。Kutter 等（2011）认为在分区管理中，数据滥用、过度解析和软件兼容问题将凸显，未来 10 年，提供农业数据加工的服务商将非常普遍。Fulton 等（2013）针对变量技术缺乏变量应用精度评价方法，设计变量应用位置偏差和用量偏差的地理信息系统分析工具。Roudier 等（2011）针对如何评价分区管理是否合理，提出使用分区时机指数（zoning opportunity index，ZOI），指数主要考虑分区管理的运行机制、适用条件、应用风险，并使用模拟和实际农田数据增强指数的关联程度。

3. 变量排肥器

目前，排肥器的研究主要集中在结构和控制器的关系等方面，针对排肥器材料、防腐和加工工艺的研究相对较少。排肥器是变量施肥机的核心部件，对排肥精度、材料、防腐、加工工艺等方面都要求极高。排肥器和肥料长期保持接触，肥料有些呈酸性，有些呈碱性，排肥器材料很难同时满足防酸和防碱，排肥器的防腐设计难度很大。同时，同批次排肥器之间差异要尽可能小，对异形装置即使采用数码加工也很难满足要求，对加工工艺要求高。Chen 和 Xu（2011）采用 Pro/Engineer 软件设计 2 款排肥装置，一个是螺旋结构，一个是星型结构，使用软件模拟表明：星型结构更适合变量排肥。Yuan 等（2010）认为变量颗粒肥料施肥机排肥控制信号不能反馈实际排肥量，通过不同场景的排肥量测试，采用遗传算法建立优化控制指数图，根据场景选择优化控制指数，最终排肥误差不超过 5%。Villette 等（2012）研究离心式撒肥机肥料流量与转盘速度、出口肥料分布的关系，表明出口角和肥料流量、肥料分布角度和肥料流量的关系不能用公式表达，而撒肥宽度和肥料流量可以用公式表达。庄卫东（2011）对排肥系统的传动进行设计，在播种机的排肥传动系统中加入电控无级变速器，使排肥系统的总传动比可在 1.89～3.77 变化，从而能做到变量施肥和在定量施肥时对施肥量进行快捷调整。王金武等（2012）设计全椭圆齿轮行星系液态肥深施机构。张书慧等（2010）设计基于 CPLD 的变量施肥控制系统，控制排肥轴转速实现变量施肥。张睿等（2013）通过对比“U”形结构的拨肥叶片，研究设计了一种肥料抛撒机构，该抛肥机构具有较好的抛撒均匀性，在有效施肥幅宽内平均施肥量为 205.06 kg/hm^2，变异系数为 14.15%。

4. GPS

GPS 主要用来定位、导航和测定速度。Chan 等（2002）从地块边界、插值方法、GPS 位置偏差等方面研究基于产量地图的氮素变量施肥的误差来源。Chan 等（2004）测试 5 种普通 GPS 和 2 种差分 GPS，分析 GPS 位置精度、差分 GPS 采样频率和延迟时间，表明导致变量肥料应用误差的第一因素是差分 GPS 延迟，其次是 GPS 位置精度。庄卫东（2011）进行了农田三维地形测绘技术的研究。通过需求分析认为对于坡耕地三维地形的地块高程数据的精度在亚米级即可满足需求，选用了 AgGPS 332 接收机，免费接收 MSAS2 的卫星差分信号后，定位精度达到亚米级。杜娟等（2012）利用位置微分求速，采用白噪声正交多项式最优线性滤波，设计一种 GPS 测速方法，精度达到 0.01 m/s。

三、精准养分管理的发展趋势与存在问题

1. 变量施肥机是精准农业走向应用的突破口

精准农业技术是未来农业的重要组成部分，对农田效益、生产、持续发展、农产品质量、食品安全、环境保护、农民生活质量、农村经济发展都将产生影响（Robert，2002；Maine et al.，2010）。变量施肥机是美国等发达国家在精准农业技术上保持领先的技术屏障之一，日本、韩国、德国、丹麦等国家正在进行变量施肥机研制，我国也有多家研究机构进行研究，变量施肥机国产化是精准农业技术走向应用的先决条件。

2.“精”和“准”的结合是精准农业的生命

“精”是作物生长的某个阶段、在什么样的土壤养分条件、需要投入多少肥料养分用量的简洁表达，需要明确作物养分吸收规律、土壤养分供应能力、肥料养分释放特性是养分管理的高级阶段。“准”是作物立地空间位置的土壤需要如何调节肥料养分的供应，是变量决策和变量实施双重要求的技术诉求。精准农业需要多学科知识融合，涉及地理信息系统、全球定位系统、遥感、计算机、自动控制甚至材料学等多方面技术储备，过多强调信息技术的农业应用，对“准”的偏爱多于“精”，在一定程度限制精准农业节本增效功能的发挥。信息技术和农艺结合，精准施肥解决的问题是施肥的问题，离开作物养分吸收规律和施肥指标体系的精准施肥是有缺陷的，“精”和“准”的结合才能最大限度地发挥精准施肥的作用。

3. 分散经营条件是否适合精准农业尚有疑问

分散经营条件，针对同一种作物在同一年份，施肥量也各不相同，不同肥料投入形成的耕地，其土壤养分变异是否有渐变的特征、是否满足半方差分析、是否能够对土壤养分进行插值，使用已知采样点数据预测未知点土壤养分，在农业技术推广部门、农业生产管理部门乃至科研部门仍然存在疑虑。我国烤烟主要种植在西南山区，土壤条件更加复杂，实证研究精准施肥具有理论和实践的双重意义。

4. 烤烟肥料投入高，合理用肥的技术瓶颈没有解决

肥料投入占烤烟生产物质和服务成本的近 40%，不合理的肥料投入对烟草产生的后果较小麦、玉米、水稻等大田作物要严重得多。肥料用量不够，烤烟生长缓慢，产量低；过高的肥料投入，尤其是过多的氮肥，不仅让烟叶中烟碱含量高、品质差，甚至使烟叶无法正常烘烤。烤烟以成熟叶片作为收获物，对品质的要求超过产量，其养分需求与小麦等大田作物相差较大，打顶后烤烟对氮素的需求非常少，以保证上部叶烟碱含量在一个合适的范围，烤烟养分管理较小麦等大田作物要更精细。

烟草农业技术推广人员在长期的生产实践中，能够估算一个区域平均的养分投入水平。长期以来，他们按照这个平均水平指导烟农施肥。然而，我国的烟草种植主要分布在西南各省，地形以山地为主，烟田分布在一定坡度的梯形阶地。这些阶地土壤养分含量受多种因素的影响，包含自然因素和人为因素，自然因素如地形、降水等，导致土壤养分含量存在结构性差异；人为因素如施肥等，各家各户的施肥量不可能完全统一，导致土壤养分含量存在随机性差异；植烟土壤养分含量是这种结构性差异和随机性差异的统一体。合理用肥首先要清楚土壤养分空间变异的特征，这一技术瓶颈是解决不同地块合理用肥的关键。

第二节　精准养分管理的合理土壤取样密度

土壤养分空间变异是基于处方的作物精准施肥的基础，足够的土壤取样数量是获取真实土壤养分变异的前提，科学合理的土壤取样数量是满足养分管理需求的情况下尽可

能减少样本数量。一些学者在土壤取样数量方面已经进行了大量的研究（冯恭衍等，1981；秦耀东和徐义评，1991；姜城等，2001；谢宝妮等，2012），理论基础是经典统计理论和地统计理论。冯恭衍等（1981）根据经典统计理论提出土壤取样是独立的且中心极限定理成立，可由置信区间分析来处理取样数量问题。雷志栋等（1985）完整地推导了 Cochran 公式，并应用该公式计算土壤取样数量。Cochran 公式的应用前提是土壤样品之间是相互独立的，抽样是以样本的统计数来估计总体的参数，只要在总体中抽取的样本足够多，样本的统计数就会逼近总体参数，该方法可用于评价研究区土壤养分的整体水平（秦耀东和徐义评，1991）。根据地统计理论，土壤属性在一定的距离内是有关联的，针对某个土壤属性，土壤样本在关联距离（变程）内就可以评价其土壤养分状况，针对农作物精准养分管理，变程是确定土壤取样数量的关键参数（许卫红等，2006；潘瑜春等，2010；姜怀龙等，2012；谢宝妮等，2012）。为了提高变程的计算精度，潘瑜春等探讨剔除离群值、刘聪等（2013）探讨山地和丘陵条件下不同取样密度、盛建东等（2006）探讨不同取样策略对土壤养分空间变异的影响。但是，针对分散经营条件的植烟土壤，在烤烟种植过程中过量使用磷肥和钾肥，土壤养分变异是否仍然是结构变异大于随机变异；如果植烟土壤变异满足精准养分管理，以山区和丘陵为主的复杂地形条件，如何进行取样相对合理，缺乏系统研究。本研究针对山间缓坡、坝子和平原等不同地形植烟土壤，使用经典统计和地统计结合方法探讨满足精准养分管理的植烟土壤合理取样。烤烟种植区域主要分布在云南、贵州、山东等地，主要植烟土壤地形为山间坝子、缓坡地，北方部分烟田为平原（王彦亭等，2010）。在烤烟种植的典型区域分别选择山东省诸城（平原）、云南省绿丰（相对开阔的坝子）、贵州省遵义（狭长的坝子）、云南省宜良（缓坡地），采集 50 m×50 m 网格土壤样品，分析用于施肥指导的常规测试项目，计算经典统计和地统计方法的合理取样数量。并讨论样本离群值、不同取样策略对取样数量的影响，研究典型地形植烟土壤条件下精准养分管理的合理取样密度，并根据 Cochran 公式计算合理取样数量。

一、基于 Cochran 公式的取样密度

Cochran 公式是计算合理取样密度的实用工具，用于作物养分管理时，合理选择置信水平和允许误差能够减少取样密度。Cochran 公式是基于经典数理统计理论建立起来的，基本假设包括样品与样品相互独立，每个样品是总体的一次随机抽样，在一定置信水平和允许误差的条件下，评价总体需要的最少样本容量。如果评价土壤养分并用于施肥推荐，针对特定的测试指标，在一定等级范围其养分推荐量相同，即使增大允许误差，该测试指标仍然在相同的等级，此时可以选择较宽的允许误差，避免过度取样。本节先使用 Cochran 公式计算不同地形植烟土壤的合理取样数量；再讨论不同地形条件的植烟土壤合理取样问题。

（一）取样密度的 Cochran 公式计算

分别把图 7-1 中 4 种地形，即缓坡地（a）、狭窄坝子（b）、开阔坝子（c）、平原（d）作为均质的整体取样，根据 Cochran 公式[式（7-1）]，可以求出在一定置信水平和相对

误差条件下需要的取样数量。为了方便不同地形条件下对取样数量进行比较，将取样数量转化为每个样品的代表面积，也就是分别使用不同地形的研究区面积除以对应的合理取样数量。取置信水平 P_1=95%和 P_2=90%，在不同允许误差 K_1=5%、K_2=10%、K_3=15%下，分别计算对应条件下样本的代表面积（表 7-1）。显而易见，当置信水平相同时，样品代表面积随允许误差增大而增大；当允许误差相同时，样品代表面积随置信水平增大而减少；当置信水平和允许误差均相同时，样品代表面积随土壤测试指标的变异系数增大而减少。

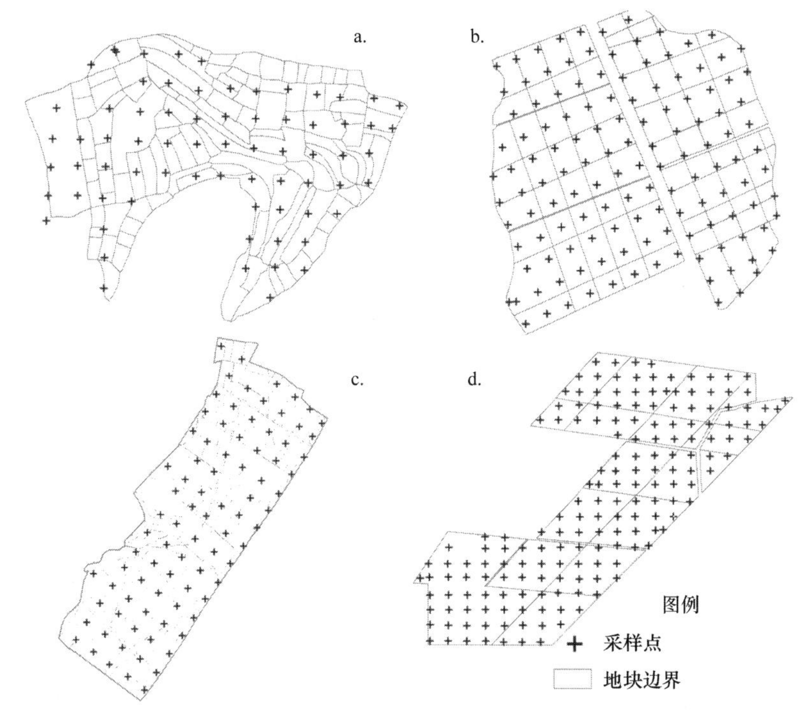

图 7-1　试验地土壤网格样点位和地块边界图
a. 宜良；b. 遵义；c. 绿丰；d. 诸城

纯随机取样的合理样本容量计算公式（Cochran 公式）

$$N = t_{\frac{a}{2},f}^2 \times \left(\frac{\sigma}{K \times \mu} \right)^2 \tag{7-1}$$

式中，$t_{\frac{a}{2},f}$ 为 t 分布函数的特征值；α为给定概率，如置信水平为 95%时，α=0.05；f 为自由度，样本量–1，通过查 t 分布表可得到$t_{\frac{a}{2},f}$ 的值。K 为要求的数据精度，使用相对误差表示，如 K=10%表示相对误差小于 10%。σ为总体方差，大样本可用标准方差 s 代替。μ为总体均值，大样本可用样本均值代替。

（二）决定土壤取样的测试指标

养分管理过程中的植烟土壤取样密度由有效磷或碱解氮的取样密度来决定。从变异系数来比较：pH 的范围为 4.7%～10.0%，平均 7.8%；有机质的范围为 13.7%～33.8%，平均 20.3%；碱解氮的范围为 11.0%～44.9%，平均 25.1%；有效磷的范围为 30.3%～42.9%，平均 39.2%；速效钾的范围为 19.6%～30.6%，平均 26.2%；变异系数平均值由低到高的顺序为 pH＜有机质＜碱解氮＜速效钾＜有效磷，有效磷的变异系数最大。从样品代表面积来比较：在置信水平 95%和允许误差 5%的条件下，pH 的范围为 1.69～9.62 hm^2，平均 4.02 hm^2；有机质的范围为 0.18～1.46hm^2，平均 0.64hm^2；碱解氮的范围为 0.06～2.28 hm^2，平均 0.86 hm^2；有效磷的范围为 0.08～0.15 hm^2，平均 0.12 hm^2；速效钾的范围为 0.12～0.72 hm^2，平均 0.33 hm^2；样品代表面积平均值由小到大的顺序为有效磷＜速效钾＜有机质＜碱解氮＜pH，有效磷的样品代表面积最小，样品代表面积最小者决定土壤取样的密度。与普通粮食作物比较，烤烟种植更重视烟叶品质，钾是烤烟的品质元素（胡国松，2000；王欣等，2007），施肥过程中过量的钾肥投入以保证烤烟对钾的奢侈吸收；磷对优质烟叶形成至关重要，提高土壤磷含量可以有效增加烟叶中磷含量（许自成等，2007），烤烟施肥磷的投入也远高于当季作物带走量；过高的磷、钾投入和分散经营农户之间施肥差别化，导致植烟土壤磷、钾的高变异。缓坡地（a）碱解氮的样品代表面积最小，取样密度由碱解氮的取样密度决定；坝子地（b）和（c）、平原（d）有效磷的样品代表面积最小，取样密度由有效磷的取样密度决定。决定植烟土壤取样密度的因素有碱解氮和有效磷。

（三）不同地形条件的土壤取样密度

在允许误差 K_1=5%时，低样本容量事件随地形复杂程度增加而增加。使用 Cochran 公式计算的样本容量转化为样品代表面积，如果样品代表面积小于实际取样时每个样品的面积，实际取样为 50 m×50 m 网格，每个样品实际面积为 0.25 hm^2，即 Cochran 公式计算的样品代表面积小于 0.25 hm^2 时，表明在要求的精度下，取样密度不足以分析该土壤指标的空间变异，也就是发生了低样本容量事件。根据表 7-1，在允许误差 K_1=5%，置信水平为 P_1=95%和 P_2=90%时，a 地块（宜良）为缓坡地，地形最复杂，土壤测试指标碱解氮、有效磷、速效钾的 Cochran 公式计算样品代表面积均小于 0.25 hm^2，低样本容量事件发生 6 次；b 地块（遵义）为狭窄坝子，低样本容量事件发生 4 次；c 地块（绿丰）为开阔坝子，低样本容量事件发生 3 次；d 地块（诸城）为平原，地形最简单，低样本容量事件发生 2 次。地形由缓坡地、坝子到平原，低样品容量事件发生的次数减少。从经典统计学角度，在允许误差小、精度要求高时，地形简单的地块采样密度降低的发生概率更高。

在相同的置信水平和允许误差条件下，土壤取样密度随地形复杂程度的增加而增加。根据表 7-1，在置信水平 95%和允许误差 5%的条件下，缓坡地的地形最复杂，代表地块（a）的有机质、pH、碱解氮、有效磷和速效钾的样品代表面积分别为 0.34 hm^2、1.69 hm^2、0.06 hm^2、0.12 hm^2 和 0.12 hm^2，取样密度由最小面积决定，为 0.06 hm^2；同样的方法可以得出，坝子地的地形复杂程度居中，代表地块（b）和（c）的取样密度决定面积分别为 0.12 hm^2 和 0.08 hm^2；平原的地形相对简单，代表地块（d）的取样决定面积为 0.15 hm^2；地形条件由缓坡地、坝子地到平原，决定取样密度的样品代表面积分别为 0.06 hm^2、0.08～0.12 hm^2、0.15 hm^2，土壤样品代表面积逐渐增加，取样密度逐渐减小。精准养分管理过

表 7-1　土壤养分含量和 pH 描述性统计及合理取样数

取样点	项目	均值	标准差	样本量	变异系数/%	样品代表面积/hm²					
						P_1=95%			P_2=90%		
						K_1=5%	K_2=10%	K_3=15%	K_1=5%	K_2=10%	K_3=15%
宜良	有机质/（g/kg）	24.1	4.391	71	18.2	0.34	1.34	3.02	0.48	1.92	4.33
	pH	6.9	0.561	71	8.1	1.69	6.75	15.19	2.42	9.66	21.74
	碱解氮/（mg/kg）	82.9	36.800	65	44.9	0.06	0.23	0.51	0.08	0.32	0.73
	有效磷 /（mg/kg）	18.8	5.696	70	30.3	0.12	0.49	1.09	0.17	0.70	1.57
	速效钾 /（mg/kg）	86.5	26.441	69	30.6	0.12	0.48	1.07	0.17	0.68	1.54
遵义	有机质 /（g/kg）	32.8	11.090	131	33.8	0.18	0.74	1.66	0.26	1.05	2.37
	pH	7.0	0.328	132	4.7	9.62	38.47	86.57	13.70	54.81	123.32
	碱解氮 /（mg/kg）	89.7	27.983	131	32.2	0.22	0.87	1.95	0.31	1.24	2.78
	有效磷 /（mg/kg）	8.1	3.379	129	41.8	0.12	0.49	1.09	0.17	0.69	1.56
	速效钾 /（mg/kg）	44.6	12.226	131	27.4	0.28	1.12	2.53	0.40	1.60	3.60
绿丰	有机质 /（g/kg）	43.9	6.856	85	15.6	0.56	2.23	5.02	0.80	3.19	7.17
	pH	7.2	0.587	84	8.2	2.05	8.18	18.41	2.92	11.70	26.32
	碱解氮/（mg/kg）	198.6	24.457	83	12.3	0.89	3.58	8.05	1.28	5.12	11.52
	有效磷 /（mg/kg）	12.5	5.195	86	41.6	0.08	0.31	0.71	0.11	0.45	1.01
	速效钾/（mg/kg）	71.0	19.184	83	27	0.19	0.74	1.67	0.27	1.06	2.39
诸城	有机质/（g/kg）	11.2	1.538	172	13.7	1.46	5.86	13.18	2.09	8.34	18.77
	pH	5.7	0.572	171	10	2.74	10.97	24.67	3.90	15.62	35.14
	碱解氮/（mg/kg）	64.7	7.114	170	11	2.28	9.13	20.55	3.25	13.01	29.27
	有效磷 /（mg/kg）	23.2	9.968	170	42.9	0.15	0.60	1.35	0.21	0.85	1.92
	速效钾 /（mg/kg）	88.0	17.235	171	19.6	0.72	2.88	6.48	1.03	4.10	9.23

注：P_1、P_2 表示置信水平；K 表示相对误差。

程中，在置信水平和允许误差要求高可信和高精确的情况下，土壤取样密度过大，测试成本过高，可能把精准农业节本增效获得的效益消耗掉，可以考虑把置信水平设定在 90%和允许误差设定在 10%，此时，植烟土壤缓坡地、坝子地和平原的土壤样品代表面积分别为 0.32 hm²、0.45～0.69 hm²、0.85 hm²。

（四）基于养分管理的土壤取样密度优化

养分管理知识有助于确定 Cochran 公式的允许误差，合理降低土壤取样密度。土壤养分含量范围是施肥推荐的重要依据，特定指标在一定的含量范围内，相关的养分推荐是等量的。根据表 7-1，平原地（d）决定土壤取样密度的指标是有效磷，平均值为 23.2 mg/kg，在允许误差 5%、10%、15%时，有效磷的范围分别是 22.0～24.4 mg/kg、20.9～25.5 mg/kg、19.7～26.7 mg/kg；土壤有效磷主要分布在 20～40 mg/kg（有效磷含量高，全国土壤普查办公室，1992），磷肥推荐量相同，要求允许误差为 5%和 10%对实际的肥料推荐没有价值，使用允许误差 15%的土壤测试数据可以满足养分管理需求，用于施肥推荐的置信水平可以考虑 90%以降低取样密度，此时样品代表面积 1.92 hm²，这样有效地降低了取样密度。实际上，对于缓坡地（a）、坝子地（b）和（c），允许误差 15%也能够满足施肥推荐的要求，其样品代表面积分别为 0.73 hm²、1.56 hm² 和 1.01 hm²。精准养分管理需要高质量的土壤养分分布图，高样本容量可以保证土壤养分图的质量，如何做到科学合理的土壤取样，取样数量是问题的关键，有效减少取样数量就是节省精准养分管理的成本，既是科学问题、技术问题，对生产也具有实际意义。以土壤养分管理知识作为确定允许误差的方法，可以合理减少取样数量，优化后植烟土壤缓坡地、坝子地和平原的土壤样品代表面积分别为 0.73 hm^2、1.01～1.56 hm^2 和 1.92 hm^2。

二、基于半方差分析的取样密度

经典统计把土壤取样作为总体的一次抽样，具有随机性，与空间位置无关；而地统计分析则把土壤样品放在空间中进行分析，样品均值是不变的且与位置无关，在相同距离和方向的任意两点的协方差是相同的，协方差只与这两点的值有关而与它们的位置无关，样品的变异来源于随机性和结构性，其结构性表现为空间变量在一定距离内是相关的，这个距离就是有效变程，在有效变程内，可以使用已知点的信息预测未知点的值，也就是说有效变程是基于半方差分析的最大采样距离，决定取样密度。

（一）土壤指标的半方差分析

不同地形的 4 个地块各土壤指标的测试数据去除全局离群值、局部离群值后，经过对数或平方根转换，符合或近似符合正态分布，拟合模型决定系数均达极显著水平，进行半方差分析，其理论模型及相关参数见表 7-2。

表 7-2　土壤养分和 pH 空间变异的理论模型和相应参数

取样点	项目	样本量	数据转换	拟合模型	块金值	基台值	块金效应/%	有效变程/m	决定系数 r^2	均方根误差
宜良	有机质/（g/kg）	71	无 None	Spherical	0.01	23.53	0.1	103.6	0.916	2.8819
	pH	71	无 None	Spherical	0.012	0.417	2.9	205.5	0.962	0.3181
	碱解氮/（mg/kg）	65	平方根 Sqr	Exponential	0.45	4.684	9.6	97.2	0.651	4.1465
	有效磷/（mg/kg）	70	对数 Log	Gaussian	0.0001	0.0787	0.1	58.2	0.986	5.7999
	速效钾/（mg/kg）	69	对数 Log	Spherical	0.0518	0.1106	46.8	159.7	0.926	21.9062
遵义	有机质/（g/kg）	131	无 None	Exponential	29.5	145.4	20.3	1636.2	0.983	8.0511
	pH	132	无 None	Spherical	0.0186	0.1082	17.2	177.5	0.97	0.2222
	碱解氮/（mg/kg）	131	无 None	Exponential	535	1087.8	49.2	1492.2	0.900	2.3201
	有效磷/（mg/kg）	129	对数 Log	Spherical	0.0701	0.1722	40.7	470.6	0.967	2.8206
	速效钾/（mg/kg）	131	对数 Log	Exponential	0.0044	0.0697	6.3	603.9	0.902	10.8380
绿丰	有机质/（g/kg）	85	无 None	Spherical	2.4	51.54	4.7	295.9	0.93	4.2411
	pH	84	无 None	Spherical	0.005	0.548	0.9	626.9	0.994	0.2622
	碱解氮/（mg/kg）	83	无 None	Gaussian	1	566.7	0.2	144.3	0.925	22.8723
	有效磷/（mg/kg）	86	对数 Log	Spherical	0.0738	0.1996	37.0	244.0	0.792	4.7009
	速效钾/（mg/kg）	83	无 None	Gaussian	1	327.7	0.3	134.4	0.755	19.3730
诸城	有机质/（g/kg）	172	无 None	Spherical	1.152	3.894	29.6	1340.0	0.889	1.2780
	pH	171	对数 Log	Exponential	0.00367	0.01194	30.7	2970.0	0.969	0.4222
	碱解氮/（mg/kg）	170	无 None	Exponential	5.4	50.44	10.7	234.0	0.912	7.0081
	有效磷/（mg/kg）	170	对数 Log	Exponential	0.0127	0.2164	5.9	567.0	0.839	8.9023
	速效钾/（mg/kg）	171	无 None	Exponential	0.1	277.3	0.03	342.0	0.853	17.8498

同一土壤测试指标在不同地形条件的取样数据其数据分布和最优拟合模型可能不同。4 个不同地形条件地块的土壤有机质数据不需要经过数据转化，其数据分布均符合或近似正态分布，拟合模型除一个为指数类型，另外 3 个地块均为球形模型。pH 在缓坡和坝子地的数据符合正态分布，拟合模型为球形模型；平原地块的数据经对数转化后近似符合正态分布，拟合模型为指数模型。碱解氮在缓坡地数据经过平方根转化，其余地块数据不需要转化符合正态分布，拟合模型除坝子地（c）为高斯模型，其余为指数模型。有效磷数据均经过对数转化后符合正态分布，其拟合模型包含高斯模型、指数模型和球形模型。速效钾在缓坡地（a）和狭窄坝子（b）数据经过对数转化，而开阔坝子（c）和平原（d）的数据不需要转化符合正态分布，拟合模型包括高斯模型、指数模型和球形模型。针对植烟土壤，有效磷和速效钾的变异较大，其拟合模型相对复杂，有机质和 pH 变异较小，其拟合模型相对一致。

（二）基于半方差分析的土壤取样间距

土壤有机质、pH、碱解氮、有效磷和速效钾的块金效应为强到中等，有效变程平均值顺序为 pH＞有机质＞碱解氮＞有效磷＞速效钾。根据表 7-2，从块金效应来比较，有机质的范围为 0.1%～29.6%，平均 13.7%；pH 的范围为 0.9%～30.7%，平均 12.9%；碱解氮的范围为 0.2%～49.2%，平均 17.4%；有效磷的范围为 0.1%～40.7%，平均为 20.9%；速效钾的范围为 0.03%～46.8%，平均 13.4%；块金效应＜25%为强；块金效应 25%～75%为中等；土壤各测试指标的块金效应为强到中等，变异来源主要为结构变异，部分来源于随机变异，满足地统计和插值分析的基本条件。土壤 pH、有机质、碱解氮、有效磷和速效钾的 4 个地块平均有效变程分别为 994.9 m、843.9 m、491.9 m、334.9 m、310.0 m，从平均有效变程角度，速效钾的有效变程最小，决定植烟土壤的取样间距。

不同地形条件，植烟土壤取样间距随地形复杂程度的增加而减小。根据表 7-2，缓坡地代表地块（a）的有机质、pH、碱解氮、有效磷、速效钾的有效变程分别为 103.6 m、205.5 m、97.2 m、58.2 m、159.7 m，有效磷的有效变程最小，为 58.2 m，决定取样密度；使用同样方法，坝子地（b）、坝子地（c）、平原（d）的最小有效变程分别 177.5 m、134.4 m、234 m；缓坡地、坝子地、平原的植烟土壤取样间距分别为 58.2 m、134.4～177.5 m、234 m。

使用 Cochran 公式和地统计分析有效间距得出的取样密度不同，地统计分析取样间距转化为面积后，缓坡地、坝子地、平原的植烟土壤取样的样品代表面积分别为 0.34 hm^2、1.81～3.15 hm^2、5.48 hm^2，而 Cochran 公式优化后植烟土壤缓坡地、坝子地和平原的土壤样品代表面积分别为 0.73 hm^2、1.01～1.56 hm^2、1.92 hm^2。地统计分析方法和 Cochran 公式计算的取样密度，针对不同地形的土壤测试数据，从缓坡地、坝子地到平原，其取样密度逐渐减小的趋势是相同的；但是，地统计分析方法缓坡地的取样密度更大，而坝子地和平原的取样密度较 Cochran 公式计算值小。计算方法不同对数据的处理不同，处理结果产生差异是必然的，同时，在 Cochran 公式的置信水平和允许误差的选择上，不同的养分分级指标会做出不同的选择，最终会反馈到样品代表面积，相对而言，地统计分析方法要更加客观，人为因素发挥的作用更小些。

三、小结

1）基于 Cochran 公式，缓坡地（a）碱解氮的样品代表面积最小，取样密度由碱解氮的取样密度决定；坝子地（b）和（c）、平原（d）有效磷的样品代表面积最小，取样密度由有效磷的取样密度决定。决定植烟土壤取样密度的养分指标为碱解氮和有效磷。用于养分管理的植烟土壤取样，置信水平设定为 90%，允许误差设定为 15%时，可以满足施肥推荐的要求，此时，缓坡地、坝子地和平原的土壤样品代表面积分别为 0.73 hm^2、1.01～1.56 hm^2、1.92 hm^2。

2）使用地统计分析方法，植烟土壤缓坡地（a）、坝子地（b）、坝子地（c）和平原（d）中有效变程最小的土壤养分指标分别为有效磷、有效磷、速效钾和碱解氮；决定植烟土壤取样密度的养分指标为碱解氮、有效磷和速效钾。缓坡地（a）、坝子地（b）和（c）、平原（d）的网格取样最大间距分别为 58.2 m、134.4～177.5 m、234.0 m。

3）剔除全局离群值有助于改善土壤养分数据的基本统计量的相关参数，减少 Cochran 公式计算的合理取样数量，对地统计分析的相关参数稍有改善，但决定半方差分析取样的变程几乎没有变化。剔除局部离群值后，Cochran 公式计算的合理取样数量变化很少，而半方差分析的决定系数得到有效提高，均方根误差变化较小，变程发生改变，但变程没有随剔除局部离群值后增大或减小的变化规律。

4）不同取样策略无论是经典统计理论还是地统计理论，获得的合理取样数量均发生改变。随着取样密度的减小，Cochran 公式计算的合理取样数量有增加的趋势，半方差分析的有效变程范围有扩大的趋势，并影响对变异来源于结构性或随机性的判断，还会降低养分空间分布图的质量。

第三节　基于分散经营的精准养分管理

分散经营条件下是否适合精准农业技术应用，始终困扰农业生产管理部门。农民生产规模小，来自作物种植的收益少，没有足够的经济实力购置精准农业实施的设备，对精准农业技术缺乏学习热情（Galindo，2012）。研究人员对分散经营后农田养分变异是否具有结构性持怀疑态度，相邻地块不同农民施肥措施存在差异，土壤养分的变异是否仍然具有渐变的特征，只有满足空间变异分析且来源于结构的变异大于随机变异才适合精准农业实施。分散经营条件下的农田即使能够进行精确农业实施，因精准农业技术实施增加的收益超过投入增加额，精准农业技术才有推广价值。

前人已经进行了大量研究，Van Meirvenne（2003）在法国弗兰德斯平均面积为 1.7 hm^2 的 5 个试验农田取样分析表明，小地块的土壤属性变异也主要来源于结构变异，能够满足精准农业的空间变异分析要求。2001 年，美国东南部 6 个棉花种植州调查显示：土壤取样、分区管理和变量施肥能够提高磷、钾肥料的利用效率，减少磷、钾流失到环境（Torbett et al.，2007）。丹麦精准农业（precision farming）和可控农机耕作（controlled traffic farming）可以增加农民收入、减少燃油和杀虫剂等化学品的农业投入、改善环境，环境效益推动精准农业技术应用（Jensen，2012）。姜城（2000）对比研究北京长阳农场经营和河北省邯郸市陈刘营村分散经营模式土壤养分变异，并由此进行分区管理，研究表明土壤速效养分的空间自相关距离最小在 100 m 左右，最大高达几百米，且在分散经营条件下，土壤养分的空间分布与农民的施肥习惯、作物品种和管理水平有直接关系。黄绍文（2001）研究了河北省玉田县和山东省陵县分散经营条件下的土壤养分变异和分区管理，并对定位监测点进行土壤养分收支平衡。王新中（2009）在河南省郏县 87 hm^2 的烟田进行了 100 m×100 m 网格取样，分析土壤养分的空间变异，采用主成分分析和模糊聚类方法进行土壤管理分区划分并进行分区推荐施肥。以上研究以粮食作物为主，虽然王新中研究烤烟分区管理，但是试验点位于我国北方，与我国烤烟主要产区西南烟区相比，土壤的变异相对较小。本研究以植烟土壤作为研究对象，与粮食作物相比，烤烟对品质的要求更加严格，养分管理更加复杂，其中，氮素养分的总量和阶段供应对烟碱合成至关重要，烤烟后期氮素需求非常少，而土壤仍然有氮素矿化形成稳定的供应；钾素是烤烟的品质元素，烟农钾肥的施用是过量的；西南烟区烤烟生长前期温度低、干旱，磷素养分对烤烟逆境生长发挥作用，磷肥供应也是过量的。同时，西南烤烟种植区地形更加复杂，山地和丘陵是主要植烟地形，土壤养分变异来源相比我国北方平原复杂，如贵州烤烟种植区，100 hm^2 以上坝子地（平地）屈指可数。复杂地形、过量养分投入、分散经营的条件下，是否适合精准养分管理对养分管理研究和烤烟生产都具有重要意义。

分散经营条件下“field-specific nutrient management”比“site-specific nutrient management”更具有可操作性。变异的存在是精准养分管理的前提，地块与地块之间存在差异，地块内部同样存在差异，在分散经营条件下，农户可以做到每个地块都有管理策略，但是农户很难识别地块内部的变异，很难针对地块内部的差异进行管理，本研究选择基于地块差异的养分管理，主要考虑农户的可操作性。

试验地设在云南省宜良县北古城镇车田村，面积 17.8 hm^2，土壤类型为红壤，地形为缓坡地，地块北面为丘陵顶部的分水岭形成一个相对封闭的区域，前茬作物小麦。海拔 1581～1591m，年平均气温 16.3℃，年降水量 912.2 mm。土壤网格样品采集点分布如图 7-1a 所示，2010 年全部种植烤烟，除施肥外，其他农艺措施由各地块户主农户自己根据习惯执行。

一、土壤养分和 pH 的变异分析

（一）土壤养分和 pH 的基本统计量

试验地土壤属中等肥力水平。根据表 7-3，土壤有机质平均含量 24.1 g/kg，处于适宜含量水平（陈江华等，2008），有机质是评价土壤肥力的综合性指标，土壤团粒结构需要有机胶体，土壤有机质矿化能够释放氮、磷、钾等养分，有机质能够从养分和结构两方面反映土壤肥力水平。土壤无机氮是铵态氮和硝态氮含量之和，平均含量 29.2 mg/kg，属氮素供应中等偏上水平，但是不同点位测试值相差较大，其空间分布极不均匀。土壤有效磷平均含量 18.8 mg/kg，磷素养分供应中等偏上水平。速效钾平均含量 87.5 mg/kg，土壤钾素养分供应属较低水平，最低含量只有 34.9 mg/kg，处于速效钾含量的极低水平。pH 处于适宜含量水平。

表 7-3　土壤养分含量和 pH 描述性统计

项目	均值	标准差	最小值	最大值	变异系数/%	偏度	峰度
pH	6.9	0.56	5.2	8	8.1	0.08	0.46
有机质/（g/kg）	24.1	4.41	14.5	34.7	18.3	0.3	–0.12
无机氮/（mg/kg）	29.2	15.4	4.2	91.1	52.7	0.28	0.71
有效磷/（mg/kg）	18.8	5.7	10.8	43.22	30.3	0.5	0.28
速效钾/（mg/kg）	87.5	28.8	34.9	183.8	32.9	0.61	0.34

土壤养分和 pH 的频率分布属正态分布或近正态分布，土壤无机氮变异最大。根据表 7-3，土壤养分和 pH 的最大偏度值 0.61、最大峰度值 0.71，偏度和峰度值均在“0”附近，属正态分布或近正态分布。土壤养分和 pH 的变异系数由大到小的顺序为无机氮＞速效钾＞有效磷＞有机质＞pH。土壤 pH 体现在土壤地带性分布中，我国土壤 pH 南方低北方高，与降水强弱导致土壤无机离子淋失的强度相关，主要受地带性因素影响，变异相对较小。而无机氮、有效磷、速效钾则与施肥等人为措施相关，不同农户养分投入差异，最终形成土壤速效养分含量的变异。

精准养分管理的前提是土壤养分存在变异，土壤氮、磷、钾变异适合精准养分管理。烤烟养分管理的重点是氮、难点是钾，土壤无机氮变异系数大，表明其空间变异大，单一养分用量投入必然导致土壤无机氮含量高的地块氮素养分投入过多，而土壤无机氮含量低的地块氮素养分投入不足。较大的土壤氮、磷、钾养分变异，表明试验地块可以满足精准养分管理的基本前提。

（二）土壤养分和 pH 的地统计分析

土壤养分和 pH 具有强度或中等强度的空间自相关，变异主要来源于结构变异，可以采用插值方法进行空间预测。土壤养分的空间自相关程度可用块金值（C_0）与基台值（C_0+C）的比值大小进行评价，根据表 7-4，土壤 pH、有机质、无机氮、有效磷块金值（C_0）与基台值（C_0+C）的比值分别是 2.9%、0.1%、8.7%、0.1%，C_0/（C_0+C）＜25%，说明变量具有强烈的空间相关性，表明其空间变异主要受结构性因素的影响，主要来源于结构性变异。速效钾的块金值（C_0）与基台值（C_0+C）的比值为 46.8%，C_0/（C_0+C）

表 7-4　土壤养分和 pH 空间变异的理论模型和相应参数

项目	数据转换	拟合模型	块金值	基台值	块金效应/%	有效变程/m	决定系数 r^2
pH	无 None	Spherical	0.012	0.417	2.9	205.5	0.962
有机质/（g/kg）	无 None	Spherical	0.01	23.53	0.1	103.6	0.916
无机氮/（mg/kg）	无 None	Exponential	14.0	161.2	8.7	56.4	0.569
有效磷 /（mg/kg）	对数 Log	Gaussian	0.0001	0.0787	0.1	58.2	0.986
速效钾/（mg/kg）	对数 Log	Spherical	0.0518	0.1106	46.8	159.7	0.926

处于 25%～75%，具有中等强度的自相关性，表明除了结构性因素之外随机性因素对要素的空间变异有明显的影响。本试验的土壤养分和 pH 均符合空间插值要求，可采用插值方法进行空间预测。

试验地土壤养分和 pH 的合理采样间距相对较小，精准养分管理采样密度大。有效变程是变量空间自相关距离的范围，在有效变程内，可以通过采样点的测试值预测未采样点的土壤养分含量，以预测值进行养分管理，从而实现养分的分区管理；与采样点距离超过有效变程时，则不能进行土壤养分值的预测；有效变程是网格采样的最大间距。根据表 7-4，土壤 pH、有机质、无机氮、有效磷、速效钾的有效变程分别是 205.5 m、103.6 m、56.4 m、58.2 m、159.7 m，考虑无机氮测试值的有效性，该试验地条件下，土壤网格采样的间距应该控制在 50 m 左右。每个样品的代表面积为 0.25 hm^2。

（三）高程对土壤有机质变异的预测

试验地土壤有机质随高程的增加而减小。精准养分管理的前提是土壤养分存在变异，如果某种变异表现出不依靠土壤测试而凭借地形起伏差异的规律性，把这种规律应用于农业生产的养分管理，可以节省农民用于取样测试的人力和物力投入。表 7-5 是土壤养分与海拔的关系，土壤 pH、无机氮、有效磷、速效钾没有表现出随海拔改变而变化，土壤有机质则随高程的增加表现出降低的趋势。海拔由 1581 m 增加到 1587 m 以上，土壤有机质平均值由 29.1 g/kg 减小到 21.5 g/kg。图 7-2 是不同采样点土壤有机质含量与海拔平面分布图。

表 7-5　不同海拔的土壤养分含量和 pH

海拔/m	样本量	pH	有机质/(g/kg)	无机氮/(mg/kg)	有效磷/(mg/kg)	速效钾/(mg/kg)
1581	7	6.8±0.65	29.1±3.28	33.9±15.92	17.6±1.9	86±30.1
1582	9	7.2±1.09	28.1±4.61	32.9±11.16	20.1±5.78	106.9±22.69
1583	13	6.9±0.59	24.3±3.68	25.6±8.31	18.1±4.1	92.4±18.8
1584	14	6.9±0.21	22.6±4.63	30.3±15.6	20.3±8.4	82.1±35.24
1585	13	6.8±0.4	22.3±2.1	29.1±22.66	16.5±4.31	78.7±23.69
1586	7	7.2±0.47	22.6±2.27	24.7±14.67	20.5±6.72	90.2±42.68
≥1587	8	6.8±0.23	21.5±4.29	29.2±17.33	19.1±5.45	80.2±25.97

降水主导土壤有机质的重新分配，自然对土壤养分的分配可应用于精准养分管理策略。试验地相对封闭，北面边界是小流域的分水岭，东面和西面边界接近分水岭，南面洼地形成水池。土壤形成有机质后，降水过程把土壤水溶部分淋溶到高程相对较低的部位，长期微量的淋失导致高程较高部位的有机质含量降低。在西南烤烟种植区，试验地的地形条件普遍存在，土壤有机质在小流域顶部含量低、底部含量高，而有机质是土壤肥力的重要评价指标，精准养分管理就是利用这种变异进行养分的差异化投入，合理应用这种差异化养分投入就可以实现作物生产的区域均衡，提高区域作物产量，增加农民收益。

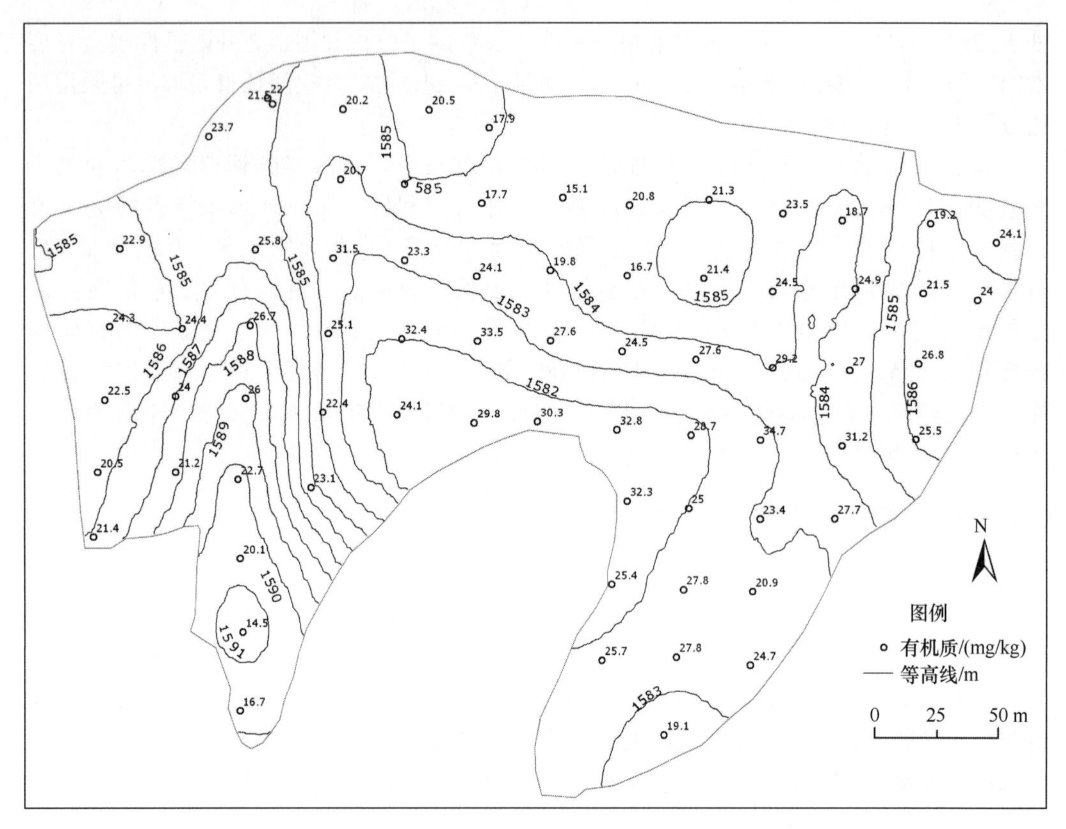

图 7-2　云南宜良不同海拔的土壤有机质含量

二、土壤管理分区

（一）土壤管理分区概念模型

土壤管理分区是精准农业的核心技术，也是热点研究技术之一。白由路等（2001）应用 GIS 对土壤养分进行插值，统计地块的土壤养分，作用于施肥模型生成基于地块的土壤养分管理策略。模糊聚类及聚类相关算法在养分分区管理过程中得到普遍应用（李翔等，2005a；李艳等，2007a；Mazloumzadeh and Shamsi，2010；陈桂芬等，2011）。Monte O'Neal 应用 CERES-Maize 模型进行氮素养分分区管理（Neal，2004）。Hautala 和 Hakojärvi（2011）建立 C_3 作物生物量累积模型作为精准农业的决策工具。本研究针对烤烟养分管理特点，采用图 7-3 的概念模型建立土壤管理分区。

分散经营条件下，保证处方正确实施的有效措施是分类指导，即分区施肥处方。分散经营条件下，原则上可以做到针对地块的养分管理，每个地块都有各自的施肥处方，然而，面向几十个农户，要求他们做到每个地块都按照处方实施存在困难，最佳的简化方法就是实现分类指导，生成分区施肥处方。本研究土壤采样和农田地块边界的数字化使用 DGPS 作为辅助工具，养分插值使用 Kriging 方法，聚类采用 k-均值聚类算法，施肥模型来源于当地烟草技术推广部门。

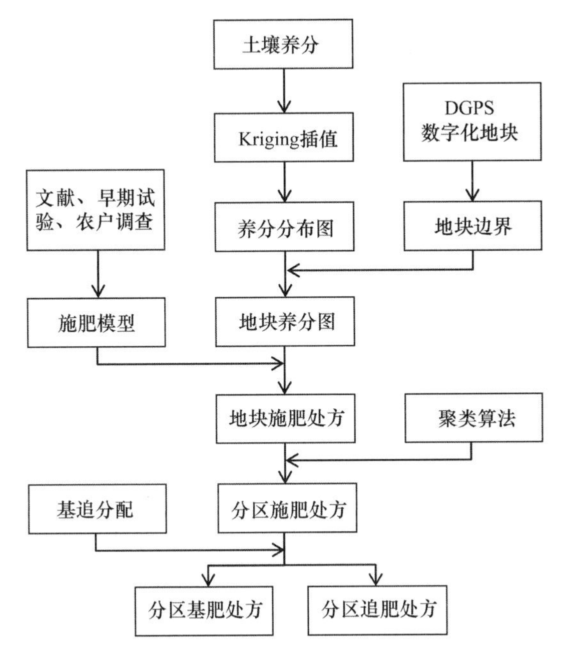

图 7-3　土壤养分管理概念模型

（二）土壤养分空间插值

基于地块的土壤养分空间插值包含插值、地块养分统计、空间分布图制作 3 个步骤。插值是利用土壤网格采样数据，应用 GS^{+}软件，采用 Kriging 方法，在试验地内插形成 1 m×1 m 网格点土壤养分数据。地块养分统计是针对试验地的每个地块，应用 GIS 的空间叠加分析功能，统计地块内 1 m×1 m 网格点土壤养分的平均值作为地块养分含量。地块养分空间分布图根据施肥模型规定的分级标准，采用重分级方法制作土壤养分的空间分布图（图 7-4）。

试验地土壤养分存在区域分布特征，适合分区养分管理。根据图 7-4，土壤无机氮含量在东北部低，东南和西北相对较高；有效磷含量在中部低，东部和西部高；速效钾含量东北部低，西北和东南高。土壤养分这种区域含量差异的特征，是土壤分区管理的基础。

（三）基于地块的精准养分管理策略

地块肥料养分推荐是地块土壤养分含量代入施肥模型计算的结果（图 7-5）。不同烤烟种植区有不同的施肥推荐的方法，当地烟草技术推广部门根据土壤养分含量分级，不同分级养分推荐不同的肥料养分量，基肥和追肥的比例为 7∶3。图 7-5 中，每个地块中从前到后 3 个数字分别表示烤烟全生育期肥料中 N、P_2O_5、K_2O 的纯养分量。施肥推荐采用地力分级方法非常普遍，美国各州的作物施肥手册（Warncke，2004；Gerwing，2005）、英国的农业和园艺作物肥料推荐手册（Ministry of Agriculture，Fisheries and Food，2000）、加拿大各农业省的肥料指南（Jacobsen et al.，2005）等肥料推荐均以肥力指数为推荐标准，与地力分级的思路基本一致。

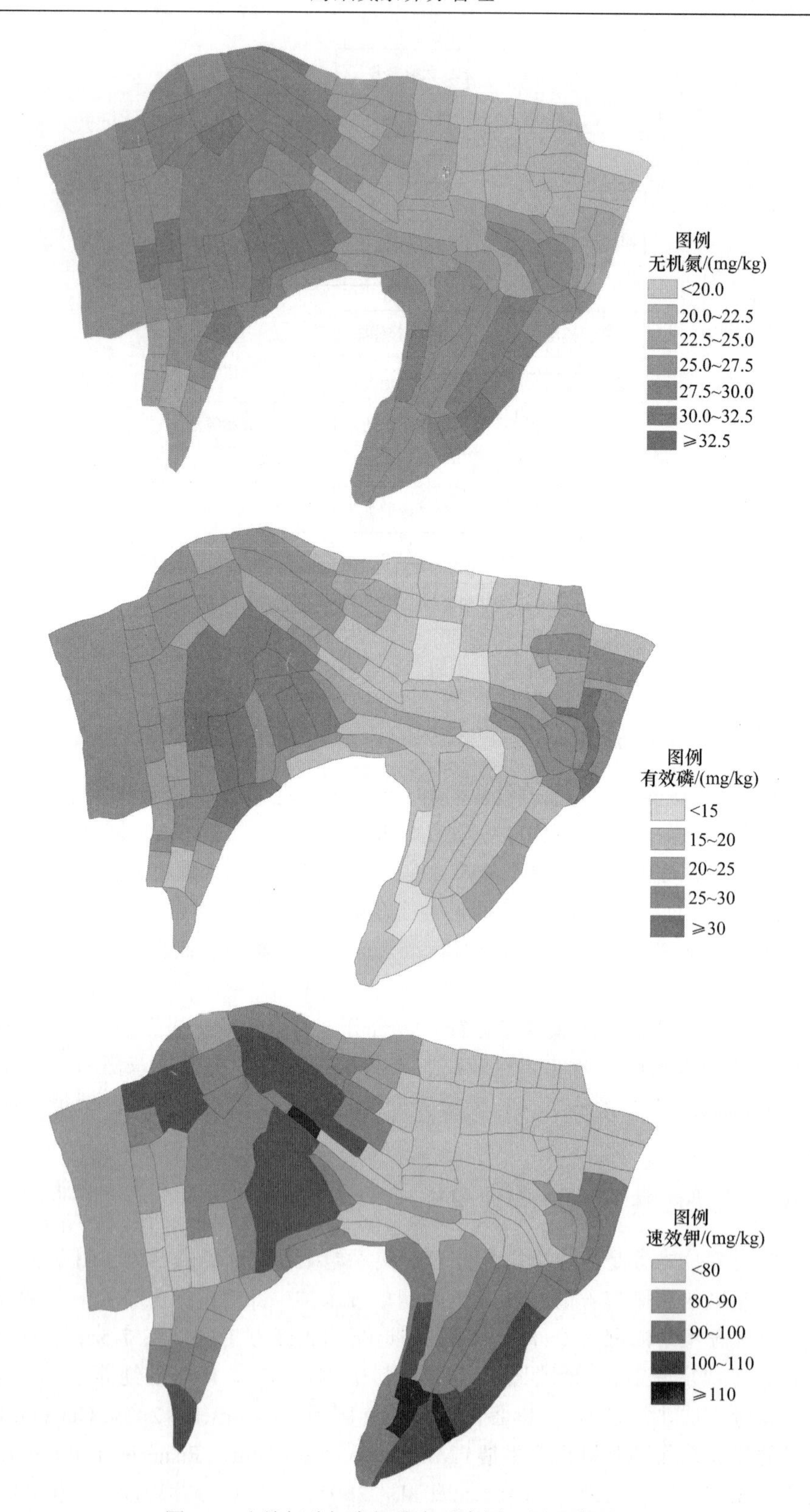

图 7-4　土壤氮磷钾空间分布示意图（另见彩图）

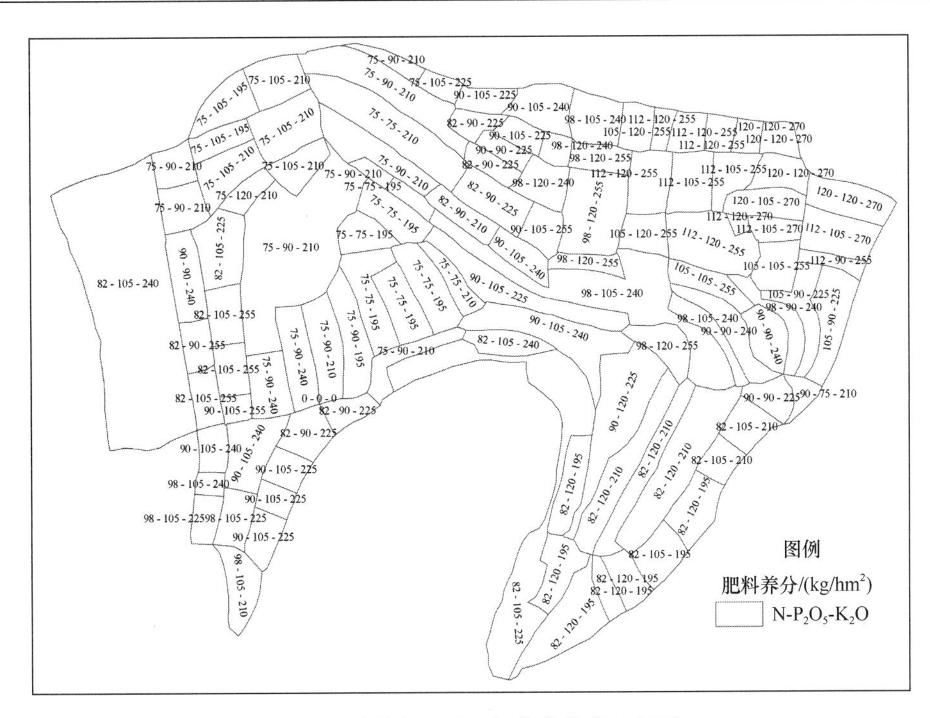

图 7-5　地块氮、磷、钾养分推荐示意图

基于精准农业概念的地块养分管理不同于针对地块的测土施肥方法。测土施肥方法对地块的土壤养分含量进行测试、根据测试数据进行肥料推荐，但是，测土施肥不能对没有测试数据的地块进行养分含量预测，也不能对没有测试数据的地块进行施肥推荐。美国密歇根大学精准农业制造项目联合会主席杰弗里·莱克（Jeffrey K. Liker）教授认为，精准农业是一种哲学思想，一种理念，一种思维方式。对精准农业的理解，不能仅停留在对工具和方法的认识。它不是一套可以硬性拷贝的工具，而是一种灵活管理策略。基于精准农业概念的地块养分管理，施肥推荐不仅局限在施肥模型规定的肥料养分投入，更有意义的是把整个区域作为一个整体，最大限度地调节研究区域不同操作单元，使所有操作单元的作物长势趋同，更加整齐，从而提高整个区域作物的生产效率，系统论和运筹学思想得到充分的体现。分散经营条件下，应用精准农业理念，对作物养分管理具有理论研究和实践应用的意义。

（四）聚类分析与分区养分管理

分散经营条件下，分区养分管理的核心是对管理单元进行分类，简化实施过程，精准养分管理思想得到体现和实施。一方面，针对管理单元进行适当的农事操作需要变量实施设备，即使把地块作为管理单元，试验地共 111 块农田，施肥处方类别过多，农户正确执行缺乏可操作性。另一方面，“site-specific nutrient management”存在隐含假设，即施肥模型是可靠的，实际上，养分管理受到不可控因素影响大，如氮素管理与降水是相关的，降水等自然因素是不可控的，施肥模型必然存在误差，可用年型表达干旱程度，不同年型的氮素管理是有差异的，如果土壤分区管理导致的误差小于施肥模型的误差，分区养分管理是合理的。

聚类分析是土壤管理分区的典型方法，本试验采用 *k*-均值聚类算法。土壤养分和肥料纯养分推荐量均可以作为聚类分析数据源，本研究使用地块的纯养分推荐量作为数据源，主要原因是养分推荐量只涉及氮、磷、钾 3 个数据变量，逻辑关系简洁清晰；如果以土壤养分作为数据源，往往测试指标多，在聚类分析前需要提取数据的主成分，对主成分再进行聚类形成管理分区，Kutter 等（2011）对已经采用精准农业的农场调查和分析其数据处理过程后，认为数据滥用、过度解析问题已经凸显。用于管理分区的聚类算法包括 *k*-均值聚类、模糊聚类、系统聚类等，设定类别总数时使用 *k*-均值聚类算法，在保证农户能够正确实施的情况下，本研究把分区总数设定为 8 个，把分区结果导入地图后，养分管理分区处方如图 7-6 所示。为了降低分区策略对农户施肥产生的影响，对照（CK）设在试验区临近的烟田，地力水平中等，农户管理水平中等偏上。

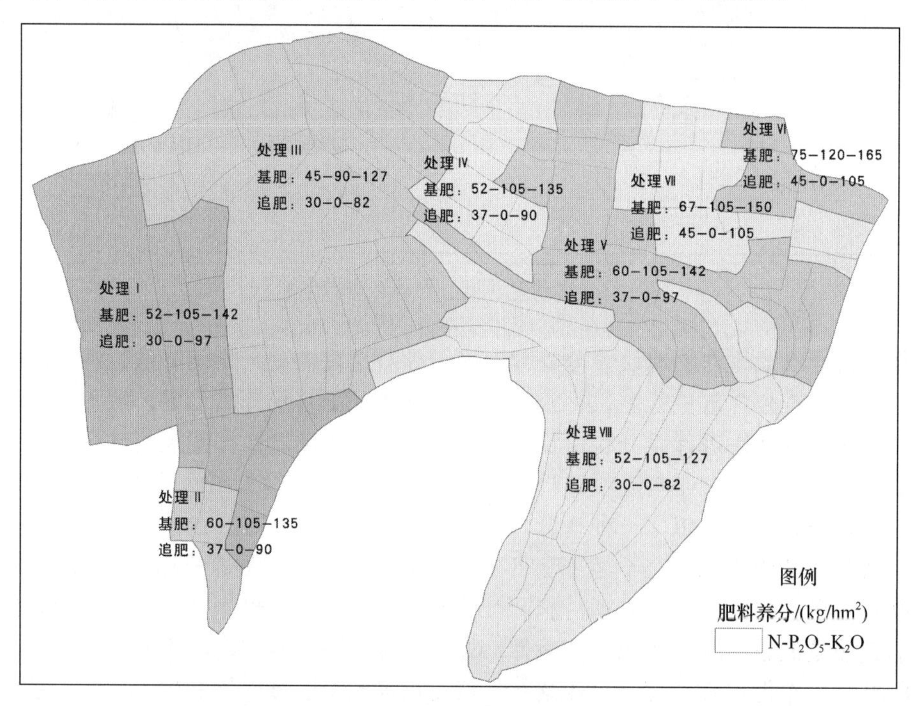

图 7-6　养分分区管理处方示意图（另见彩图）

三、分散经营条件精准施肥的应用效果

（一）分区管理的烟叶化学成分

化学成分是评价烤烟内在品质优劣的指标，精准养分管理与对照相比，烟叶化学成分差异不大。从表 7-6 可以看出，精准养分管理的烟叶钾含量和氮碱比范围覆盖对照，总氮、烟碱、氯含量为精准养分管理低于对照，总糖、还原糖含量为精准养分管理高于对照，精准养分管理与对照均差异不大。总氮和烟碱含量受氮肥投入影响，氮肥投入增加，烟叶总氮和烟碱含量也增加，烟碱最适宜含量在 2.5%左右（王彦亭等，2010），对照和施肥分区Ⅰ、Ⅲ、Ⅳ的烟碱含量略高，表明这几个处理有小幅度降低氮肥投入的潜

力。烟叶钾含量与钾肥施用量相关，一般优质烟叶中部叶钾含量超过 1.5%（王彦亭等，2010），增加烟叶钾含量有利于改善烟叶品质，施肥分区Ⅴ烟叶钾含量高于对照，其他分区钾含量低于对照，均达到优质烟叶钾含量要求。以上分析表明，在分散经营条件下，精准养分管理没有显著改善烟叶内在品质的常规化学成分。

表 7-6　不同分区的烟叶化学成分（C_3F）

处理	总糖/%	还原糖/%	总氮/%	烟碱/%	氯/%	糖碱比	氮碱比 *e*	钾/%
Ⅰ	31.38	23.79	2.05	2.73	0.123	11.47	0.75	2.38
Ⅱ	35.07	27.00	1.84	2.28	0.116	15.37	0.81	2.32
Ⅲ	33.19	25.71	2.01	2.70	0.123	12.27	0.74	1.80
Ⅳ	32.09	26.18	2.10	2.76	0.137	11.65	0.76	2.06
Ⅴ	33.08	25.55	2.02	2.60	0.116	12.72	0.78	2.70
Ⅵ	35.37	27.11	1.94	2.50	0.119	14.14	0.78	2.40
Ⅶ	34.75	25.93	1.94	2.29	0.084	15.16	0.84	2.34
Ⅷ	36.68	27.79	2.00	2.29	0.088	16.03	0.87	2.34
CK	30.49	20.54	2.23	2.81	0.191	10.87	0.79	2.54

（二）分区管理的烟叶产量、质量分析

精准养分管理能够增加烤烟产量、提高中上等烟比例、增加单位面积产值。从表 7-7 可以看出，精准养分管理与对照比较，产量、上等烟比例、均价、产值均有增加，其中，产量增加幅度为 6.7%～14.5%，平均增产 10.6%；上等烟比例增加幅度为 4.2%～13.0%，平均增加 7.3%；均价增加幅度为 0.13～0.70 元/kg，平均增加 0.48 元/kg；产值增加幅度为 7.50%～18.3%，平均增加 14.0%。

表 7-7　不同管理分区的烤烟产量和质量

处理	产量/（kg/hm^2）	产值/（元/hm^2）	均价/（元/kg）	上等烟比例 /%	中上等烟比例/%
Ⅰ	2805	45 581	16.25	66.24	97.14
Ⅱ	2640	41 896	15.87	62.79	90.45
Ⅲ	2760	45 374	16.44	68.08	97.82
Ⅳ	2685	43 335	16.14	63.14	93.20
Ⅴ	2835	46 068	16.25	64.46	94.78
Ⅵ	2730	44 608	16.34	65.12	96.64
Ⅶ	2670	43 254	16.20	63.64	92.16
Ⅷ	2775	45 177	16.28	63.72	92.85
CK	2475	38 957	15.74	60.25	88.76

（三）分散经营条件精准养分管理的效益分析

精准养分管理与习惯施肥相比，氮、磷养分投入减少，钾素养分稍有增加。对照处理基肥为烟草专用肥（12-12-24）750 kg/hm^2 和普钙（0-12-0）225 kg/hm^2，追肥为硝酸钾（13-0-44）120 kg/hm^2，纯养分 N、P_2O_5、K_2O 投入分别为 105.6 kg/hm^2、117 kg/hm^2、232.8 kg/hm^2。氮素养分投入方面：精准施肥分区中有 2 个处理多投入氮素养分，其中处

理Ⅵ投入最多，比对照多投入 13.6%；6 个处理减少氮素养分投入，减少幅度为 8.1%～29.0%，8 个处理平均节省氮素养分投入 10.7%。磷素养分投入方面：处理Ⅵ比对照增加磷素投入 2.6%，其余 7 个处理减少磷素养分投入幅度为 10.3%～23.1%，8 个处理平均节省磷素养分投入 10.3%。钾素养分投入方面：精准施肥分区中，4 个处理增加钾素养分投入，另外 4 个处理减少钾素养分投入，8 个处理平均增加钾素养分投入 0.5%。

精准养分管理能够节约肥料成本、增产增收，扣除土壤采样测试成本，可以增加农民收益。肥料养分 N、P_2O_5、K_2O 以尿素、普钙和硫酸钾为标准计算，分别为 3.8 元/hm^2、4.2 元/hm^2、6.4 元/hm^2。精准养分管理因减少氮、磷养分投入分别节约成本 43.2 元/hm^2、50.0 元/hm^2，因增加钾素养分投入增加成本 6.9 元/hm^2，累积节省肥料成本 86.3 元/hm^2。土壤取样和测试 4 样/hm^2，每个样品测试成本 100 元，土壤取样分析增加成本 400 元/hm^2。精准养分管理各分区平均产值 44 411.63 元/hm^2，与对照相比，因产值增加收益 5454.63 元/hm^2。以上 3 项，精准养分管理节本增效 5140.9 元/hm^2。

四、讨论

分散经营条件下，如何进行精准养分管理？①针对经济价值高的作物，如烤烟，通过购置变量施肥机，建立精准施肥农机合作社，由合作社组织土壤样品采集、测试、施肥处方生成、变量施肥机实施，把复杂的精准养分管理技术固化到变量施肥机，通过农机作业实现精准养分管理。②研制或购置适合精准养分管理的小型设备，Cao 等（2012）认为叶绿素仪和 GreenSeeker 可测试作物氮素营养状态，适合分散经营农户进行氮素分区管理。③农业技术推广部门应用现代先进设备或手段，建立养分管理分区，农民通过开放式平台获取施肥信息从而实现精准养分管理，如小型无人机遥感平台获取作物长势影像，解析、生成养分管理分区（Zhang et al.，2012；Primicerio，2012）。

第四节　规模经营精准养分管理——变量施肥机研制与应用

变量施肥作为精准农业的标志性技术，20 世纪 80 年代最早出现在美国的明尼苏达州立大学，先驱国家是美国、加拿大和澳大利亚。在欧洲，英国首先接受精准农业的概念；1997～1998 年，法国也开始精准农业研究和实践。该技术在北美、欧洲、大洋洲已经得到大面积应用，如美国中西部典型的农业州北达科他州（North Dakota）有 22.7%的种植业农场应用精准农业技术（Bora et al.，2012）；2004 年，澳大利亚仅有 3%的农场主采用变量施肥技术（Anon，2009）；2011 年，澳大利亚有 20%的农场主采用变量施肥技术，其中少于 5%的农场主使用变量施肥技术超过 6 年，施肥变化幅度为 11%～35%（Robertson et al.，2012）。我国开展变量施肥技术研究的时间与法国基本同期，北京农业信息技术研究中心和中国农业科学院农业资源与农业区划研究所共同研制了大型变量施肥机（型号：2F-VT1）（http://www.nercita.org.cn/index/ products/list.aspx？typeid=1，2013），吉林大学生物与农业工程学院研制玉米变量施肥机并在玉米上进行变量施肥的增产效应的试验研究（于合龙等，2008），此外，中国农业大学、上海交通大学、吉林农业大学等进行了相关研究，但是，我国变量施肥研究成果多以单项技术为主，自主研发的变量施肥机基本没有形成商品，变量施肥应用面积非常少。

考虑变量施肥机知识产权附加值高、前期成本投入高，不利于在收益不高的粮食作物上首先应用，本研究选择经济价值相对较高的烤烟作为技术承载作物。我国烤烟种植区域地块零碎，不适合大型机具作业，本研究施肥机载体选择小型手扶拖拉机。通过变量施肥机软件及硬件研制，并在主产烟区贵州省烟草公司遵义乐山科技园（图 7-1b）田间实证研究，探讨变量施肥技术在我国应用的经济社会效益。

一、烤烟变量施肥机研制

（一）烤烟变量施肥机概念模型

基于处方的烤烟变量施肥机包含两个执行模块，一是施肥处方生成模块，二是施肥处方执行模块（图 7-7），二者通过 USB 进行信息交换。施肥处方生成模块是一套软件系统，依据土壤测试值、施肥模型、地块边界地图自动生成烤烟施肥处方，以数据包方式通过 USB 闪存盘复制给施肥处方执行模块。施肥处方执行模块包括硬件系统和控制软件系统，硬件系统的核心部件有控制器、GPS 芯片、速度传感器、排肥器和肥料斗等机加工部件；控制软件系统主要用于各种硬件的驱动、状态监听、个性参数调整、施肥处方执行。

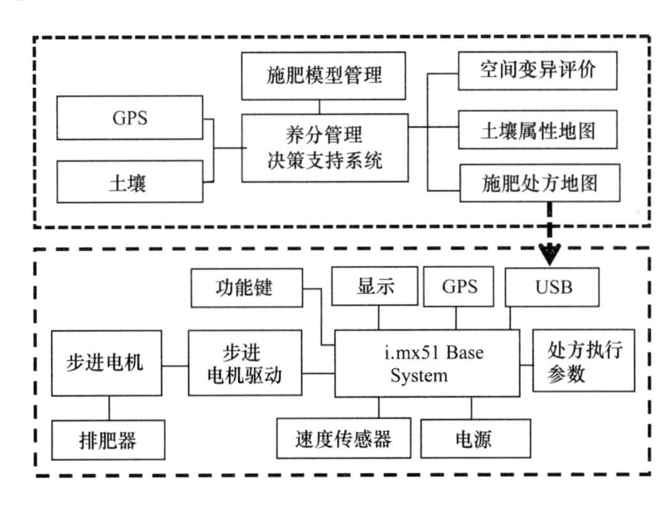

图 7-7　烤烟变量施肥机概念模型

（二）变量施肥处方生成模型

处方生成是变量施肥的关键环节，根据土壤测试数据、边界地图、施肥模型自动计算实施地块任意位置的肥料投入量，以空间数据的方式供施肥机控制系统软件调用。主要包括：施肥模型管理模块、地图操作模块、空间数据插值模块、空间数据投影转换模块、文件管理模块。处方生成软件不包含任何施肥模型参数、地图文件和土壤测试数据，施肥模型以参数文件方式存在，施肥模型、数据（包括空间地图和土壤测试数据）、软件三者独立。

处方生成主要包括 4 个过程（图 7-8），一是由土壤测试数据的经纬度信息生产矢量地图数据文件，并进行 Albert 投影转换将空间位置单位转化为米；二是检查地块边界文件和土壤测试数据矢量地图是否匹配，如果匹配失败尝试对地块边界文件进行投影转换，生成空间数据的插值边界；三是根据插值边界和土壤测试数据的矢量地图插值生成一定距离的网格数据，每个网格格点生成一套土壤养分数据；四是依据建立的施肥模型和格点土壤养分数据计算每个格点的肥料投入量。

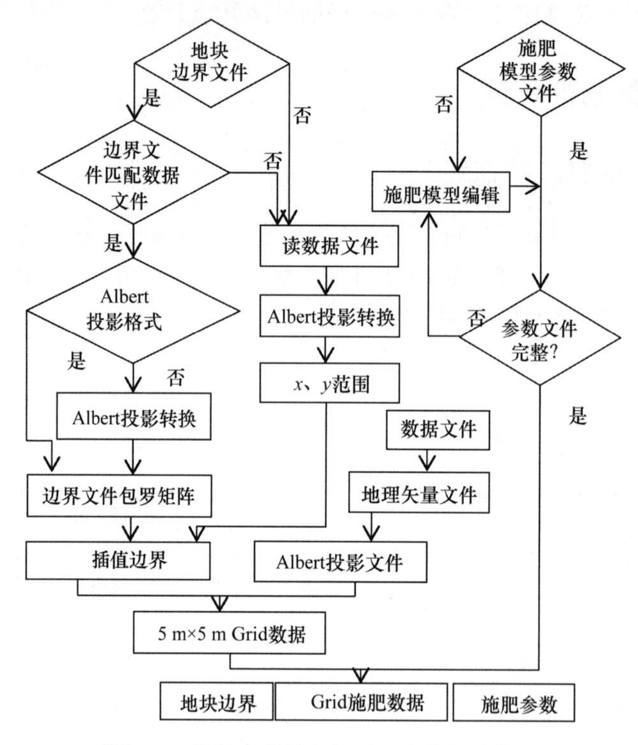

图 7-8　烤烟变量施肥机处方生产概念模型

(三) 变量施肥机控制系统软件概念模型

控制系统软件（图 7-9）的主要功能是驱动 GPS、速度传感器和步进电机 3 个部件，监听上述 3 个部件的运行状态，依据施肥处方和部件状态实时调整步进电机的速度以实施变量肥料投入。实际运行过程中，农机的行进速度与农机档位、农机手习惯相关，测试表明同一个农机手的行进速度相对偏差小于 5%，稳定运行 2 h 以后记录的行进速度作为默认速度对肥料投入的偏差小于 5%，所以控制系统软件在监听到速度传感器为非正常状态会及时报警，同时允许施肥机继续工作。GPS 芯片和天线出现故障的概率极低，但是，如地震等极端情况出现时，GPS 信号不正常，此时，控制系统软件会对部件状态进行报警，也允许施肥机继续工作，此时肥料投入量为默认的平均水平施肥量。

(四) 变量施肥机的核心部件和关键参数

硬件环境：

中央处理单元（CPU）：飞思卡尔的 i.MX51 为主芯片，主频 1.2G；

GPS 芯片：瑞士 U-Blox 公司生产的 Ublox AG，位置误差小于 10 m；

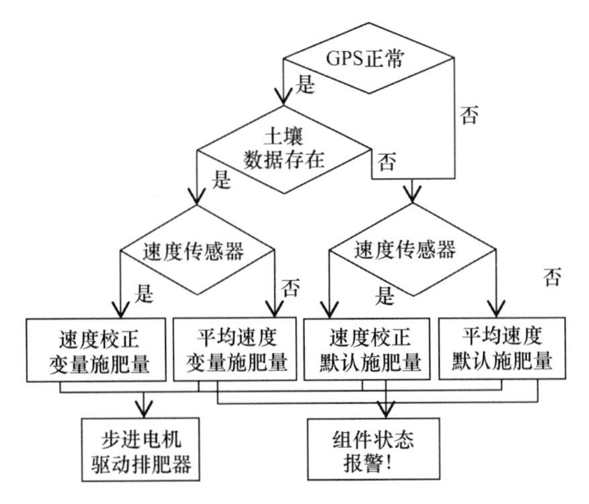

图 7-9　烤烟变量施肥机控制系统软件概念模型

速度传感器：JL-0203NA-OC；

步进电机：深圳雷赛公司生产的 110 系列；

排肥器：排肥器作为施肥机的核心部件，要求不漏肥、防堵、防锈，转速和排肥量线性相关。市场供应的化肥造粒不匀、结块导致星轮状排肥装置出现堵死现象，可用性差，本研究采用图 7-10 所示结构的排肥器。该排肥装置的排肥精度如图 7-11 所示，数据测试在田间实际施肥过程中完成，实际排肥量和模拟公式计算的理论排肥量相对误差小于 0.5%。

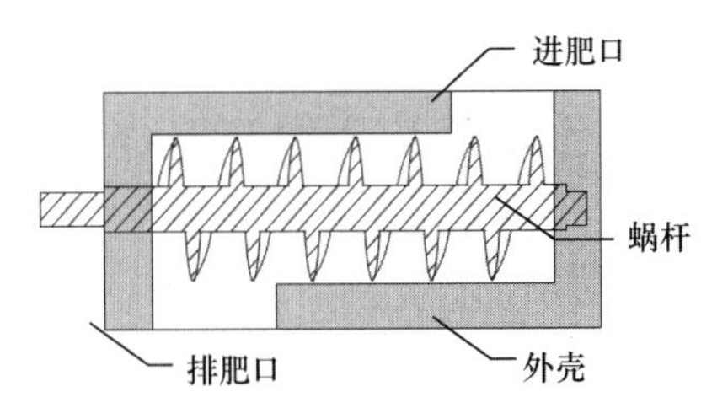

图 7-10　烤烟变量施肥机排肥装置示意图

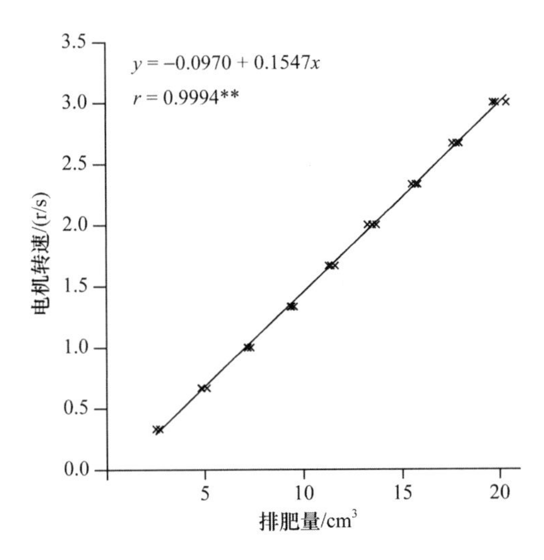

图 7-11　排肥量和电机转速的关系

图 7-11 为实测的排肥量与电机转速的关系曲线，用于获取排肥器的特征参数 a 和 b，排肥量用体积表示。肥料密度不同，相同转速在单位时间内排肥的体积相同，而排肥质量（重量）不同。变量施肥机工作过程中，需要由处方施肥量确定电机转速，不能由图

7-11 推算，此时电机的转速与肥料用量、农机行进速度、施肥行距、肥料密度等因素相关，可采用公式（7-2）计算。

步进电机转速（v）与排肥量的关系：

$$v = a + \frac{b \times W \times V \times h}{10 \times \rho} \tag{7-2}$$

式中，a、b 为排肥轴特征参数，表征转速和排肥量（体积）之间的关系；W 为肥料用量（kg/hm^2）；V 为行进速度（m/s）；h 为行距，即两条相邻肥料垄之间的距离（m）；ρ为肥料密度（g/cm^3）。

软件环境：

处方生成软件开发环境：Microsoft Studio 2008 $C^{\#}$；依赖环境 DotNetFramework 3.5 和 Microsoft Office 2003 或以上版本；GIS 相关模块使用 C#自主开发；

控制系统软件开发环境：硬件驱动使用 C 语言开发；应用层软件使用 Android 2.3.4 操作系统下 java 开发。

二、土壤养分变异及施肥处方

网格采样取得土壤样品 133 个，其中，有效磷去掉一个极端值（82.3 mg/kg，超过平均值+3×标准差，且为孤值），常规统计分析见表 7-8。从含量变化范围来看，有机质的变化范围为 14.8～62.8 g/kg，无机氮、有效磷和速效钾养分含量变化范围分别为 3.2～45.4 mg/kg、2.7～23.7 mg/kg 和 20.4～80.9 mg/kg，pH 的变化范围为 6.04～7.47。从均值来看，有机质的均值为 32.9 g/kg，无机氮、有效磷和速效钾均值分别为 15.5 mg/kg、8.9 mg/kg 和 44.7 mg/kg，pH 均值为 6.96。5 种指标的变异系数范围为 4.7%～50.5%，pH 变异系数小于 10%，属轻度变异，其他 4 种指标都为 10%～100%，属于中等变异（雷志栋等，1985），且变异系数无机氮＞有效磷＞有机质＞速效钾＞pH，其中无机氮、有效磷的变异强度比较大，无机氮的变异系数达到 50.5%，这可能与施肥不均匀等因素有关。分布检验表明，pH、有机质、速效钾 3 种养分要素符合或接近正态分布，无机氮和有效磷经过对数转换后符合正态分布，满足半方差分析条件。

表 7-8　土壤养分含量和 pH 描述性统计

变量	pH	有机质/（g/kg）	无机氮/（mg/kg）	有效磷/（mg/kg）	速效钾/（mg/kg）
平均值 Mean	6.96	32.9	15.5	8.9	44.7
最小值 Min	6.04	14.8	3.2	2.7	20.4
最大值 Max	7.47	62.8	45.4	23.7	80.9
标准差 Std Dev	0.32	11.2	7.8	7.9	12.2
变异系数 CV/%	4.7	34.0	50.5	41.6	27.4
分布	△	△	□	□	△

注：△表示正态分布，□表示经对数转换后正态分布。

图 7-12 是土壤养分和 pH 半方差分析图。土壤养分的空间变异是由结构性因素和随机性因素共同作用的结果，块金值（C_0）表示随机部分的空间异质性，基台值（C_0+C）

表示系统总变异。土壤养分的空间自相关程度可以根据块金值（C_0）与基台值（C_0+C）的比值大小进行划分，当 C_0/（C_0+C）<25%时，说明变量具有强烈的空间相关性，表明要素的空间变异主要受结构性因素的影响；当 C_0/（C_0+C）为 25%～75%时，具有中等强度的自相关性，表明除了结构性因素之外随机性因素对要素的空间变异有明显的影响；C_0/（C_0+C）>75%说明空间自相关性微弱，变异主要由随机变异组成，不适合采用空间插值的方法进行空间预测（Cambardella et al.，1994）。根据图 7-12 中参数：pH、有机质、有效磷的 C_0/（C_0+C）值小于 25%，表现出强度空间自相关，说明这 3 种要素的空间变异是由土壤母质、土壤类型、地形等结构性因素作用的结果，其中，有效磷含量低，表明该农田历年种植作物过程中磷肥投入少，有效磷主要来源于土壤磷矿化，导致其变异主要来源于土壤结构性因素。无机氮和速效钾的 C_0/（C_0+C）值均为 25%～75%，表现出中等强度的空间自相关，说明这两种养分的空间变异是母质、土壤类型、地形等结构性因素和随机性因素如施肥、耕作措施、种植制度等因素共同作用的结果。

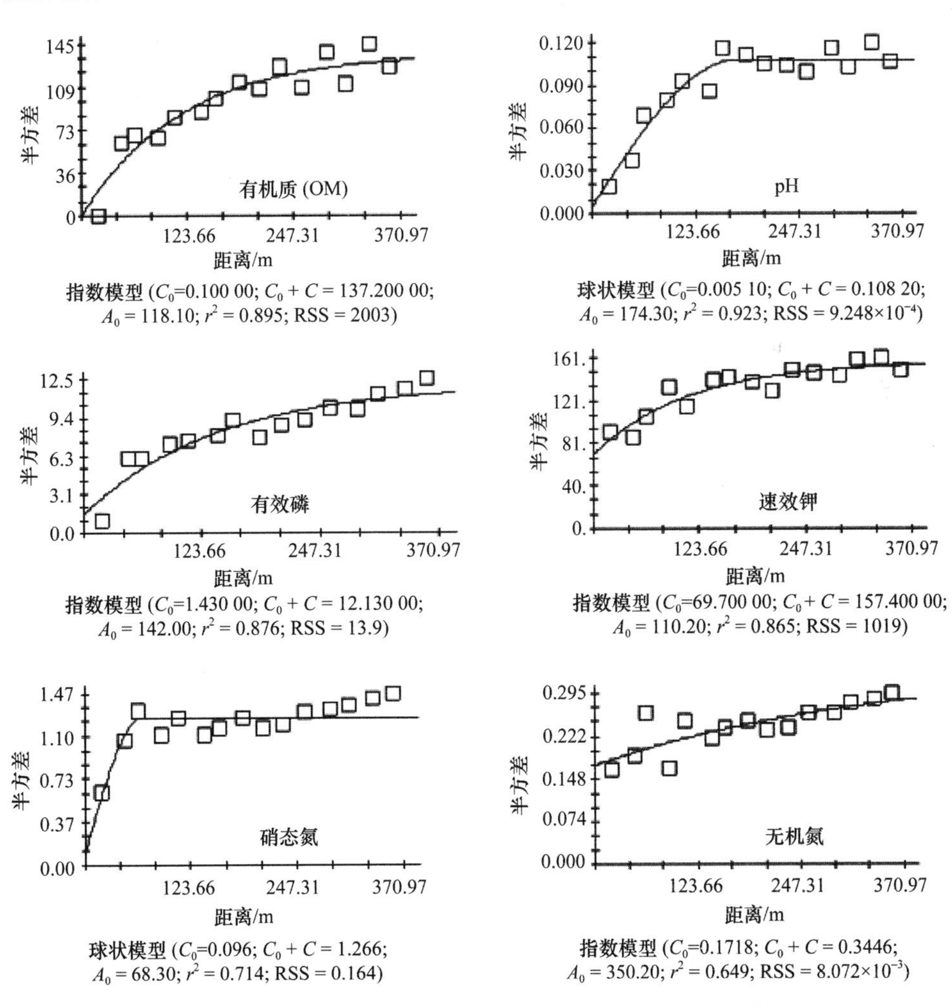

图 7-12　土壤养分和 pH 半方差分析图

变程反映土壤的结构性，变程值内的土壤性质是空间相关的；变程值范围以外的土壤性质是空间独立的。根据半方差理论，球状模型和线性有基台模型的变程为模型参数 A_0，指数模型和高斯模型的变程为模型参数 A_0 的 3 倍。土壤 pH 和硝态氮是球状模型，变程分别为 174.3 m 和 68.3 m，硝态氮的变程最小；有机质、有效磷、速效钾和无机氮是指数模型，变程分别为 354.3 m、426.0 m、330.6 m 和 1050.6 m。其中，无机氮由铵态氮和硝态氮组成，移动性较强，变化比较快，不太可能出现较大的变程，结构分析表现为中度空间相关。但图 7-12 中无机氮并不是典型的指数图形，这可能与铵态氮结构性不好有关。烤烟养分管理的重点是氮素管理，过量的氮素肥料投入会导致上部烟叶烟碱含量过高，烟叶质量差，氮素投入不够又会严重影响产量。氮素养分管理过程中，如果采用硝态氮（旱地）作为氮素养分管理的依据，土壤样品采集的网格密度不能大于 68.3 m；采用无机氮作为氮素养分管理的依据时，虽然能够增大网格采样密度，其可靠性需要进一步试验证实。

土壤有机质、无机氮、有效磷和速效钾的分布符合正态分布或经过对数转换后符合正态分布，达到中等强度以上的空间自相关，可以进行最优内插，图 7-13 是土壤养分的

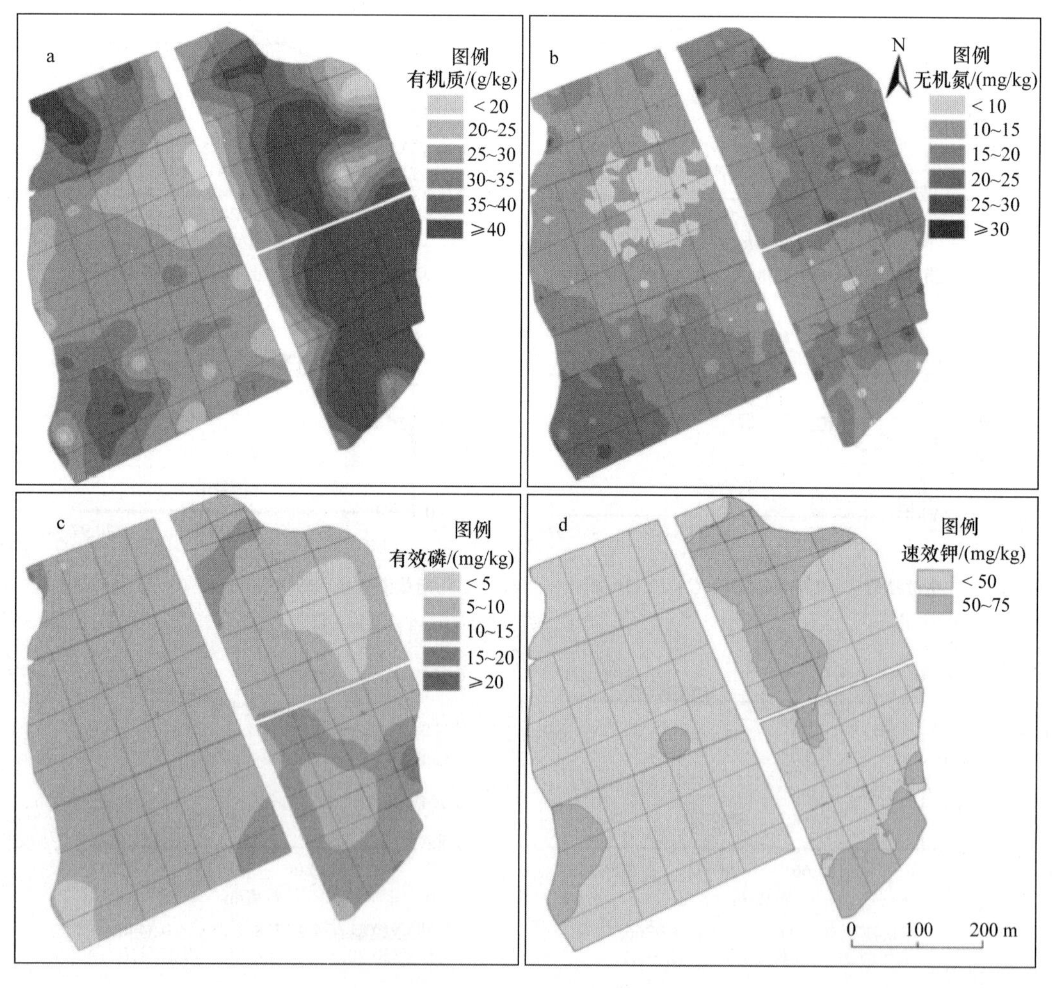

图 7-13　土壤养分空间分布图
a～d 分别代表有机质、无机氮、有效磷、速效钾

空间分布图。虽然 pH 也满足上述要求，但没有列出 pH 的空间分布图，一方面是 pH 的变异系数非常小，另一方面 pH 含量在烤烟生长的适宜范围（冯勇刚等，2005）。试验地在土壤采样之前归农户各家所有，种植作物主要是玉米，农户钾肥投入少，土壤速效钾含量（图 7-13d）处于极低水平（冯勇刚等，2005；陈江华等，2008），养分管理过程中，钾素养分给予最高的推荐量。土壤有效磷含量（图 7-13c）与速效钾含量近似，处于中等偏低水平（冯勇刚等，2005；陈江华等，2008），除试验地东南角部位含量稍高外，整体含量不高。土壤无机氮含量（图 7-13b）处于中等或中等偏低水平，西南和东北部位含量稍高，中部含量较低，有比较清晰的空间分布区域特征。土壤有机质含量（图 7-13a）东部高西部适中，针对烤烟种植，有机质含量过高和过低均不利于烤烟生产（冯勇刚等，2005；陈江华等，2008），有机质含量超过 30 g/kg，烟叶氮来源于土壤矿化氮的比例过高，烟碱含量过高，烟叶品质差（刘青丽等，2010）；有机质含量过低，土壤结构差，保水保肥性差，也影响烤烟的产量和质量；试验地东部土壤有机质偏高，对生产优质烤烟有影响。

本研究设计的变量施肥机只能针对一种肥料进行变量控制，实施过程中以氮素养分作为肥料推荐的依据，一方面是试验地块氮素养分的空间变异比磷、钾都大，且氮素对烤烟产量和质量的影响也最大；另一方面根据图 7-13c 中有效磷含量小于 10 mg/kg 的面积占 83.5%，图 7-13d 中速效钾含量均小于 80 mg/kg，土壤磷和钾养分含量低，均处于高量推荐水平。图 7-14 是以土壤无机氮、养分推荐指标体系、基肥配方 9-11-24 为依据制作的变量施肥处方图。

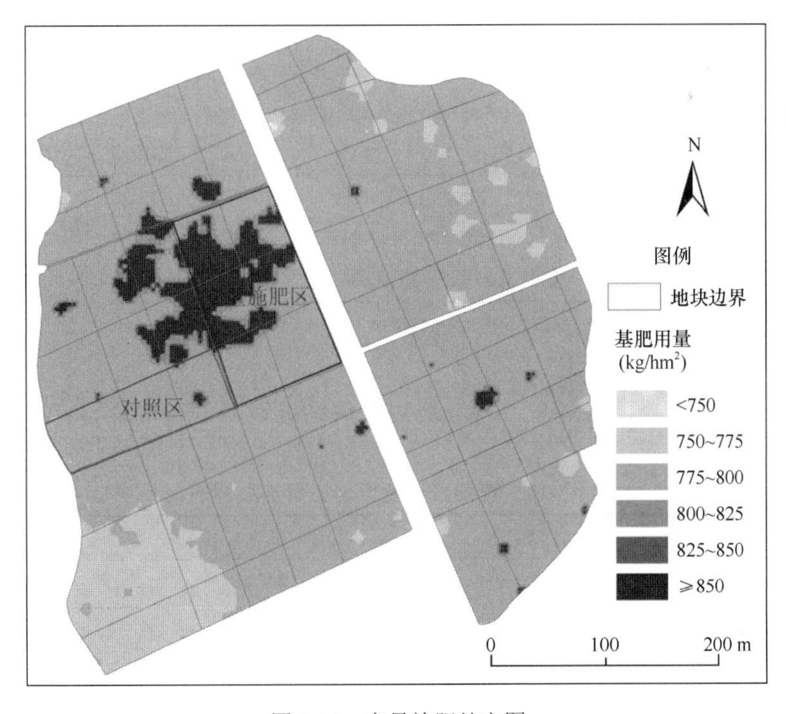

图 7-14　变量施肥处方图

变量施肥机养分投入与推荐量比较，氮素养分相同，磷素和钾素养分投入比推荐量分别少 0.5 kg/hm^2、9.9 kg/hm^2，变量施肥实际养分投入与推荐量基本相当。变量施肥地块最终养分投入与农户常规施肥比较，节省肥料 4.6%，试验地块土壤养分含量低，肥料投入过低导致减产风险较高。

三、施肥机实施的变量施肥效果

表 7-9 为变量施肥区和对照区分别均匀布置 20 个监测点的生育期性状调查表，调查时间为烤烟圆顶期。

变量施肥机根据土壤养分含量高低准确投入养分，且肥料出口有旋耕和起垄装置，保证肥料分布在烤烟根系生长区域，肥料分布的土层深度为 8～15 cm，变量施肥的根系壮实，质量 121.9 g，而对照根系重只有 104.3 g，变量施肥根系质量相对增加 16.9%。表 7-9 数据表明：变量施肥的烤烟株高显著高于对照，且变量施肥烤烟株高的变异系数为 0.038，对照株高的变异系数为 0.054，变量施肥烤烟株高变异系数降低了 29.6%，变量施肥的烤烟长势更加整齐。变量施肥的烤烟更加壮实的另外一个表现是茎围增加，变量施肥和对照的烤烟茎围分别是 12.52cm 和 11.03cm，茎围增加 13.5%，且变量施肥烤烟茎围的变异系数小于对照，变量施肥烤烟茎围的大小更加接近。变量施肥相对农户习惯施肥，烤烟生长的整齐度好，烤烟长势略旺于农户习惯施肥。

表 7-9 烤烟应用变量施肥机生育性状表

		株高/cm	茎围/cm	叶数/片	中部叶		顶叶	
					长/cm	宽/cm	长/cm	宽/cm
处理	平均	129.8a	12.52a	26.65a	79.5a	36.8a	61.4a	23.5a
	标准差	4.89	0.454	1.309	13.155	3.322	4.847	3.362
	变异系数	0.038	0.036	0.049	0.166	0.090	0.079	0.143
对照	平均	125.7b	11.03b	26.10a	73.9a	36.6a	51.7b	23.4a
	标准差	6.783	0.568	1.021	4.445	6.573	6.473	5.413
	变异系数	0.054	0.051	0.039	0.060	0.180	0.125	0.231

注：同列数据后不同字母表示处理间差异达到 5%显著水平。

变量施肥机实施地块和对照地块单独烘烤、分级、计算产量，表 7-10 为试验产量、质量表，其中，上、中、下等烟率是把烤烟烟叶分为 42 级后根据每级产量整理出来的。

表 7-10 烤烟应用变量施肥机产质量表

	处理	对照 CK	增减
产量/（kg/hm^2）	2 451.65	2 255.18	196.47
产值/（元/hm^2）	45 721.78	41 435.33	4 286.45
单价 /（元/kg）	18.65	18.37	0.28
上等烟率/%	35.5	40.8	–5.3
中等烟率/%	52.2	39.1	13.1
下等烟率 /%	12.3	20.1	–7.8

在相同株高的情况下，烤烟中部叶（最大叶）面积越大，植株光合作用的面积越大，光能利用率就越高；在株高不同的情况下，中部叶面积和株高的比值越高，植株的光能利用率越高。根据表 7-10，变量施肥处理和对照的中部叶面积（本节直接使用最大叶长和宽的乘积）和株高的比值分别为 22.55 和 21.51，变量施肥处理有更高的光能利用率，这和变量施肥烤烟产量高于对照产量的数据一致。

变量施肥烤烟长势整齐，长势最好的烟叶和长势最差的烟叶比例同步减少，表 7-10 数据表明：变量施肥处理烤烟中等烟率为 52.2%，比对照中等烟率 39.1%增加了 13.1%；同时，变量施肥处理的上等烟率和下等烟率均比对照低，这与变量施肥处理烤烟长势整齐相关，长势较差的植株少，长势好的植株光合作用的边际效率少，上等烟的比率减少。中等烟率比例增加是烤烟烟叶单价提高的原因，也是变量施肥产值高于对照 4286.45 元/hm^2 的重要原因。

参考文献

白由路, 金继运. 2001. 基于 GIS 的土壤养分分区管理模式研究. 中国农业科学, 34(1): 46–50.
陈防, 刘冬碧, 万开元, 等. 2006. 精准农业与农田精准养分管理现状及展望. 湖北农业科学, 4: 515–518.
陈桂芬, 于合龙, 曹丽英, 等. 2011. 数据挖掘与精准农业智能决策系统. 北京: 科学出版社.
陈江华, 刘建利, 李志宏. 2008. 中国植烟土壤及烟草养分综合管理. 北京: 科学出版社.
陈亚新, 史海滨, 聂光镛, 等. 1990. 渠床土壤入渗率的空间变异性及合理取样规则. 灌溉排水, 9(3): 3–9.
陈彦, 吕新. 2008. 基于 FCM 的绿洲农田养分管理分区研究. 中国农业科学, 41(7): 2016–2024.
陈志雄, Michel V. 1989. 封丘地区土壤水分平衡研究: Ⅰ. 田间土壤湿度的空间变异. 土壤学报, 4: 309–315.
邓劲松, 王珂, 沈掌泉, 等. 2004. 基于特征波段的 SPOT-5 卫星影像耕地信息自动提取的方法研究. 农业工程学报, 20: 145–148.
杜娟, 孙中豪, 姚飞娟, 等. 2012. GPS 测速方法与精度分析. 全球定位系统, 37(6): 13–16.
冯德锃, 刘金涛, 陈喜. 2011. 山坡土壤化学性质的空间变异影响. 山地学报, 4: 427–432.
冯恭衍, 陈立人, 朱伟琪. 1981. 二千分之一大比例尺土壤详查中的土壤取样数量问题. 土壤通报, 3: 22–24.
冯勇刚, 石俊雄. 2005. 贵州烟草平衡施肥研究. 贵阳: 贵州科学技术出版社.
高峻, 黄元仿, 李保国, 等. 农田土壤颗粒组成及其剖面分层的空间变异分析. 植物营养与肥料学报, 9: 151–157.
郭金如, 林葆. 1985. 我国肥料研究史话. 土壤通报, 5: 237–239.
侯彦林. 2000. "生态平衡施肥"的理论和技术体系. 生态学报, 4: 653–658.
黄德明. 2003. 十年来我国测土施肥的进展. 植物营养与肥料学报, 9(4): 495–499.
黄绍文, 金继运, 杨俐苹, 等. 2000. 县级区域粮田土壤养分空间变异特征研究. 第七届全国青年土壤暨第二届全国青年植物营养科学工作者学术讨论会, 青年学者论土壤与植物营养科学. 北京: 117–125.
黄绍文. 2001. 土壤养分空间变异与分区管理技术研究. 中国农业科学院博士学位论文.
姜城, 杨俐苹, 金继运, 等. 2001. 土壤养分变异与合理取样数量. 植物营养与肥料学报, 7(3): 262–270.
姜城. 2000. 不同经营体制下土壤养分空间变异规律及管理技术研究. 中国农业科学院博士学位论文.
姜怀龙, 李贻学, 赵倩倩. 2012. 县域土壤有机质空间变异特征及合理采样数的确定. 水土保持通报, 32(4): 143–146.
金继运. 1998. "精准农业"及其在我国的应用前景. 植物营养与肥料学报, 4: 1–7.
雷志栋, 杨诗秀, 许志荣, 等. 1985. 土壤特性空间变异性初步研究. 水利学报, 9(9): 10–21.
李长兴, 沈晋. 1989. 考虑土壤特性空间变异的流域产流模型. 水利学报, 10: 1–8.
李翔, 潘瑜春, 赵春江, 等. 2005a. 基于空间连续性聚类算法的精准农业管理分区研究. 农业工程学报, 21(8): 78–82.
李翔, 潘瑜春, 赵春江, 等. 2005b. 基于多年产量数据的精准农业管理分区提取与尺度效应评价. 中国农业科学, 38(9): 1825–1833.
李艳, 史舟, 吴次芳, 等. 2007a. 基于模糊聚类分析的田间精准管理分区研究. 中国农业科学, 40(1): 114–122.
李艳, 史舟, 吴次芳, 等. 2007b. 基于多源数据的盐碱地精确农作管理分区研究. 农业工程学报, 23(8): 84–89.
梁春祥, 姚贤良. 1993. 华中丘陵红壤物理性质空间变异性的研究. 土壤学报, 30: 69–78.
梁文举, 施春健, 姜勇. 2005. 长期定位试验地耕层土壤氮素空间变异性及其应用. 水土保持学报, 19: 79–83.
刘成祥, 周鸣铮. 1986. 对 Truog-Ramamoorthy 测土施肥方法的研究与讨论. 土壤学报, 23(3): 287–291.

刘聪, 周清, 屈金莲, 等. 2013. 不同地形条件下样点密度对土壤养分空间变异的影响. 湖南农业大学学报: 自然科学版, 39(1): 80–85.
刘国顺, 江厚龙, 杨永锋, 等. 2011. 基于烤烟品质确定烟田的养分管理分区. 植物营养与肥料学报, 4: 996–1004.
刘建刚, 褚庆全, 王光耀, 等. 2013. 基于 DSSAT 模型的氮肥管理下华北地区冬小麦产量差的模拟. 农业工程学报, 29(23): 124–129.
刘明强, 宇振荣, 刘云慧. 2006. 作物养分定量化模型原理及方法比较分析. 土壤通报, 37: 1–2.
刘青丽, 石俊雄, 张云贵, 等. 2010. 应用 ^{15}N 示踪研究不同有机物对烤烟氮素营养及品质的影响. 中国农业科学, 43(22): 4642–4651.
刘世梁, 郭旭东, 连纲, 等. 2005. 黄土高原土壤养分空间变异的多尺度分析——以横山县为例. 水土保持学报, 10: 107–110.
罗国安, 姚政, 徐四新. 2004. 精准养分管理的应用效果研究. 农业网络信息, S1: 51–54.
潘成忠, 上官周平. 2003. 土壤空间变异性研究评述. 生态环境, 12: 371–375.
潘瑜春, 刘巧芹, 陆洲, 等. 2010. 离群样点对土壤养分空间变异分析的影响研究. 土壤学报, 47(4): 767–771.
庞新华, 朱文泉, 潘耀忠, 等. 2009. 基于高分辨率遥感影像的耕地地块提取方法研究. 测绘科学, 34: 48–49.
秦耀东, 徐义评. 1991. 田间试验中土壤参数的合理取样. 北京农业大学学报, 17(1): 45–52.
全国土壤普查办公室. 1992. 中国土壤普查技术. 北京: 中国农业出版社.
盛建东, 肖华, 武红旗, 等. 2006. 不同取样间距农田土壤全量养分空间变异特征研究. 土壤通报, 37(6): 1062–1065.
宋晓宇, 王纪华, 刘良云, 等. 2007. 基于 Quickbird 遥感影像的农田管理分区划分研究. 中国农业科学, 40: 1996–2006.
王海江, 崔静, 陈彦, 等. 2010. 基于模糊聚类的棉田土壤养分管理分区研究. 棉花学报, 4: 339–346.
王海江, 吕新. 2006. 基于 GIS 技术的新疆棉花施肥专家系统. 农业工程学报, 22(10): 167–170.
王海江, 彭陶, 吕新, 等. 2011. 小尺度下滴灌棉田养分管理分区研究. 中国土壤与肥料, 3: 78–82.
王金武, 刘亚华, 王金峰, 等. 2012. 全椭圆齿轮行星系液态肥深施机构优化设计与试验. 农业机械学报, 43(10): 60–65, 59.
王欣, 许自成, 肖汉乾. 2007. 湖南烟区烤烟钾含量与土壤钾素的分布特点之间的关系. 安全与环境学报, 5: 83–87.
王新中, 刘国顺, 张正杨, 等. 2011. 基于 GIS 的烟田土壤养分管理分区划分. 烟草科技, 8: 68–72, 83.
王新中. 2009. GIS 支持下豫中典型烟田土壤养分空间变异及精准管理. 河南农业大学博士学位论文.
王兴仁, 陈新平. 1998. 施肥模型在我国推荐施肥中的应用. 植物营养与肥料学报, 1: 67–74.
王彦亭, 谢剑平, 李志宏. 2010. 中国烟草种植区划. 北京: 科学出版社.
吴次芳. 1992. 浙江省区域地质条件与土壤微量元素分布的关系及其在成土母质类型划分上的意义. 土壤通报, 2: 61–63.
吴晓磊, 王大庆, 徐博, 等. 2010. 漫岗丘陵区黑土村级农田土壤养分空间变异研究. 土壤通报, 8: 825–829.
夏文建, 周卫, 梁国庆, 等. 2012. 稻麦轮作农田氮素循环的 DNDC 模型分析. 植物营养与肥料学报, 18(1): 77–88.
谢宝妮, 常庆瑞, 秦占飞. 2012. 县域土壤养分离群样点检测及其合理采样数研究. 干旱地区农业研究, 30(2): 56–61.
许卫红, 高克异, 王珂, 等. 2006. 稻田土壤养分空间变异与合理取样数研究. 植物营养与肥料学报, 12(1): 37–43.
许自成, 王林, 肖汉乾. 2007. 湖南烟区烤烟磷含量与土壤磷素的分布特点及关系分析. 浙江大学学报(农业与生命科学版), 3: 290–297.
薛绪掌, 陈立平, 孙治贵, 等. 2004. 基于土壤肥力与目标产量的冬小麦变量施氮及其效果. 农业工程学报, 20(3): 59–62.
杨玉玲, 田长彦, 盛建东, 等. 2002. 灌淤土壤有机质、全量氮磷钾空间变异性初探. 干旱地区农业研究, 20: 26–30.
杨卓亚, 毛达如. 1993. 应用正交多项式趋势系数建立综合施肥模型的理论和技术. 土壤通报, 4: 180–183.
杨卓亚, 毛达如. 1994. 综合推荐施肥系统的构建. 土壤, 26(5): 264–268.
尹兰香. 2006. 同安区耕地土壤化学性质空间变异特征及插值模型效果的研究. 福建农林大学硕士学位论文.
于合龙, 陈桂芬, 赵兰坡, 等. 2008. 吉林省黑土区玉米精准施肥技术研究与应用. 吉林农业大学学报, 30(5): 753–759, 768.
于英杰. 2010. 基于传感器定位的变量施肥控制系统研制. 吉林大学博士学位论文.
于永强. 2010. 基于 GIS 和地统计学的烟田土壤养分空间变异特征研究. 河南科学, 6: 684–688.
詹林庆, 胡蕾, 武伟, 等. 2008. 丘陵地区不同尺度下土壤养分空间变异特征的研究. 西南大学学报: 自然科学版, 9: 129–135.
张春华, 王宗明, 宋开山, 等. 2010. 吉林省伊通县农田土壤养分空间变异特征. 农业系统科学与综合研究, 2: 203–208.
张法升, 刘作新, 张颖, 等. 2009. 农田土壤有机质空间变异的尺度效应. 中国科学院研究生院学报, 26: 350–356.
张睿, 王秀, 马伟, 等. 2013. 变量施肥抛撒机撒肥机构研究. 农机化研究, 35(11): 153–155, 163.

张睿. 2012. 智能型变量施肥关键技术研究. 中国农业科学院博士后出站报告.
张书慧, 齐江涛, 廖宗建, 等. 2010. 基于 CPLD 的变量施肥控制系统开发与应用. 农业工程学报, 8: 200–204.
张铁婵. 2010. 耕地土壤养分空间变异与地力评价研究. 西北农林科技大学硕士学位论文.
张维理, 梁鸣早. 1998. 农业信息技术在我国的发展前景和机遇. 土壤肥料, 3: 3–6.
张维理. 2002. 中国土壤肥料信息系统及其在养分资源管理上的应用. 农业科技通讯, 11: 4.
赵春江. 2009. 精准农业研究与实践. 北京: 科学出版社.
赵莉荣. 2010. 不同成土母质条件下土壤养分空间变异研究. 西南大学硕士学位论文.
赵良菊, 肖洪浪, 郭天文, 等. 2005. 甘肃省灌漠土土壤养分空间变异特征. 干旱地区农业研究, 23(1): 70–74, 102.
赵汝东. 2008. 北京地区耕地土壤养分空间变异及养分肥力综合评价研究. 河北农业大学硕士学位论文.
赵伟, 谢德体, 刘洪斌, 等. 2008. 精准农业中土壤养分分析的适宜取样数量的确定. 中国生态农业学报, 16(2): 318–322.
中华人民共和国国家统计局. 1983. 中国统计年鉴 1982. 北京: 中国统计出版社.
中华人民共和国国家统计局. 2013. 中国统计年鉴 2012. 北京: 中国统计出版社.
周鸣铮. 1984. 测土施肥的科学基础. 土壤通报, 4: 156–161.
朱兆良, 张绍林, 徐银华. 1986. 平均适宜施氮量的含义. 土壤, 6: 316–317.
朱兆良. 2010. 关于推荐施肥的方法论——"区域宏观控制与田块微调相结合"的理念. 中国植物营养学会. 中国植物营养与肥料学会 2010 年学术年会论文集. 北京: 571–574.
庄卫东. 2011. 东北黑土漫岗区大豆变量施肥播种技术研究. 黑龙江八一农垦大学博士学位论文.
Anon. 2009. Preface: Use of precision agriculture by the Australian grains industry. Crop and Pasture Science, 60: 795–798.
Bekele A, Hudnall WH. 2006. Spatial variability of soil chemical properties of a prairie–forest transition in Louisiana. Plant and Soil, 280: 7–21.
Bhatti A, Mulla D, Frazier B. 1991. Estimation of soil properties and wheat yields on complex eroded hills using geostatistics and thematic mapper images. Remote Sensing of Environment, 37: 181-191.
Bora G C, Nowatzki J F, Roberts D C. 2012. Energy savings by adopting precision agriculture in rural USA. Energy, Sustainability and Society, 2(1): 1–5.
Bouma J, Finke P A. Origin and nature of soil resource variability. 1993. Proceedings of Soil Specific Crop Management. American Society of Agronomy, Crop Science Society of America, Soil Science Society of America, USA, 3–13.
Boyer C N, Brorsen B W, Solie J B, et al. 2011. Profitability of variable rate nitrogen application in wheat production. Precision Agriculture, 12(4): 473–487.
Brewer R. 1964. Fabric and Mineral Analysis of Soils. New York: John Wiley.
Brouwer J, Bouma J, Stein A. 1997. Methods for comparing spatial variability patterns of millet yield and soil data. Soil Science Society of America Journal, 61: 861–870.
Bullock D G, Kravchenko A N. 2000. Correlation of corn and soybean grain yield with topography and soil properties. Agronomy Journal, 92: 75–83.
Cahn M, Brouer B, Hummel J. 1994, Spatial analysis of soil fertility for site-specific crop management. Soil Science Society of America Journal4, 58: 1240–1248.
Cambardella C A, Moorman T B, Novak J M. 1994. Field-scale variability of soil properties in central Iowa soils. Soil Science Society of America Journal, 58: 1501–1511.
Campbell J B. 1978. Spatial variation of sand content and pH within single contiguous delineations of two soil mapping units. Soil Science Society of America Journal , 42: 460–464.
Cao Q, Cui Z L, Chen X P, et al. 2012. Quantifying spatial variability of indigenous nitrogen supply for precision nitrogen management in small scale farming. Precision Agriculture, 13(1): 45–61.
Chan C W, Schueller J K, Miller W M, et al. 2002. Error sources on yield-based fertilizer variable rate application maps. Precision Agriculture, 3(1): 81–94.
Chan C W, Schueller J K, Miller W M, et al. 2004. Error sources affecting variable rate application of nitrogen fertilizer. Precision Agriculture, 5(6): 601–616.
Chen L M, Xu L M. 2011. Simulation and design of mixing mechanism in fertilizer automated proportioning equipment based on Pro/E and CF. *In*: Chow K P, Shenoi S. IFIP Advances in Information and Communication Technology. Netherlands: Springer, 505–516.
Christenson D R, Warncke D D, Vitosh M L, et al. 1992. Fertilizer recommendations for field crops in Michigan. Extension bulletin E-Cooperative Extension Service. USA :Michigan State University.
Cox M S, Gerard P D. 2007. Soil management zone determination by yield stability analysis and classification. Agronomy Journal , 99: 1357–1365.
Dane J, Reed R, Hopmans J. 1986. Estimating soil parameters and sample size by bootstrapping. Soil Science Society of America Journal, 50: 283–287.
Dhillon N S, Samrab J S, Sadanaa U S, et al. 1994. Spatial variability of soil test values in a typic ustochrept. Soil

Technology, 7(2): 163–171.
Di H J, Trangmar B, Kemp R. 1989. Use of geostatistics in designing sampling strategies for soil survey. Soil Science Society of America Journal, 53: 1163–1167.
Diacono M, Rubino P, Montemurro F. 2013. Precision nitrogen management of wheat. A review. Agronomy for Sustainable Development, 33(1): 219–241.
Dobermann A, Witt C, Dawe D, et al. 2002. Site-specific nutrient management for intensive rice cropping systems in Asia. Field Crops Research, 74: 37–66.
Dobermann A, Witt C, Dawe D, et al. 2007. Site-specific nutrient management for intensive rice cropping systems in Asia. Field Crops Research, 74: 37–66.
Dunn J. 1974. A graph theoretic analysis of pattern classification via Tamura's fuzzy relation. Systems, Man and Cybernetics, IEEE Transactions on: 310–313.
Ehlert D, Schmerler J, Voelker U. 2004. Variable rate nitrogen fertilisation of winter wheat based on a crop density sensor. Precision Agriculture, 5(3): 263–273.
Ettema C H, Wardle D A. 2002. Spatial soil ecology. Trends in Ecology & Evolution, 17:177–183.
Fleming K L, Westfall D G, Wiens D W, et al. 2000. Evaluating Farmer Defined Management Zone Maps for Variable Rate Fertilizer Application. Precision Agriculture, 2(2): 201–215.
Franzen D W, Cihacek L J, Hofman V L. 1996. Variability of soil nitrate and phosphate under different Landscapes. Proceedings of the 3th in international conference on precision agriculture. Minneapolits, Minnesota, ASA, CSSA, SSSA: 521–529.
Franzen D, Potash K N, 1999. Developing management zones to target nitrogen applications. Georgia, USA: Potash & Phosphate Institute.
Fulton J P, Shearer S A, Higgins S F, et al. 2013. A method to generate and use as-applied surfaces to evaluate variable-rate fertilizer applications. Precision Agriculture, 14(2): 184–200.
Gerwing J, Gelderman R. 1998. Fertilizer recommendation guide. EC 750. Coop. Ext. Serv. , South Dakota State University, United States Department Of Agriculture, Brookings.
Gerwing J, Geldermen R. 2005. South Dakota Fertilizer recommendation guide. 9, EC750.
Gorsevski P V, Gessler P E, Jankowski P. 2003. Integrating a fuzzy k-means classification and a Bayesian approach for spatial prediction of landslide hazard. Journal of Geographical Systems, 5: 223–251.
Hans G J, Lars B J, Søren M P, et al. 2012. Socioeconomic impact of widespread adoption of precision farming and controlled traffic systems in Denmark. Precision Agriculture. 13(6): 661–677.
Harmsen K. 2000. A modified Mitscherlich equation for rainfed crop production in semi-arid areas: 1. Theory. Netherlands Journal of Agricultural Science, 48: 237–250.
Hautala M, Hakojärvi M. 2011. An analytical C3-crop growth model for precision farming. Precision Agriculture, 12(2): 266–279.
Heege H J. 2013. Site-Specific Fertilizing. Precision in Crop Farming. Netherlands, Springer: 193–271.
Jacobsen J, Jackson G, Jones C. 2005. Fertilizer guidelines for montana crops. 3, EB161.
Jafari M, Hemmat A, Sadeghi M. 2010. Development and performance assessment of a DC electric variable-rate controller for use on grain drills. Computers and Electronics in Agriculture, 73(1): 56–65.
Khosla R, Westfall D G, Reich R M, et al. 2010. Spatial Variation and Site-Specific Management Zones. Geostatistical Applications for Precision Agriculture. Netherlands: Springer: 195–219.
Kima Y J, Kimc H J, Ryud K H, et al. 2008. Fertiliser application performance of a variable-rate pneumatic granular applicator for rice production. Biosystems Engineering, 100(4): 498–510.
Koch B, Khosla R, Frasier W, et al. 2004. Economic feasibility of variable-rate nitrogen application utilizing site-specific management zones. Agronomy Journal, 96: 1572–1580.
Krige D G. 1951. A statistical approach to some mine valuation and allied problems on the Witwatersrand. University of the Witwatersrand：Master s thesis.
Kutter T, Tiemann S, Siebert R, et al. 2011. The role of communication and co-operation in the adoption of precision farming. Precision Agriculture, 12(1): 2–17.
Larson J A, Roberts R K, English B C, et al. 2008. Factors affecting farmer adoption of remotely sensed imagery for precision management in cotton production. Precision Agriculture, 9(4): 195–208.
Li C, Chen G, Zeng G, et al. 2013a. The study of soil fertility spatial variation feature based on GIS and data mining. Computer and Computing Technologies in Agriculture. Berlin Heidelberg : Springer: 211–220.
Li M G, Shi Y, Wang X X, et al. 2011. Target recognition for the automatically targeting variable rate sprayer. IFIP Advances in Information and Communication Technology, 346: 20–28.
Li S S, Peng S L, Chen W F, et al. 2013b. Practical land monitoring in precision agriculture with sensor networks. Computer Communications, 36(4): 459–467.
Li Y, Kushwaha R L. 1994. A digital control system for variable rate nitrogen fertilization. Computers and Electronics in Agriculture, 10(3): 245–258.

Liu D, Wang Z, Zhang B, et al. 2006. Spatial distribution of soil organic carbon and analysis of related factors in croplands of the black soil region, Northeast China. Agriculture, Ecosystems & Environment, 113: 73–81.

Maine N, Lowenberg-DeBoer J, Nell W T, et al. 2010. Impact of variable-rate application of nitrogen on yield and profit: a case study from South Africa. Precision agriculture, 11(5): 448–463.

Maleki M R, Mouazen A M, De Ketelaere B, et al. 2008. On-the-go variable-rate phosphorus fertilisation based on a visible and near-infrared soil sensor. Biosystems Engineering, 99(1): 35–46.

Maleki M R, Van Holm L, Ramon H, et al. 2006. Phosphorus sensing for fresh soils using visible and near infrared spectroscopy. Biosystems Engineering, 95(3): 425–436.

Matheron G. 1965. Les variables régionalisées etleur estimation. Paris: Masson.

Mazloumzadeh S M, Shamsi H M. 2010. Nezamabadi-pour. Fuzzy logic to classify date palm trees based on some physical properties related to precision agriculture. Precision Agriculture, 11(3): 258–273.

Mazzetto F, Calcante A, Mena A, et al. 2010. Integration of optical and analogue sensors for monitoring canopy health and vigour in precision viticulture. Precision Agriculture, 11(6): 636–649.

McCann B, Pennock D, Van Kessel C, et al. 1996. The development of management units for site-specific farming. *In*: Roberts P C, Rust R H, Larson W E. Precision Agriculture. Proc. Int. Conf. 3rd. St. Paul, MN. 23-26 June 1996. ASA, CSSA, and SSSA, Madison, WI: 295–302.

McGrath D, Zhang C. 2003. Spatial distribution of soil organic carbon concentrations in grassland of Ireland. Applied Geochemistry, 18: 1629–1639.

Miller M P, Singer M J, Nielsen D R. 1988. Spatial variability of wheat yield and soil properties on complex hills. Soil Science Society of America Journal, 52: 1133–1141.

Ministry of agriculture, fisheries and food. 2000. Fertiliser recommendations for agricultural and horticultural crops. RB209.

Mohanty B, Kanwar R. 1994. Spatial variability of residual nitrate-nitrogen under two tillage systems in central Iowa: A composite three-dimensional resistant and exploratory approach. Water Resources Research, 30: 237–252.

Mortensen D A, Johnson C K, Doran J W, et al. 2003. Site-specific management zones based on soil electrical conductivity in a semiarid cropping system. Agronomy Journal, 95: 303–315.

Mueller M, Segl K, Kaufmann H. 2004. Edge-and region-based segmentation technique for the extraction of large, man-made objects in high-resolution satellite imagery. Pattern Recognition, 37: 1619–1628.

Nash E, Korduan P, Bill R. 2009. Applications of open geospatial web services in precision agriculture: a review. Precision Agriculture, 10(6): 546–560.

O'Neal M, Frankenberger J R, Ess D R, et al. 2004. Lowenberg-deboer. profitability of on-farm precipitation data for nitrogen management based on crop simulation. Precision Agriculture, 5(2): 153–178.

O'Neal M, Frankenberger J R, Ess D R, et al. 2004. Profitability of on-farm precipitation data for nitrogen management based on crop simulation. Precision Agriculture, 5(2): 153–178.

Ovalles F, Collins M. 1986. Soil-landscape relationships and soil variability in north central Florida. Soil Science Society of America Journal, 50: 401–408.

Pasuquina J M, Pampolinoa M F, Witta C, et al. 2014. Closing yield gaps in maize production in Southeast Asia through site-specific nutrient management. Field Crops Research, 156(1): 219–230.

Primicerio J, Di Gennaro S F, Fiorillo E, et al. 2012. A flexible unmanned aerial vehicle for precision agriculture. Precision Agriculture, 13(4): 517–523.

Riitters K H, O'neill R, Hunsaker C, et al. 1995. A factor analysis of landscape pattern and structure metrics. Landscape Ecology, 10: 23–39.

Robert P C. 2002. Precision agriculture: a challenge for crop nutrition management. Plant and Soil, 247(1): 143–149.

Roberts D C, Brorsen B W, Solie J B. 2013.Is data needed from every field to determine in-season precision nitrogen recommendations in winter wheat? Precision Agriculture,14(3): 245–269.

Robertson M J, Llewellyn R S, Mandel R, et al. 2012. Adoption of variable rate fertiliser application in the Australian grains industry: status, issues and prospects. Precision Agriculture, (13): 181–199.

Rossi R E, Mulla D J, Journel A G, et al. 1992. Geostatistical tools for modeling and interpreting ecological spatial dependence. Ecological Monographs, 62: 277–314.

Roudier P, Tisseyre B, Poilvé H, et al. 2011. A technical opportunity index adapted to zone-specific management. Precision Agriculture, 12(1): 130-145.

Ruspini E H. 1969. A new approach to clustering. Information and Control, 15: 22–32.

Santos D, Murphy S L S, Taubner H, et al. 1997. Uniform separation of concentric surface layers from soil aggregates. Soil Science Society of America Journal, 61: 720–724.

Schepers J S, Luchiari A, Johnson S H, et al. 2004. Appropriateness of management zones for characterizing spatial variability of soil properties and irrigated corn yields across years. Agronomy Journal, 96: 195–203.

Shaver T M, Khosla R, Westfall D G. 2011. Evaluation of two crop canopy sensors for nitrogen variability determination in irrigated maize. Precision Agriculture, 12(6): 892–904.

Solie J, Raun W, Stone M. 1999. Submeter spatial variability of selected soil and bermudagrass production variables. Soil

Science Society of America Journal, 63: 1724–1733.
Stanford G, Hunter A S. 1973. Nitrogen requirements of winter wheat(*Triticum aestivum* L.)varieties 'Blueboy'and 'Redcoat'. Agronomy Journal, 65: 442–447.
Stenger R, Priesack E, Beese F. 2002. Spatial variation of nitrate–N and related soil properties at the plot-scale. Geoderma, 105: 259–275.
Sudduth K, Drummond S, Birrell S, et al. 1996. Analysis of spatial factors influencing crop yield. Precision Agriculture, Madison, USA: American Society of Agronomy: 129–139.
Sun B, Zhou S, Zhao Q. 2003. Evaluation of spatial and temporal changes of soil quality based on geostatistical analysis in the hill region of subtropical China. Geoderma, 115: 85–99.
Sun L N, Zhang Y H, Sun T H, et al. 2006. Temporal-spatial distribution and variability of cadmium contamination in soils in Shenyang Zhangshi irrigation area. Journal of Environmental Sciences, 18(6): 1241–1246.
Tening A, Omueti J, Tarawali G, et al, M. 1995. Potassium status of some selected soils under different land use systems in the subhumid zone of Nigeria. Communications in Soil Science & Plant Analysis, 26: 657–672.
Tey Y S, Brindal M. 2012. Factors influencing the adoption of precision agricultural technologies: a review for policy implications. Precision Agriculture, 13(6): 713–730.
Tola E, Kataoka T, Burce M, et al. 2008. Granular fertiliser application rate control system with integrated output volume measurement. Biosystems Engineering. 101(4): 411–416.
Torbett J C, Roberts R K, Larson J A, et al. 2007. Perceived importance of precision farming technologies in improving phosphorus and potassium efficiency in cotton production. Precision Agriculture, 8(3): 127–137.
Trangmar B B, Yost R S, Uehara G. 1986. Application of geostatistics to spatial studies of soil properties. Advances in Agronomy, 38: 45–94.
Tumbo S D, Salyani M, Miller W M, et al. 2007. Evaluation of a variable rate controller for aldicarb application around buffer zones in citrus groves. Computers and Electronics in Agriculture, 56(2): 147–160.
Van Meirvenne M. 2003. Is the soil variability within the small fields of flanders structured enough to allow precision agriculture. Precision Agriculture, 4(2): 193–201.
Van Meirvenne M, Hofman G. 1989. Spatial variability of soil nitrate nitrogen after potatoes and its change during winter. Plant and Soil, 120: 103–110.
Villette S, Piron E, Miclet D, et al. 2012. How mass flow and rotational speed affect fertiliser centrifugal spreading: Potential interpretation in terms of the amount of fertiliser per vane. Biosystems Engineering, 111(1): 133–138.
Wallender W W. 1987. Sample volume statistical relations for water content, infiltration and yield. Trans. American Society of Agricultral Engineers, 30: 1043–1051.
Warrick A W, Nielsen D R. 1980. Spatial variability of soil physical properties in the field. *In*: Hillel D. Applications of Soil Physics. NewYork: Academic Press: 319–344.
Webster R, Burgess T. 1983. Spatial variation in soil and the role of kriging. Agricultural Water Management. 6: 111–122.
Webster R, Nortcliff S. 1984. Improved estimation of micro nutrients in hectare plots of the Sonning series. Journal of Soil Science, 35: 667–672.
Webster R. 1985. Quantitative spatial analysis of soil in the field. Advances in Soil Science, 3: 1–70.
White J, Norvell W, Welch R. 1997. Soil zinc map of the USA using geostatistics and geographic information systems. Soil Science Society of America Journal, 61: 185–194.
White R E, Haigh R A, Macduff J H. 1987. Frequency distributions and spatially dependent variability of ammonium and nitrate concentrations in soil under grazed and ungrazed grassland. Fert. Res, 11: 193–208.
Wilcke W, Kaupenjohann M. 1997. Difference in concentrations and fractions of aluminium and heavy metals between aggregate interior and exterior. Soil Science, 162: 323–332.
Wild A. 1971. The potassium status of soils in the savanna zone of Nigeria. Experimental Agriculture, 7: 257–270.
Wilding L, Drees L. 1983. Spatial variability and pedology. Developments in Soil Science, 11: 83–116.
Yana J, Lee C K, Umeda M, et al. 2000. Spatial variability of soil chemical properties in a paddy field. Soil Science and Plant Nutrition, 46: 473–482.
Yost R, Fox R, Uehara G. 1982. Geostatistical analysis of soil chemical properties of large land areas. I. Semi-variograms. Soil Science Society of America Journal, 46: 1028–1032.
Yuan J, Liu C L, Li Y M, et al. 2010. Gaussian processes based bivariate control parameters optimization of variable-rate granular fertilizer applicator. Computers and Electronics in Agriculture, 70(1): 33–41.
Zhang C H, Kovacs J M. 2012. The application of small unmanned aerial systems for precision agriculture: a review. Precision Agriculture, 13(6): 693–712.
Zhang N Q, Wang M H, Wang N. 2002. Precision agriculture-a worldwide overview. Computers and Electronics in Agriculture, 36: 113–132.
Zhao Y, Peth S, Krümmelbein J, et al. 2007. Spatial variability of soil properties affected by grazing intensity in Inner Mongolia grassland. Ecological Modelling, 205: 241–254.

彩 图

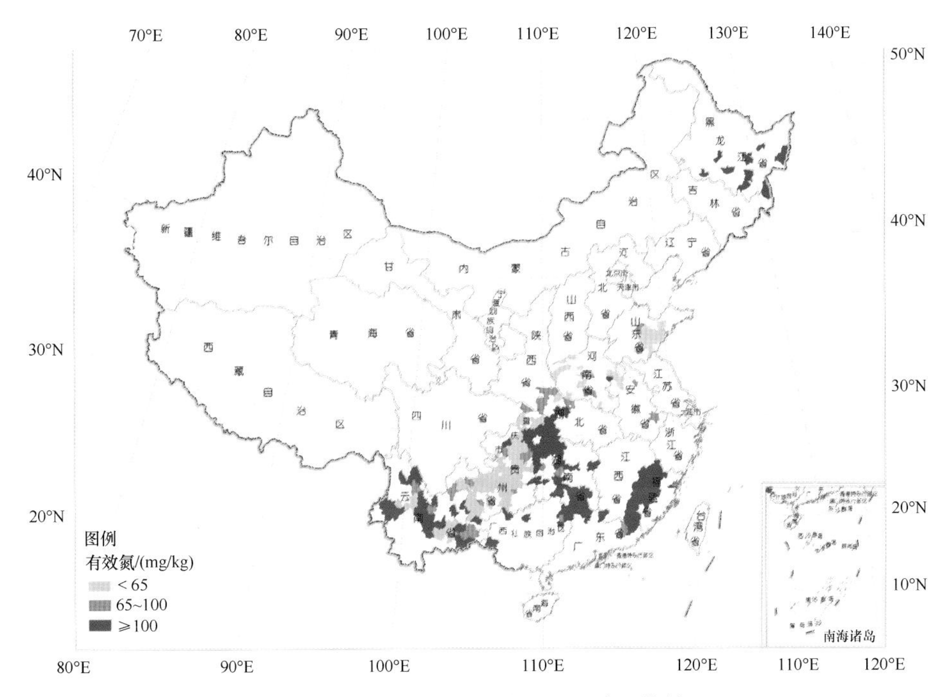

图 2-2　中国烟区土壤速效氮分布状况（陈江华等，2008）

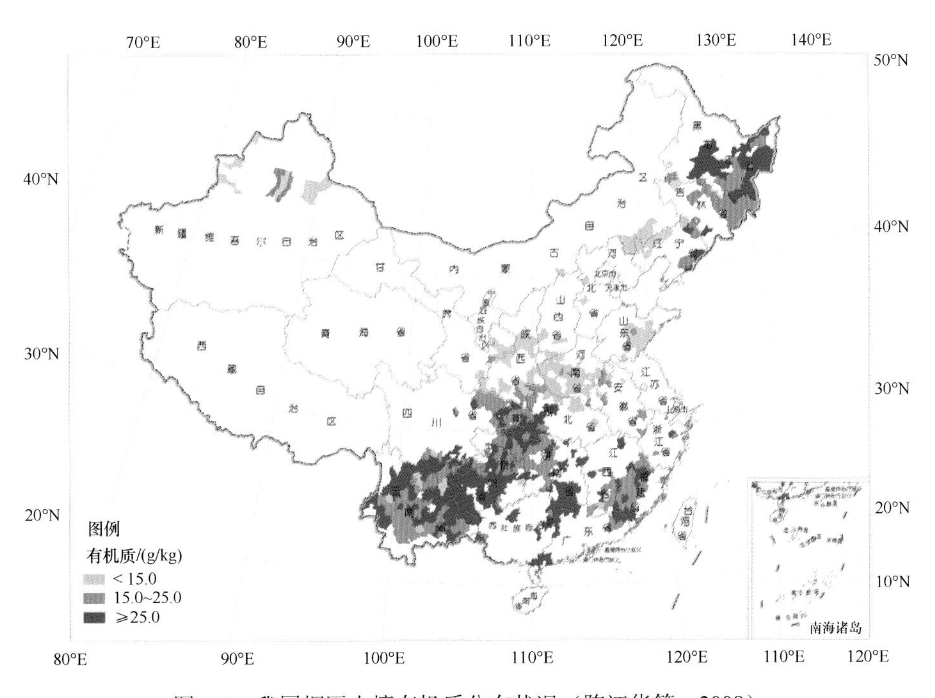

图 2-3　我国烟区土壤有机质分布状况（陈江华等，2008）

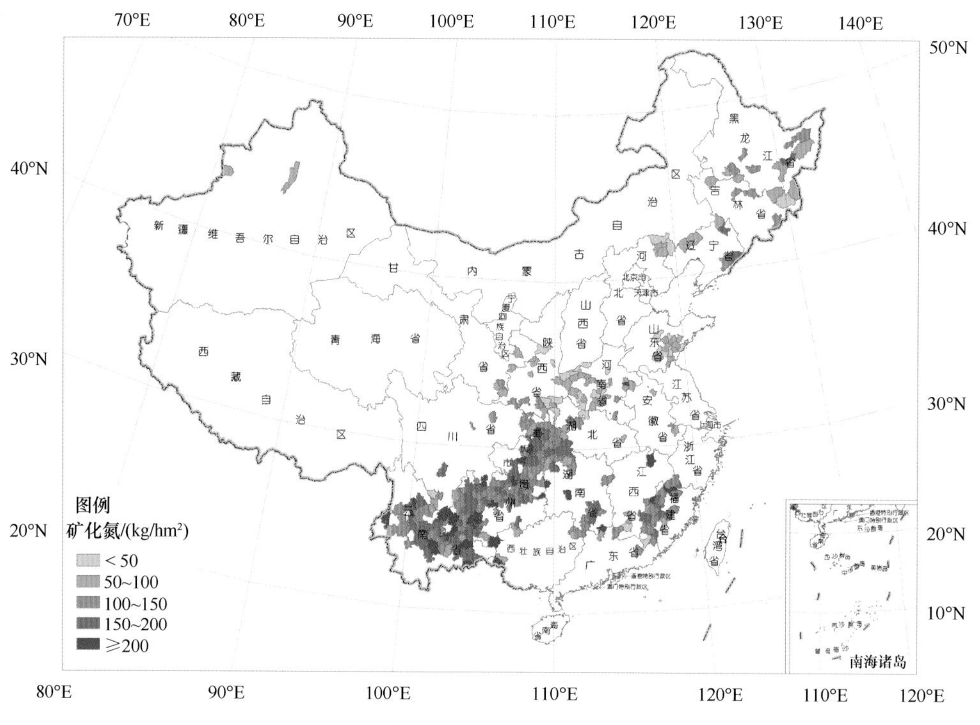

图 4-1　植烟土壤矿化势空间分布

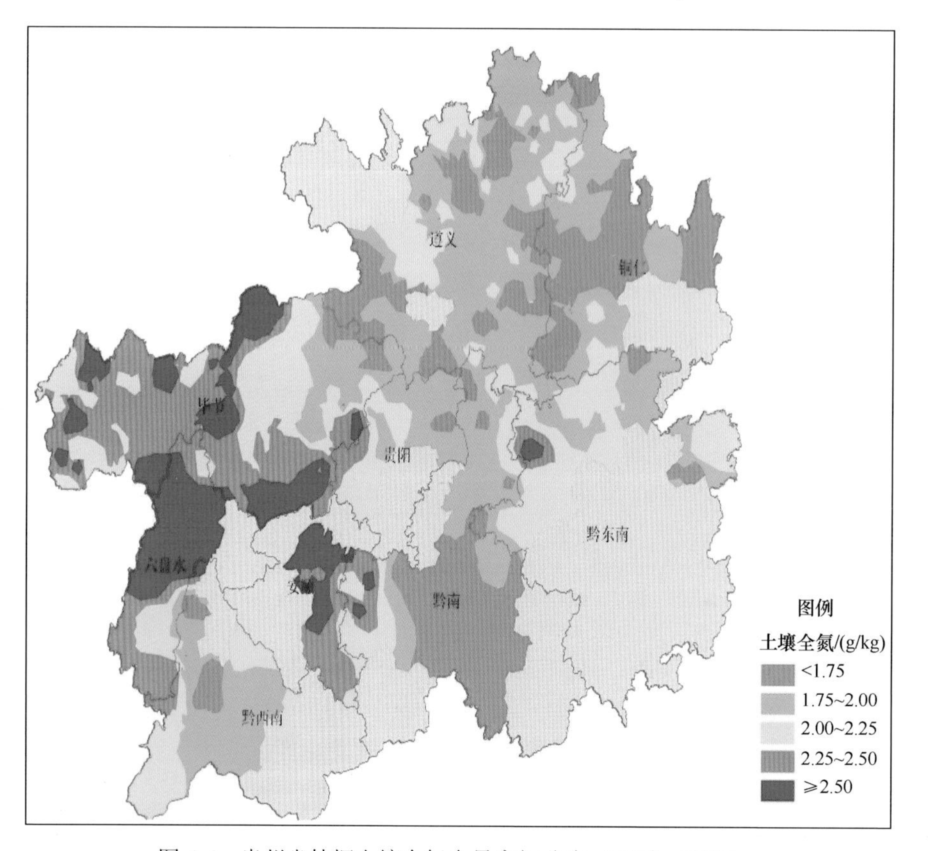

图 4-4　贵州省植烟土壤全氮含量空间分布（王鹏，2007）

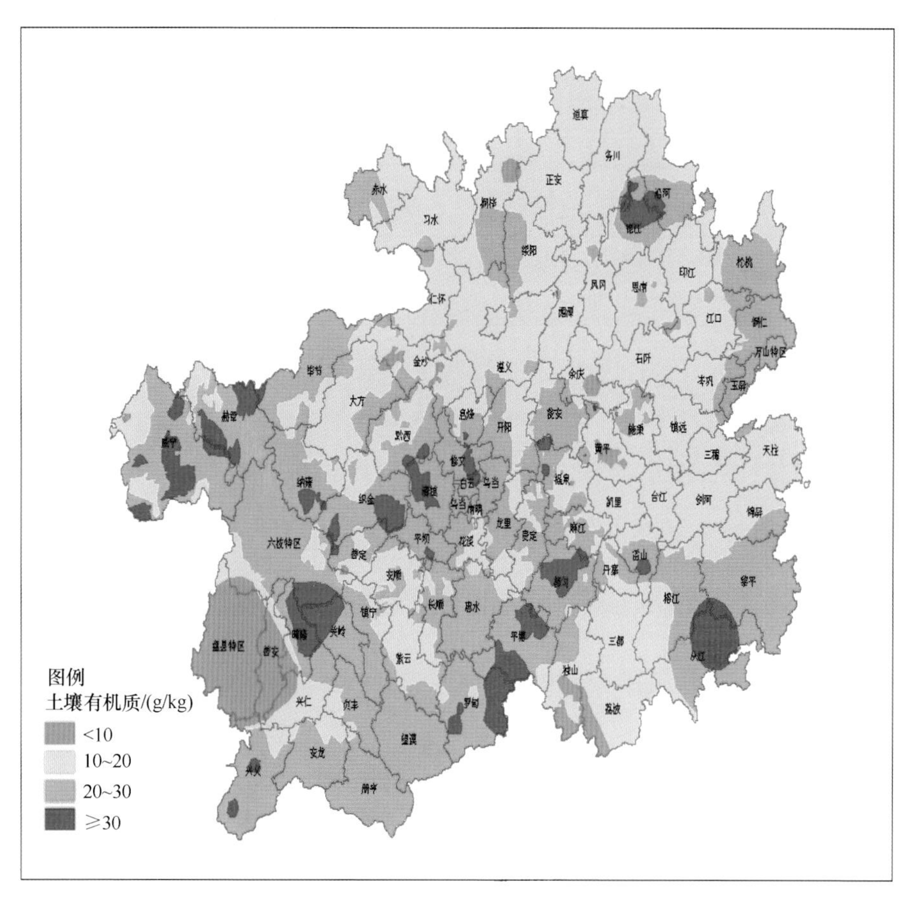

图 4-5　贵州省土壤有机质含量分布（王鹏，2007）

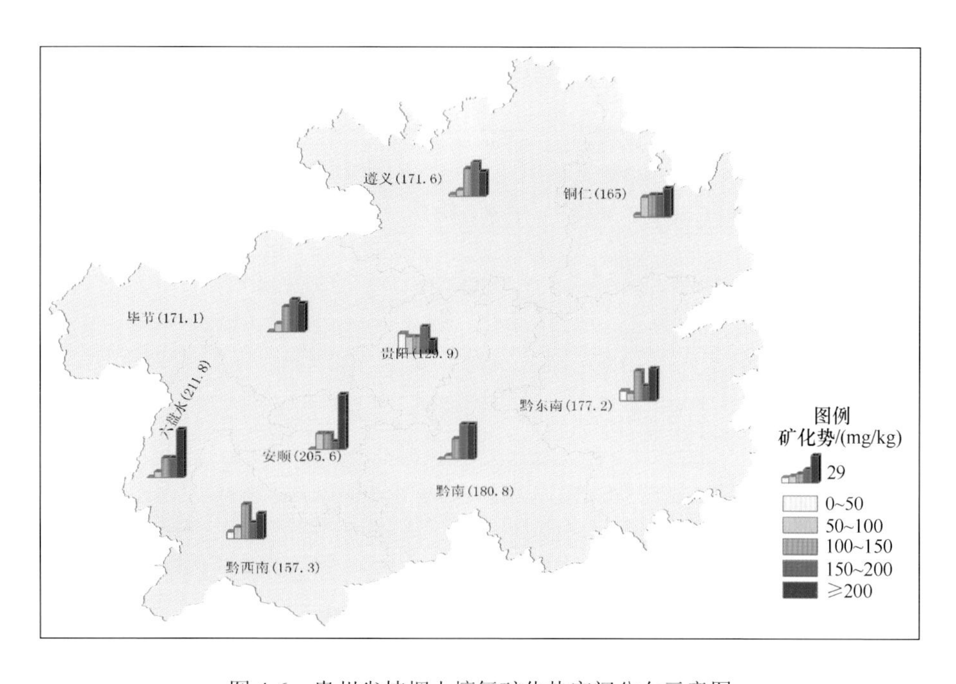

图 4-6　贵州省植烟土壤氮矿化势空间分布示意图

图 7-4　土壤氮磷钾空间分布示意图

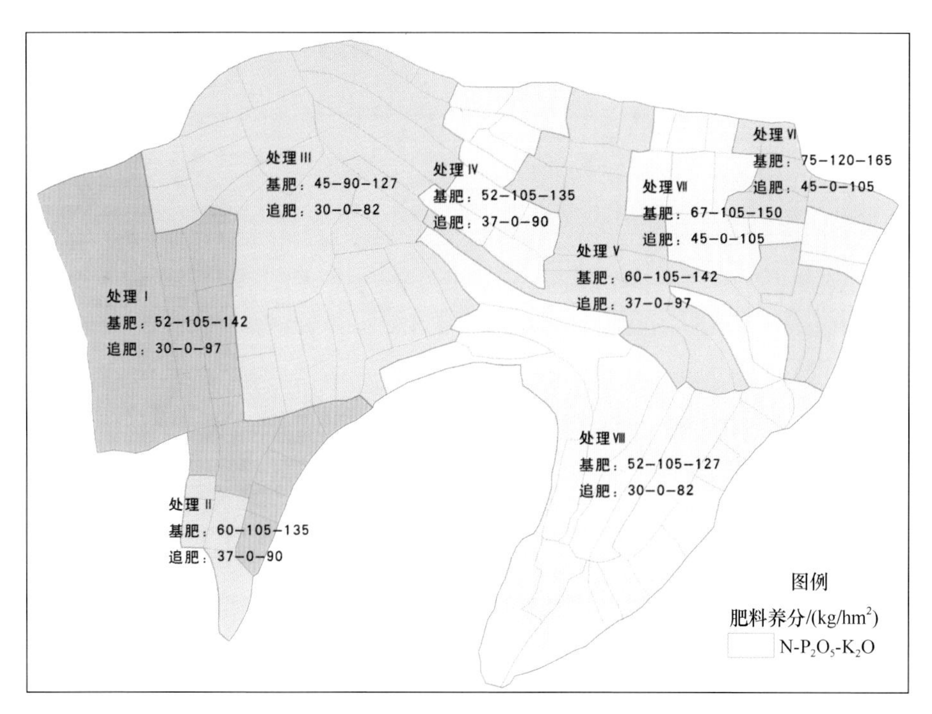

图 7-6　养分分区管理处方示意图